ΣBEST シグマベスト

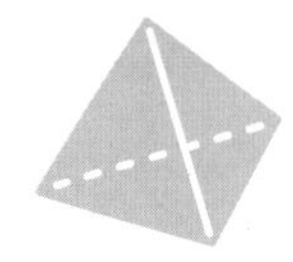

# 高 やさしくわかりやすい

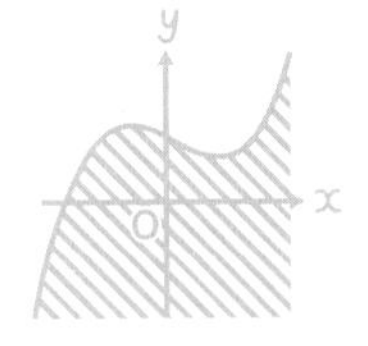

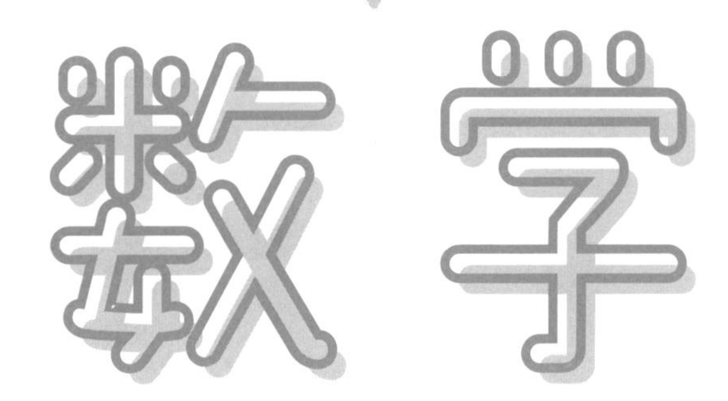

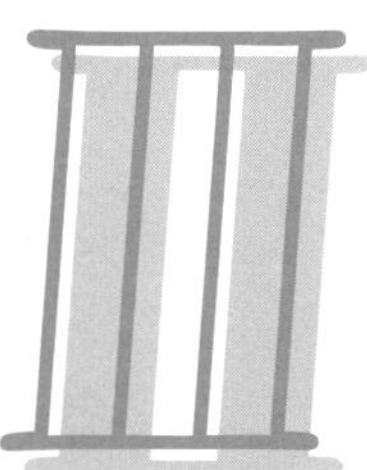

松田親典 著

文英堂

# はじめに

数学は難しくてわからないと思っている人や，数学は苦手だと思っている人は，ぜひこの問題集にチャレンジしてみてください。この本のほかにノートを用意して構える必要はありません。書きこみ式になっていますから。まずは問題を解いてみましょう。この問題集は『**高校やさしくわかりやすい数学Ⅱ**』に準拠していますが，もちろん，この問題集だけでも利用できます。では，始めましょう！

# もくじ

# 本書の特長と使い方

## ❶参考書は勉強したけど，もっとたくさんの問題演習がしたい。

参考書にリンクした章立てなので，並行して使いやすくなっています。

参考書できちんと勉強した人は，はじめにある ポイント はとばしてもよいかもしれません。

## ❷説明はいいから，とにかく問題を解くことで力をつけたい。

ポイント には重要事項がまとめてあるので，もちろん参考書がなくても使うことができます。

問題を解いてわからないところを確認していく，という勉強法もあると思います。こういう場合は，ガイド で手順を確認してから問題を解くと，スムーズに取り組めるでしょう。

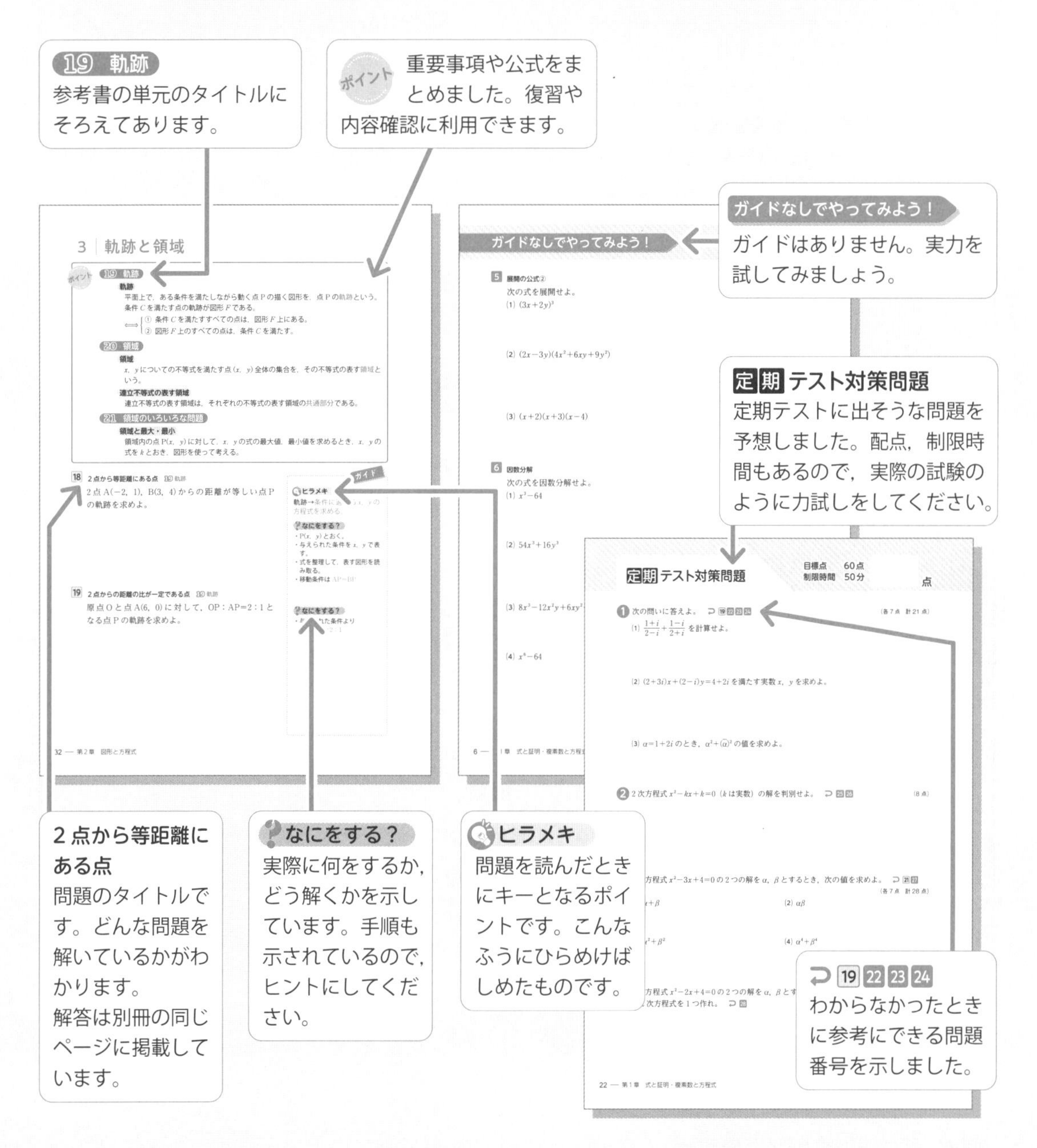

19 軌跡
参考書の単元のタイトルにそろえてあります。
ポイント
重要事項や公式をまとめました。復習や内容確認に利用できます。
ガイドなしでやってみよう！
ガイドはありません。実力を試してみましょう。
定期テスト対策問題
定期テストに出そうな問題を予想しました。配点，制限時間もあるので，実際の試験のように力試しをしてください。
2点から等距離にある点
問題のタイトルです。どんな問題を解いているかがわかります。
解答は別冊の同じページに掲載しています。
なにをする？
実際に何をするか，どう解くかを示しています。手順も示されているので，ヒントにしてください。
ヒラメキ
問題を読んだときにキーとなるポイントです。こんなふうにひらめけばしめたものです。
19 22 23 24
わからなかったときに参考にできる問題番号を示しました。

# 第1章　式と証明・複素数と方程式

## 1　多項式の乗法・除法

### 1 多項式の乗法

左右を見比べて覚えよう。

**（数学Ⅰで学んだ）2次の乗法公式**

① $(a+b)^2=a^2+2ab+b^2$

　$(a-b)^2=a^2-2ab+b^2$

② $(a+b)(a-b)=a^2-b^2$

③ $(x+a)(x+b)=x^2+(a+b)x+ab$

④ $(ax+b)(cx+d)$

　$=acx^2+(ad+bc)x+bd$

⑤ $(a+b+c)^2$

　$=a^2+b^2+c^2+2ab+2bc+2ca$

**3次の乗法公式**

⑥ $(a+b)^3=a^3+3a^2b+3ab^2+b^3$

　$(a-b)^3=a^3-3a^2b+3ab^2-b^3$

⑦ $(a+b)(a^2-ab+b^2)=a^3+b^3$

　$(a-b)(a^2+ab+b^2)=a^3-b^3$

○ $(x+a)(x+b)(x+c)$

　$=x^3+(a+b+c)x^2$

　　$+(ab+bc+ca)x+abc$

### 2 多項式の因数分解

**（数学Ⅰで学んだ）因数分解**

○ $ma+mb=m(a+b)$

① $a^2+2ab+b^2=(a+b)^2$

　$a^2-2ab+b^2=(a-b)^2$

② $a^2-b^2=(a+b)(a-b)$

③ $x^2+(a+b)x+ab=(x+a)(x+b)$

④ $acx^2+(ad+bc)x+bd$

　$=(ax+b)(cx+d)$

⑤ $a^2+b^2+c^2+2ab+2bc+2ca$

　$=(a+b+c)^2$

**3次式の因数分解**

⑥ $a^3+3a^2b+3ab^2+b^3=(a+b)^3$

　$a^3-3a^2b+3ab^2-b^3=(a-b)^3$

⑦ $a^3+b^3=(a+b)(a^2-ab+b^2)$

　$a^3-b^3=(a-b)(a^2+ab+b^2)$

○ $a^3+b^3+c^3-3abc$

　$=(a+b+c)$

　　$\times(a^2+b^2+c^2-ab-bc-ca)$

### 3 二項定理

**パスカルの三角形**

$n=1,\ 2,\ 3,\ 4,\ \cdots$のとき，$(a+b)^n$ を展開すると

$(a+b)^1=a+b$

$(a+b)^2=a^2+2ab+b^2$

$(a+b)^3=a^3+3a^2b+3ab^2+b^3$

$(a+b)^4=a^4+4a^3b+6a^2b^2+4ab^3+b^4$

⋮

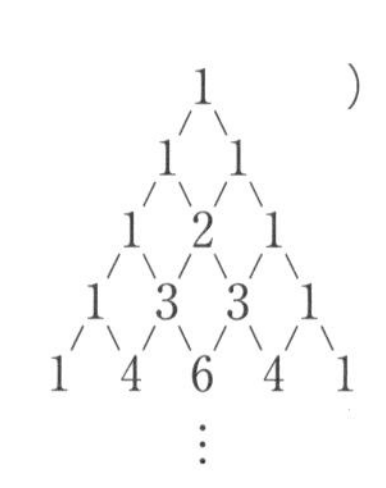


**二項定理**

$$(a+b)^n={}_n\mathrm{C}_0a^n+{}_n\mathrm{C}_1a^{n-1}b+{}_n\mathrm{C}_2a^{n-2}b^2+\cdots$$
$$+{}_n\mathrm{C}_ra^{n-r}b^r+\cdots+{}_n\mathrm{C}_{n-1}ab^{n-1}+{}_n\mathrm{C}_nb^n$$

${}_n\mathrm{C}_ra^{n-r}b^r$ を $(a+b)^n$ の展開式の一般項という。

### 4 多項式の除法（今後，単項式は項が1つの多項式とみなす。）

多項式 $A$ を多項式 $B$ で割ったときの商を $Q$，余りを $R$ とすると

　$A=B\times Q+R$　（$R$ の次数 < $B$ の次数，または　$R=0$）

とくに，$R=0$ のとき，$A=B\times Q$ となり，$A$ は $B$ で割り切れるという。

## 1 展開の公式① 1 多項式の乗法

次の式を展開せよ。

(1) $(x-1)^3$

(2) $(x-2y)(x^2+2xy+4y^2)$

(3) $(x+2y)^3$

## 2 因数分解の公式 2 多項式の因数分解

次の式を因数分解せよ。

(1) $x^3+8y^3$

(2) $x^3+9x^2+27x+27$

## 3 1次式の4乗の展開 3 二項定理

$(x+2)^4$ を展開せよ。

## 4 多項式の除法① 4 多項式の除法

$(x^3-6x^2+9x-7)\div(x^2-2x+3)$ の商と余りを求めよ。

---

**ガイド**

**ヒラメキ**
多項式の乗法
→公式による展開。

**なにをする？**
どの公式にあてはまるか考える。
(1) $(a-b)^3$
$=a^3-3a^2b+3ab^2-b^3$
(2) $(a-b)(a^2+ab+b^2)$
$=a^3-b^3$
(3) $(a+b)^3$
$=a^3+3a^2b+3ab^2+b^3$

**ヒラメキ**
多項式の因数分解
→公式による因数分解。

**なにをする？**
・どの公式にあてはまるか考える。
・乗法の公式の逆が，因数分解の公式。

**ヒラメキ**
$(a+b)^n$ の展開
→パスカルの三角形。

**なにをする？**
パスカルの三角形をかいてみる。

**ヒラメキ**
多項式の除法
→割り算を実行。

**なにをする？**
数の割り算と同じようだが，多項式の場合は次数の高いところから割り算をする。

## ガイドなしでやってみよう！

**5** **展開の公式②**

次の式を展開せよ。

(1) $(3x+2y)^3$

(2) $(2x-3y)(4x^2+6xy+9y^2)$

(3) $(x+2)(x+3)(x-4)$

**6** **因数分解**

次の式を因数分解せよ。

(1) $x^3-64$

(2) $54x^3+16y^3$

(3) $8x^3-12x^2y+6xy^2-y^3$

(4) $x^6-64$

**7** パスカルの三角形による展開

次の式を展開せよ。

(1) $(x-1)^5$

(2) $(2x-3)^4$

**8** 二項定理

次の式の展開式における，[　] 内の項の係数を求めよ。

(1) $(3x-2y)^6$　$[x^2y^4]$

(2) $\left(x^2-\dfrac{1}{x}\right)^7$　$[x^2]$

**9** 多項式の除法②

$A=2x^3+3x^2-4x-5$，$B=x^2+2x-3$ について，$A \div B$ の商を $Q$，余りを $R$ とするとき，$A=BQ+R$ の等式で表せ。

# 2　分数式・式と証明

## ⑤ 分数式の計算

### 分数式の計算と約分

① $\dfrac{A}{B}=\dfrac{AC}{BC}$ $(C\neq 0)$　　② $\dfrac{AD}{BD}=\dfrac{A}{B}$（約分）

### 分数式の四則計算

① $\dfrac{A}{B}\times\dfrac{C}{D}=\dfrac{AC}{BD}$　　② $\dfrac{A}{B}\div\dfrac{C}{D}=\dfrac{A}{B}\times\dfrac{D}{C}=\dfrac{AD}{BC}$

③ $\dfrac{A}{B}+\dfrac{C}{D}=\dfrac{AD+BC}{BD}$　　④ $\dfrac{A}{B}-\dfrac{C}{D}=\dfrac{AD-BC}{BD}$

## ⑥ 恒等式

**等式** ｛方程式…特定の値に対して成立する等式
　　　　恒等式…どのような値に対しても成立する等式

### 恒等式の性質

① $ax^2+bx+c=a'x^2+b'x+c'$ が $x$ の恒等式である $\Longleftrightarrow$ $a=a'$，$b=b'$，$c=c'$

② $ax^2+bx+c=0$ が $x$ の恒等式である $\Longleftrightarrow$ $a=0$，$b=0$，$c=0$

## ⑦ 等式の証明

### 等式の証明の方法（$A=B$ の証明）

① $A$ か $B$ を変形して，他方を導く。

② $A$ を変形して $C$ を導き，$B$ を変形して同じく $C$ を導く。

③ $A-B$ を変形して 0 であることを示す。

### ある条件の下での証明方法（$A=B$ の証明）

④ 条件式を使って文字を減らす。

⑤ 条件 $C=0$ の下で，$A-B$ を変形し $C$ を因数にもつことを示す。

⑥ 条件式が比例式のとき，比例式 $=k$ などとおく。

## ⑧ 不等式の証明

### 大小関係の基本性質

① $a>b$，$b>c \Longrightarrow a>c$

② $a>b \Longrightarrow a+c>b+c$，$a-c>b-c$

③ $a>b$，$c>0 \Longrightarrow ac>bc$，$\dfrac{a}{c}>\dfrac{b}{c}$　　④ $a>b$，$c<0 \Longrightarrow ac<bc$，$\dfrac{a}{c}<\dfrac{b}{c}$

⑤ $a>b \Longleftrightarrow a-b>0$　　$a<b \Longleftrightarrow a-b<0$

### 相加平均と相乗平均の大小関係

$a>0$，$b>0$ のとき，$\dfrac{a+b}{2}\geqq\sqrt{ab}$　　等号は $a=b$ のとき成立する。

相加平均 ↗　　↖ 相乗平均

### 不等式の証明の方法

① 平方完成をして，$(\text{実数})^2\geqq 0$ を用いる。
　（$A$ が実数のとき　$A^2\geqq 0$　　等号成立は $A=0$ のとき。）

② 差を計算し，正であることを示す。（$A>B \Longleftrightarrow A-B>0$）

③ 両辺とも正または 0 のときは，平方したものどうしを比べてもよい。
　（$A\geqq 0$，$B\geqq 0$ のとき，$A\geqq B \Longleftrightarrow A^2\geqq B^2$）

**10** **分数式の和** 5 分数式の計算

次の分数式を計算せよ。

$$\frac{2}{x^2-3x+2}+\frac{1}{x^2-4}$$

**11** **係数の決定①** 6 恒等式

等式 $x^2=a(x-2)^2+b(x-2)+c$ …①

が $x$ についての恒等式となるように，定数 $a$，$b$，$c$ の値を定めよ。

**12** **等式の証明** 7 等式の証明

等式 $(a^2+b^2)(c^2+d^2)=(ac+bd)^2+(ad-bc)^2$ を証明せよ。

**13** **不等式の証明** 8 不等式の証明

不等式 $a^2+b^2\geqq 2a+2b-2$ を証明せよ。また，等号が成り立つ場合を求めよ。

ガイド

**ヒラメキ**
分数式の和
→通分する。

**なにをする？**
分母を因数分解して，分母の最小公倍数で通分する。

**ヒラメキ**
恒等式
→どのような $x$ の値に対しても成立する。

**なにをする？**
両辺の $x$ に計算しやすい値を3つ代入する。

**ヒラメキ**
等式の証明
→(左辺)=(右辺) を示す。

**なにをする？**
(左辺)$=C$，(右辺)$=C$ を示す。

**ヒラメキ**
不等式の証明
→(左辺)−(右辺)$\geqq 0$ を示す。

**なにをする？**
(実数)$^2\geqq 0$ を作る。

## ガイドなしでやってみよう！

### 14 分数式の計算

次の分数式を計算せよ。

(1) $\dfrac{x^2+3x+2}{x^2+x+1} \div \dfrac{x^2+x-2}{x^3-1}$

(2) $\dfrac{5}{x^2+x-6} - \dfrac{1}{x^2+5x+6}$

(3) $1-\dfrac{1}{1-\dfrac{1}{x}}$

### 15 係数の決定②

次の等式が $x$ についての恒等式になるように，定数 $a$，$b$，$c$ の値を定めよ。

(1) $2x^2-2x-2=ax(x-1)+b(x-1)(x-2)+cx(x-2)$

(2) $\dfrac{1}{(x+1)(x+2)^2}=\dfrac{a}{x+1}+\dfrac{b}{x+2}+\dfrac{c}{(x+2)^2}$

## 16 条件の付いた等式の証明

$a+b+c=0$ のとき，等式 $a^2-bc=b^2-ca$ が成り立つことを証明せよ。

## 17 比例式と等式の証明

$\dfrac{a}{b}=\dfrac{c}{d}$ のとき，$\dfrac{a^2+b^2}{ab}=\dfrac{c^2+d^2}{cd}$ が成り立つことを証明せよ。

## 18 不等式の証明と相加平均・相乗平均の利用

次の不等式を証明せよ。また，等号が成立する条件を求めよ。

(1) $x^2+y^2 \geqq xy$

(2) $a>0$，$b>0$ のとき　$(a+b)\left(\dfrac{1}{a}+\dfrac{1}{b}\right) \geqq 4$

# 定期テスト対策問題

目標点　60点
制限時間　50分

点

**1** 次の問いに答えよ。 ⮌ 1 2 3 5 6 8 10 14　（各8点　計40点）

(1) $(x+2)^3+(x-2)^3$ を簡単にせよ。

(2) $x^4y+xy^4$ を因数分解せよ。

(3) $\left(x^2+\frac{2}{x}\right)^6$ の展開式で $x^3$ の係数を求めよ。

(4) $\frac{x^3+2x^2}{2x^2-7x+3} \div \frac{x^2+2x}{x^2-4x+3}$ を計算せよ。

(5) $\frac{x+4}{x^2+3x+2}+\frac{x-4}{x^2+x-2}$ を計算せよ。

**2** 次の等式が $x$ についての恒等式になるように，定数 $a$，$b$，$c$ の値を定めよ。 ⮌ 11 15
（各10点　計20点）

(1) $x^2+5x+6=ax(x+1)+b(x+1)(x-1)+cx(x-1)$

(2) $\dfrac{3}{x^3+1}=\dfrac{a}{x+1}+\dfrac{bx+c}{x^2-x+1}$

**3** 次の等式を証明せよ。 ⮌ 16 17 (各 13 点　計 26 点)

(1) $a+b+c=0$ のとき，$(a+b)(b+c)(c+a)=-abc$

(2) $\dfrac{a}{b}=\dfrac{c}{d}$ のとき，$(a^2+c^2)(b^2+d^2)=(ab+cd)^2$

**4** 次の不等式を証明せよ。また，等号が成立する条件を求めよ。 ⮌ 13 18 (14 点)

$a\geqq 0$，$b\geqq 0$ のとき　$\sqrt{2(a+b)}\geqq\sqrt{a}+\sqrt{b}$

# 3　複素数と方程式

## ⑨ 複素数

### 虚数単位

平方して $-1$ となる数を $i$ と表す（$i^2=-1$）。この $i$ を虚数単位という。

### 複素数

実数 $a$，$b$ を用いて，$a+bi$ の形で表される数を複素数という。

複素数 $\begin{cases} b=0\text{ のとき}\quad a+0i=a\cdots\text{実数} \\ b\neq 0\text{ のとき}\quad a+bi\cdots\text{虚数，}\ 0+bi=bi\cdots\text{純虚数} \end{cases}$

### 複素数の相等

$a$，$b$，$c$，$d$ が実数のとき

$a+bi=c+di \Longleftrightarrow a=c$ かつ $b=d$

とくに　$a+bi=0 \Longleftrightarrow a=0$ かつ $b=0$

### 複素数の計算

$i$ を文字として計算し，$i^2$ が現れたら $-1$ におき換える。

### 共役な複素数

$\alpha=a+bi$ に対して，$\overline{\alpha}=a-bi$ を $\alpha$ の共役な複素数という。

### 負の数の平方根

$a>0$ のとき　$\sqrt{-a}=\sqrt{a}\,i$

## ⑩ 2次方程式

### 2次方程式の解の公式

$ax^2+bx+c=0$ $(a\neq 0)$ の解は　$x=\dfrac{-b\pm\sqrt{D}}{2a}$　$(D=b^2-4ac)$

### 実数解と虚数解（解の判別）

$D=b^2-4ac>0$ のとき…異なる2つの実数解 ┐
$D=b^2-4ac=0$ のとき…重解 ┘ 実数解

$D=b^2-4ac<0$ のとき…異なる2つの虚数解

### 2次方程式 $ax^2+bx+c=0$ の虚数解の性質

この方程式が虚数解をもつとき，その2つの虚数解は互いに共役な複素数である。

つまり，一方の虚数解が $\alpha=p+qi$ なら他方の解は $\overline{\alpha}=p-qi$ である。

## ⑪ 解と係数の関係

### 解と係数の関係

2次方程式 $ax^2+bx+c=0$ の2つの解を $\alpha$，$\beta$ とするとき

$\alpha+\beta=-\dfrac{b}{a}$，$\alpha\beta=\dfrac{c}{a}$

### 2次式の因数分解

2次方程式 $ax^2+bx+c=0$ の2つの解が $\alpha$，$\beta$ であるとき

$ax^2+bx+c=a(x-\alpha)(x-\beta)$

### 2数を解にもつ2次方程式

2つの数 $\alpha$，$\beta$ を解にもつ $x$ の2次方程式の1つは

$x^2-(\alpha+\beta)x+\alpha\beta=0$

## 19 分母の実数化　9 複素数

$\dfrac{1+2i}{3-i}+\dfrac{1-2i}{3+i}$ を計算せよ。

## 20 2次方程式を解く　10 2次方程式

次の2次方程式を解け。

(1) $9x^2-6x+1=0$

(2) $3x^2-4x-2=0$

(3) $3x^2-4x+2=0$

## 21 値の計算　11 解と係数の関係

2次方程式 $x^2-2x+6=0$ の2つの解を $\alpha$, $\beta$ とするとき，次の値を求めよ。

(1) $\alpha+\beta$

(2) $\alpha\beta$

(3) $\alpha^2+\beta^2$

**ヒラメキ**

複素数の商
→分母を実数にする。

**なにをする？**

分母の実数化
・分母の共役な複素数を分母と分子に掛ける。
・$i^2=-1$（実数）を使う。

**ヒラメキ**

2次方程式 $ax^2+bx+c=0$ の解法
→・因数分解
　・解の公式

**なにをする？**

(1) 因数分解を使って，$(\quad)^2=0$ の形を作る。
解は重解。

(2) 解の公式を使う。
$D>0$ の場合なので，解は異なる2つの実数解。

(3) 解の公式を使い，$a>0$ のとき $\sqrt{-a}=\sqrt{a}i$ となることを用いて計算する。
解は異なる2つの虚数解。

**ヒラメキ**

2次方程式 $ax^2+bx+c=0$ の解と係数の関係
→$\alpha+\beta=-\dfrac{b}{a}$, $\alpha\beta=\dfrac{c}{a}$

**なにをする？**

(3) $\alpha^2+\beta^2$ のように $\alpha$ と $\beta$ を入れ替えても変わらない式を対称式という。対称式は，$\alpha+\beta$, $\alpha\beta$（これを基本対称式という）で表せる。

## ガイドなしでやってみよう！

### 22 複素数の計算

次の計算をせよ。

(1) $\sqrt{-2}\cdot\sqrt{-3}$

(2) $\dfrac{\sqrt{5}}{\sqrt{-2}}$

(3) $\dfrac{2+3i}{3-2i}-\dfrac{2-3i}{3+2i}$

### 23 複素数と恒等式

$(1-2i)x+(2+3i)y=4-i$ を満たす実数 $x$，$y$ を求めよ。

### 24 式の値①

$\alpha=2-i$ のとき，$\alpha^2+\alpha\overline{\alpha}+(\overline{\alpha})^2$ の値を求めよ。

### 25 2次方程式の解の判別①

次の2次方程式の解を判別せよ。

(1) $2x^2+5x-2=0$

(2) $x^2-4x+4=0$

(3) $2x^2-3x+2=0$

## 26 2次方程式の解の判別②

次の問いに答えよ。

(1) 2次方程式 $x^2-kx+2k=0$ が重解をもつように実数 $k$ の値を定めよ。
また，その重解を求めよ。

(2) 2次方程式 $x^2-2kx+k+2=0$（$k$ は実数）の解を判別せよ。

## 27 式の値②

2次方程式 $x^2-2x+3=0$ の2つの解を $\alpha$，$\beta$ とするとき，次の値を求めよ。

(1) $\alpha+\beta$

(2) $\alpha\beta$

(3) $(\alpha-\beta)^2$

(4) $\alpha^3+\beta^3$

## 28 2次方程式の解と係数の関係の利用

2次方程式 $x^2-2kx+2k-1=0$ の2つの解の比が $1:4$ であるとき，定数 $k$ の値と2つの解を求めよ。

# 4　高次方程式

## 12 剰余の定理・因数定理

**多項式の表し方**

$x$ の多項式を $P(x)$ とかく。また，$P(x)$ に $x=a$ を代入した値を $P(a)$ とかく。

**多項式の剰余**

多項式 $P(x)$ を多項式 $A(x)$ で割ったときの商を $Q(x)$，余りを $R(x)$ とすると

$$\boldsymbol{P(x)=A(x)\cdot Q(x)+R(x)}$$

ただし　$(R(x)$ の次数$)<(A(x)$ の次数$)$　または　$R(x)=0$

**剰余の定理**

$\boldsymbol{P(x)}$ を $\boldsymbol{1}$ 次式 $\boldsymbol{x-\alpha}$ で割った余りは　$\boldsymbol{P(\alpha)}$

［解説］　多項式 $P(x)$ を 1 次式 $x-\alpha$ で割ったときの商を $Q(x)$，余りを $R$（定数となる）とすると

$P(x)=(x-\alpha)Q(x)+R$　…①

①の両辺に $x=\alpha$ を代入すると　$P(\alpha)=(\alpha-\alpha)Q(\alpha)+R=R$

**因数定理**

$\boldsymbol{P(\alpha)=0 \Longleftrightarrow P(x)}$ は $\boldsymbol{x-\alpha}$ を因数にもつ

［解説］　$P(\alpha)=0$ なら①で $R=0$ だから，$P(x)$ は $x-\alpha$ で割り切れる。

## 13 高次方程式

**高次方程式**

$x$ の多項式 $P(x)$ が $n$ 次式のとき，方程式 $P(x)=0$ を $x$ の $n$ 次方程式という。
3 次以上の方程式を高次方程式という。

**高次方程式の解の個数**

高次方程式の解の個数について，2 重解を 2 個，3 重解を 3 個と数えることにすると，$n$ 次方程式は常に $n$ 個の解をもつ。

**高次方程式と虚数解**

実数を係数とする $n$ 次方程式が，虚数解 $\alpha=a+bi$ を解にもつとき，$\alpha$ と共役な複素数 $\overline{\alpha}=a-bi$ も解である。つまり，実数を係数とする方程式が虚数解をもつときは，必ず共役な複素数とペアで解となっている。

**29**　**係数の決定**　12 剰余の定理・因数定理

多項式 $P(x)=2x^3+3x^2-mx-4$ を $x+1$ で割ると 4 余るという。定数 $m$ の値を求めよ。

**ヒラメキ**

剰余の定理
→$P(x)$ を $x-\alpha$ で割った余りは　$P(\alpha)$

**なにをする？**

$x+1$ で割った余りは $P(-1)$ を計算すれば求められる。

## 30 剰余の定理の利用① 12 剰余の定理・因数定理

多項式 $P(x)$ を $x-2$ で割ったときの余りは1で，$x+3$ で割ったときの余りは6であるという。$P(x)$ を $(x-2)(x+3)$ で割ったときの余りを求めよ。

ガイド

**ヒラメキ**
剰余の定理
→$P(x)$ を $A(x)$ で割ったときの商が $Q(x)$，余りが $R(x)$ のとき
$P(x)=A(x)Q(x)+R(x)$

**なにをする？**
$x-2$，$x+3$，$(x-2)(x+3)$ のそれぞれで割ったときの商，余りを考えて恒等式を作り，数値を代入する。

第1章 式と証明・複素数と方程式

## 31 因数定理の利用 12 剰余の定理・因数定理

多項式 $P(x)=2x^3-3x^2+m$ が $x-2$ を因数にもつという。定数 $m$ の値を求めよ。

**ヒラメキ**
因数定理
→$P(x)$ は $x-\alpha$ を因数にもつ
$\Longleftrightarrow P(\alpha)=0$

**なにをする？**
$P(x)$ は $x-2$ を因数にもつから
$P(2)=0$

## 32 3次方程式 13 高次方程式

次の3次方程式を解け。

(1) $x^3-8=0$

(2) $x^3-3x^2+2=0$

**ヒラメキ**
高次方程式
→2次以下の多項式の積に分解する。

**なにをする？**
(1) 因数分解の公式を使う。
$x^3-a^3$
$=(x-a)(x^2+ax+a^2)$
(2) 因数定理を使う。
$P(\alpha)=0$ を満たす $\alpha$ を見つけて，$x-\alpha$ で割る。
割り算は「4 多項式の除法」を参照。

## ガイドなしでやってみよう！

### 33 剰余の定理の利用②

多項式 $P(x)=2x^3+x^2-3x-4$ について，次の問いに答えよ。

(1) $P(x)$ を $x+1$ で割ったときの余りを求めよ。

(2) $P(x)$ を $2x-1$ で割ったときの余りを求めよ。

### 34 剰余の定理の利用③

多項式 $P(x)=x^3+3x^2+ax+b$ を $x+2$ で割ると $-6$ 余り，$x-1$ で割ると割り切れるという。このとき，定数 $a$，$b$ の値を求めよ。

### 35 余りの決定

多項式 $P(x)$ を $x+2$ で割ると余りは 1 で，$x+3$ で割ると余りは 3 であるという。$P(x)$ を $x^2+5x+6$ で割ったときの余りを求めよ。

### 36 高次方程式の解

次の方程式を解け。

(1) $x^4-1=0$

(2) $x^3-x^2+x-6=0$



### 37 高次方程式の決定

方程式 $x^3-3x^2+ax+b=0$ の解の1つが $1+2i$ のとき，実数の定数 $a$，$b$ の値と他の解を求めよ。

# 定期 テスト対策問題

目標点　60点
制限時間　50分

点

**1** 次の問いに答えよ。　↩ 19 22 23 24　（各 7 点　計 21 点）

(1) $\dfrac{1+i}{2-i}+\dfrac{1-i}{2+i}$ を計算せよ。

(2) $(2+3i)x+(2-i)y=4+2i$ を満たす実数 $x$, $y$ を求めよ。

(3) $\alpha=1+2i$ のとき，$\alpha^2+(\overline{\alpha})^2$ の値を求めよ。

**2** 2 次方程式 $x^2-kx+k=0$（$k$ は実数）の解を判別せよ。　↩ 25 26　（8 点）

**3** 2 次方程式 $x^2-3x+4=0$ の 2 つの解を $\alpha$, $\beta$ とするとき，次の値を求めよ。　↩ 21 27　（各 7 点　計 28 点）

(1) $\alpha+\beta$

(2) $\alpha\beta$

(3) $\alpha^2+\beta^2$

(4) $\alpha^4+\beta^4$

**4** 2 次方程式 $x^2-2x+4=0$ の 2 つの解を $\alpha$, $\beta$ とするとき，2 つの数 $\alpha+1$, $\beta+1$ を解にもつ 2 次方程式を 1 つ作れ。　↩ 28　（8 点）

**5** 多項式 $P(x)=x^3+2ax+a-1$ について，次の条件に適する $a$ の値を求めよ。

⊃ 29 30 31 33 34

（各 8 点　計 16 点）

(1) $P(x)$ を $x-2$ で割ったときの余りが 2

(2) $P(x)$ が $x+1$ で割り切れる

**6** 多項式 $P(x)$ を $(x-1)(x+2)$ で割ったときの余りは $-2x+7$ で，$(x+1)(x-2)$ で割ったときの余りは $-2x+11$ であるという。$P(x)$ を $(x-1)(x-2)$ で割ったときの余りを求めよ。

⊃ 30 35

（9 点）

**7** 方程式 $x^3-4x^2+ax+b=0$ の解の 1 つが $1-i$ のとき，実数の定数 $a$，$b$ の値と他の解を求めよ。 ⊃ 32 36 37

（10 点）

# 第2章　図形と方程式

## 1　点と直線

### 14　点の座標

**2点間の距離**

・数直線上の2点 $A(a)$, $B(b)$ の間の距離は　$\mathbf{AB}=|\boldsymbol{b}-\boldsymbol{a}|$

・平面上の2点 $A(x_1,\ y_1)$, $B(x_2,\ y_2)$ の間の距離は　$\mathbf{AB}=\sqrt{(\boldsymbol{x}_2-\boldsymbol{x}_1)^2+(\boldsymbol{y}_2-\boldsymbol{y}_1)^2}$

　とくに，原点Oと点 $P(x,\ y)$ の間の距離は　$\mathbf{OP}=\sqrt{\boldsymbol{x}^2+\boldsymbol{y}^2}$

**内分点と外分点，中点と重心の座標**

$m>0$, $n>0$ とする。2点 $A(x_1,\ y_1)$, $B(x_2,\ y_2)$ を結ぶ線分ABを，$m:n$ に内分する点をP，外分する点をQ，線分ABの中点をM，2点A，Bと点 $C(x_3,\ y_3)$ を頂点とする三角形の重心をGとすれば

$$P\left(\frac{nx_1+mx_2}{m+n},\ \frac{ny_1+my_2}{m+n}\right),\quad Q\left(\frac{-nx_1+mx_2}{m-n},\ \frac{-ny_1+my_2}{m-n}\right)$$

←外分の場合は $m \neq n$

A　B　$m$ : $n$　←分子計算の係数の覚え方→　A　B　$m$ : $(-n)$

$$M\left(\frac{x_1+x_2}{2},\ \frac{y_1+y_2}{2}\right),\quad G\left(\frac{x_1+x_2+x_3}{3},\ \frac{y_1+y_2+y_3}{3}\right)$$

### 15　直線

**直線の方程式**

① 傾きが $m$，$y$ 切片が $n$ の直線の方程式は　$\boldsymbol{y}=\boldsymbol{mx}+\boldsymbol{n}$

② 点 $(x_1,\ y_1)$ を通り，傾きが $m$ の直線の方程式は　$\boldsymbol{y}-\boldsymbol{y}_1=\boldsymbol{m}(\boldsymbol{x}-\boldsymbol{x}_1)$

③ 2点 $(x_1,\ y_1)$, $(x_2,\ y_2)$ を通る直線の方程式は

　$x_1 \neq x_2$ のとき　$\boldsymbol{y}-\boldsymbol{y}_1=\dfrac{\boldsymbol{y}_2-\boldsymbol{y}_1}{\boldsymbol{x}_2-\boldsymbol{x}_1}(\boldsymbol{x}-\boldsymbol{x}_1)$，$x_1=x_2$ のとき　$\boldsymbol{x}=\boldsymbol{x}_1$

④ 直線の方程式の一般形　$\boldsymbol{ax}+\boldsymbol{by}+\boldsymbol{c}=\mathbf{0}$

**2直線の位置関係**

2直線 $\ell : ax+by+c=0$　…①，$m : px+qy+r=0$　…②

の位置関係，共有点，連立方程式①，②の解は，次のようになる。

| | 位置関係 | 共有点 | 連立方程式の解 |
|---|---|---|---|
| (1) | 平行でない | 1つ | 1個 |
| (2) | 平行 | なし | 0個 |
| (3) | 一致 | 無数 | 無数 |

(1)　$\ell$　$m$　(2)　$\ell$　$m$　(3)　$\ell(m)$

無数←①を満たすすべての $x$，$y$ の組。

無数（共有点）←直線上のすべての点。

### 16　2直線の平行・垂直

**2直線の平行条件・垂直条件**

① 2直線 $\ell_1 : y=m_1x+n_1$，$\ell_2 : y=m_2x+n_2$ について

　$\ell_1 /\!/ \ell_2 \iff \boldsymbol{m}_1=\boldsymbol{m}_2$　　$\ell_1 \perp \ell_2 \iff \boldsymbol{m}_1 \cdot \boldsymbol{m}_2=-\mathbf{1}$

② 2直線 $\ell_1 : a_1x+b_1y+c_1=0$，$\ell_2 : a_2x+b_2y+c_2=0$ について

　$\ell_1 /\!/ \ell_2 \iff \boldsymbol{a}_1\boldsymbol{b}_2-\boldsymbol{a}_2\boldsymbol{b}_1=\mathbf{0}$　　$\ell_1 \perp \ell_2 \iff \boldsymbol{a}_1\boldsymbol{a}_2+\boldsymbol{b}_1\boldsymbol{b}_2=\mathbf{0}$

③ 点 $(x_0,\ y_0)$ を通り，直線 $ax+by+c=0$ に

　平行な直線の方程式は　$\boldsymbol{a}(\boldsymbol{x}-\boldsymbol{x}_0)+\boldsymbol{b}(\boldsymbol{y}-\boldsymbol{y}_0)=\mathbf{0}$

　垂直な直線の方程式は　$\boldsymbol{b}(\boldsymbol{x}-\boldsymbol{x}_0)-\boldsymbol{a}(\boldsymbol{y}-\boldsymbol{y}_0)=\mathbf{0}$

**点と直線の距離**

点 $(x_1,\ y_1)$ と直線 $\ell$ : $ax+by+c=0$ の距離 $d$ は　$d=\dfrac{|ax_1+by_1+c|}{\sqrt{a^2+b^2}}$

とくに，原点 O と直線 $\ell$ の距離 $d$ は　$d=\dfrac{|c|}{\sqrt{a^2+b^2}}$

**1** **中点の座標と線分の長さ**　14 点の座標

座標平面上の 2 点 A$(-2,\ -3)$，B$(4,\ 3)$ について，線分 AB の中点 M の座標と線分 AB の長さを求めよ。

**2** **交点を通る直線の方程式**　15 直線

2 直線 $x-3y+1=0$，$x+2y-4=0$ の交点の座標を求めよ。また，その交点と点 $(4,\ 5)$ を通る直線の方程式を求めよ。

**3** **2 直線の位置関係①**　16 2 直線の平行・垂直

点 A$(4,\ 1)$ を通り，直線 $3x-2y=5$　…①に平行な直線と垂直な直線の方程式を求めよ。また，点 A と直線①の距離を求めよ。

**ガイド**

**ヒラメキ**
中点の座標，線分の長さ
→公式の活用

**なにをする？**
公式を適用する。

**ヒラメキ**
2 直線の交点の座標
→連立方程式の解

**なにをする？**
2 点 $(x_1,\ y_1)$，$(x_2,\ y_2)$ を通る直線の方程式は
$y-y_1=\dfrac{y_2-y_1}{x_2-x_1}(x-x_1)$

**ヒラメキ**
平行→傾きが等しい
垂直→傾きの積が $-1$

**なにをする？**
点 $(x_1,\ y_1)$ を通り，傾きが $m$ の直線の方程式は
$y-y_1=m(x-x_1)$
点 $(x_1,\ y_1)$ と
直線 $\ell$ : $ax+by+c=0$ の距離 $d$ は
$d=\dfrac{|ax_1+by_1+c|}{\sqrt{a^2+b^2}}$

## ガイドなしでやってみよう！

**4** **内分点の座標①**

座標平面上の2点 A$(-2,\ 1)$，B$(6,\ 5)$ について，線分 AB の中点を M，線分 AB を $3:1$ に内分する点を P，$3:1$ に外分する点を Q とするとき，点 M，P，Q の座標を求めよ。

**5** **内分点の座標②**

座標平面上の3点 A$(4,\ 6)$，B$(-3,\ -1)$，C$(5,\ 1)$ について，次の点の座標を求めよ。

(1) 線分 BC の中点 M

(2) 線分 AM を $2:1$ に内分する点 E

(3) 点 M に関する点 A の対称点 D

(4) 三角形 ABC の重心 G

**6** **一直線上に並ぶ3点**

3点 A$(-1,\ 1)$，B$(3,\ 5)$，C$(a,\ 2a+1)$ が一直線上にあるとき，定数 $a$ の値を求めよ。

### 7 直線の方程式

2直線 $x-y+1=0$，$2x+3y-8=0$ の交点を A とするとき，次の問いに答えよ。

(1) 点 A の座標を求めよ。

(2) 次の直線の方程式を求めよ。

(i) 点 A を通り，傾きが $-2$ の直線

(ii) 点 A と点 $(4,\ -1)$ を通る直線

第2章 図形と方程式

### 8 2直線の位置関係②

点 $\mathrm{P}(1,\ 7)$ と直線 $\ell : 2x-3y+6=0$ があるとき，次の問いに答えよ。

(1) 点 P から直線 $\ell$ に下ろした垂線と $\ell$ との交点を H とするとき，直線 PH の方程式と点 H の座標を求めよ。

(2) 直線 $\ell$ に関する点 P の対称点 Q の座標を求めよ。

(3) 線分 PH の長さを求めよ。

# 2　円

## 17 円

### 円の方程式

点 $(a,\ b)$ を中心とする半径 $r$ の円の方程式は　$(\boldsymbol{x}-\boldsymbol{a})^2+(\boldsymbol{y}-\boldsymbol{b})^2=\boldsymbol{r}^2$

とくに，原点を中心とする半径 $r$ の円の方程式は　$x^2+y^2=r^2$

### 円の方程式の一般形

$\boldsymbol{x}^2+\boldsymbol{y}^2+\boldsymbol{lx}+\boldsymbol{my}+\boldsymbol{n}=\boldsymbol{0}$（$l^2+m^2>4n$ のとき，円を表す。）

## 18 円と直線の位置関係

### 円と直線の位置関係

円と直線の方程式を連立方程式として解くことで共有点の座標がわかる。2 つの方程式から $x$ または $y$ を消去して得られる 2 次方程式の判別式を $D$，円の中心と直線の距離を $d$，半径を $r$ とすると，円と直線の位置関係は，下の図のようになる。

(ア) 2 点で交わる　$D>0,\ r>d$

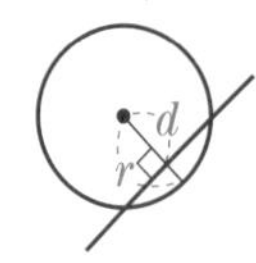


(イ) 接する　$D=0,\ r=d$

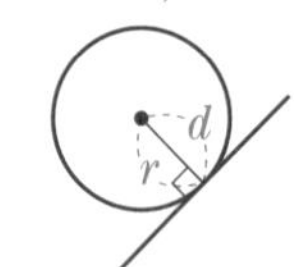


(ウ) 離れている　$D<0,\ r<d$

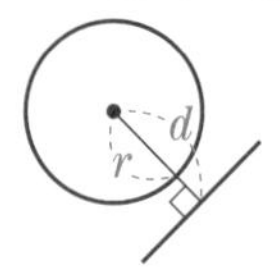


### 円の接線

円 $x^2+y^2=r^2$ 上の点 $\mathrm{P}(x_1,\ y_1)$ における接線の方程式は　$\boldsymbol{x_1x}+\boldsymbol{y_1y}=\boldsymbol{r}^2$

### 2 円の位置関係

2 つの円 O，O′ の半径をそれぞれ $r,\ r'$（$r>r'$），中心間の距離を $d$ とすると，2 つの円の位置関係は，下の図のようになる。

(ア) 離れている　$r+r'<d$

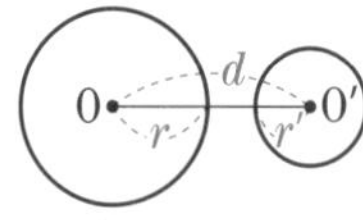


(イ) 外接する　$r+r'=d$

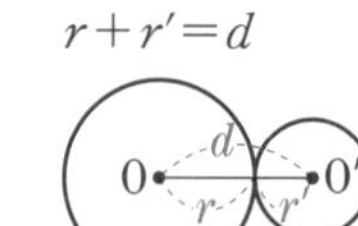

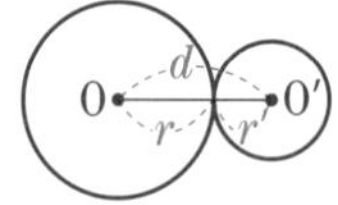


(ウ) 2 点で交わる　$r-r'<d<r+r'$

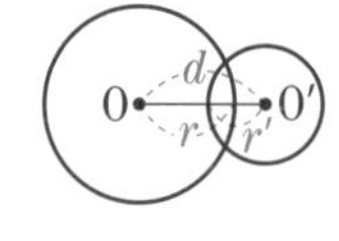


(エ) 内接する　$r-r'=d$

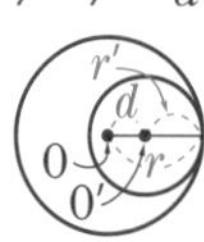


(オ) 一方が他方に含まれる　$0\leqq d<r-r'$

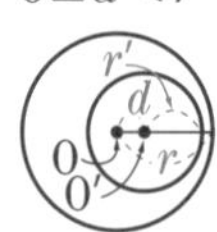


**9** 円の中心と半径　17 円

円 $x^2+y^2+4x-2y-4=0$ の中心の座標と半径を求めよ。

**ヒラメキ**

$(x-a)^2+(y-b)^2=r^2$

→中心 $(a,\ b)$，半径 $r$ の円。

**なにをする？**

$x,\ y$ それぞれについて平方完成する。

## 10 円の方程式　17 円

点 (2, 1) を通り，$x$ 軸，$y$ 軸の両方に接する円の方程式を求めよ。

ガイド

**ヒラメキ**

$x$ 軸，$y$ 軸に接する円で点 (2, 1) を通る。
→中心 $(r,\ r)$，半径 $r$ $(r>0)$

**なにをする？**

$(x-r)^2+(y-r)^2=r^2$
が点 (2, 1) を通るときの $r$ を求める。

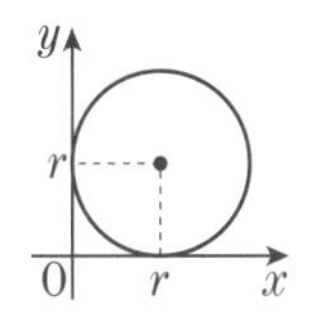


## 11 円の接線①　18 円と直線の位置関係

次の接線の方程式を求めよ。

(1) 円 $x^2+y^2=10$ 上の点 (3, 1) における接線

(2) 円 $(x-2)^2+(y+1)^2=10$ 上の点 (1, 2) における接線

(3) 点 (6, 3) から円 $x^2+y^2=9$ に引いた接線

**ヒラメキ**

円の接線→公式

**なにをする？**

円 $x^2+y^2=r^2$ 上の点 $P(x_1,\ y_1)$ における接線の方程式は
$x_1x+y_1y=r^2$

第2章　図形と方程式

## ガイドなしでやってみよう！

**12** **直径の両端と円**

2 点 A$(-1,\ 2)$，B$(5,\ 4)$ を直径の両端とする円の方程式を求めよ。

**13** **3点を通る円**

3 点 A$(4,\ 2)$，B$(-1,\ 1)$，C$(5,\ -3)$ を通る円の方程式を求めよ。

**14** **交点の座標**

円 $x^2+y^2=5$ と直線 $y=x+1$ の交点の座標を求めよ。

**15** **円の接線②**

円 $x^2+y^2=10$ に接する傾き $-3$ の直線の方程式を求めよ。

## 16 円に接する円

点 $(4,\ 3)$ を中心とし，円 $x^2+y^2=1$ に接する円の方程式を求めよ。



## 17 円と直線の位置関係

円 $x^2+y^2=5$ と直線 $y=2x+k$ との共有点の個数を次の方法で調べよ。

(1) 判別式 $D$ を活用する方法

(2) 点と直線の距離を活用する方法

# 3　軌跡と領域

**19 軌跡**

**軌跡**

平面上で，ある条件を満たしながら動く点Pの描く図形を，点Pの軌跡という。
条件 $C$ を満たす点の軌跡が図形 $F$ である。

$\Longleftrightarrow$ ① 条件 $C$ を満たすすべての点は，図形 $F$ 上にある。
② 図形 $F$ 上のすべての点は，条件 $C$ を満たす。

**20 領域**

**領域**

$x$，$y$ についての不等式を満たす点 $(x,\ y)$ 全体の集合を，その不等式の表す領域という。

**連立不等式の表す領域**

連立不等式の表す領域は，それぞれの不等式の表す領域の共通部分である。

**21 領域のいろいろな問題**

**領域と最大・最小**

領域内の点 $\mathrm{P}(x,\ y)$ に対して，$x$，$y$ の式の最大値，最小値を求めるとき，$x$，$y$ の式を $k$ とおき，図形を使って考える。

**18**　**2点から等距離にある点**　19 軌跡

2点 $\mathrm{A}(-2,\ 1)$，$\mathrm{B}(3,\ 4)$ からの距離が等しい点Pの軌跡を求めよ。

**19**　**2点からの距離の比が一定である点**　19 軌跡

原点Oと点 $\mathrm{A}(6,\ 0)$ に対して，$\mathrm{OP}:\mathrm{AP}=2:1$ となる点Pの軌跡を求めよ。

**ガイド**

**ヒラメキ**

軌跡→条件に適する $x$，$y$ の方程式を求める。

**なにをする？**

- $\mathrm{P}(x,\ y)$ とおく。
- 与えられた条件を $x$，$y$ で表す。
- 式を整理して，表す図形を読み取る。
- 移動条件は $\mathrm{AP}=\mathrm{BP}$

**なにをする？**

- 与えられた条件より $\mathrm{OP}:\mathrm{AP}=2:1$

## 20 領域の図示① 20 領域

次の不等式の表す領域を図示せよ。

(1) $y<-\frac{1}{2}x+1$　　(2) $(x-1)^2+(y+1)^2\geqq 2$

(3) $\begin{cases} x+y\geqq 0 \\ x^2+y^2\leqq 4 \end{cases}$

## 21 領域と最大・最小① 21 領域のいろいろな問題

$x$, $y$ が不等式 $x\geqq 0$, $y\geqq 0$, $2x+y\leqq 12$, $x+2y\leqq 12$ を満たすとき，$3x+4y$ の最大値，最小値と，そのときの $x$, $y$ の値を求めよ。

ガイド

**ヒラメキ**

領域→不等式を満たす点 P$(x,\ y)$ を図示する。
境界については記述する。

**なにをする？**

次の点に注意して領域を考える。
$y>ax+b$
→直線 $y=ax+b$ の上側
$y<ax+b$
→直線 $y=ax+b$ の下側
$x^2+y^2>r^2$
→円 $x^2+y^2=r^2$ の外部
$x^2+y^2<r^2$
→円 $x^2+y^2=r^2$ の内部
連立不等式の表す領域
→各領域の共通部分

**ヒラメキ**

領域と最大・最小
→$y=-\frac{3}{4}x+\frac{k}{4}$ を領域内で平行移動させる。

**なにをする？**

① 領域（各領域の共通部分）を図示する。
② $3x+4y=k$ とおくと
$y=-\frac{3}{4}x+\frac{k}{4}$
③ ②の直線を平行移動する。
$y$ 切片 $\frac{k}{4}$ が大きいほど，$k$ は大きくなり，小さいほど $k$ は小さくなる。

## ガイドなしでやってみよう！

**22** **軌跡**

2点 $A(-1,\ -2)$，$B(3,\ 2)$ に対して，$AP^2-BP^2=8$ を満たす点Pの軌跡を求めよ。

**23** **中点の軌跡**

円 $x^2+y^2=4$ と点 $P(4,\ 0)$ がある。点Qがこの円周上を動くとき，線分PQの中点Mの軌跡を求めよ。

**24** **領域の図示②**

次の不等式の表す領域を図示せよ。

(1) $x>2$

(2) $y>x^2-1$

(3) $\begin{cases} 2x+y-1\leqq 0 \\ x^2-2x+y^2\leqq 0 \end{cases}$

## 25 領域の図示③

不等式 $(x+y)(2x-y-3)>0$ の表す領域を図示せよ。



## 26 領域と最大・最小②

3つの不等式 $x-2y\leqq 0$, $2x-y\geqq 0$, $y\leqq 2$ で表される領域を $D$ とする。

(1) $D$ を図示せよ。

(2) $D$ 内の点 $(x,\ y)$ について，$x+y$ の最大値，最小値とそのときの $x$, $y$ を求めよ。

(3) $D$ 内の点 $(x,\ y)$ について，$x-y$ の最大値，最小値とそのときの $x$, $y$ を求めよ。

# 定期テスト対策問題

目標点　60点
制限時間　50分
　　点

**1** 2点 A$(-2,\ -3)$，B$(3,\ 7)$ について，次の点の座標を求めよ。 ⮌ 1 4 5

（各8点　計16点）

(1) 線分 AB を $3:2$ に内分する点 P

(2) 線分 AB を $3:2$ に外分する点 Q

**2** 座標平面上の3点 A$(-3,\ -1)$，B$(2,\ 9)$，C$(3,\ 6)$ について，次のものを求めよ。
⮌ 2 3 7 8

（各8点　計32点）

(1) 直線 AB の方程式

(2) 点 C を通り AB に垂直な直線の方程式

(3) (1)，(2)で求めた2直線の交点 H の座標

(4) 直線 AB に関する点 C の対称点 D の座標

**3** 3点 A$(1,\ 2)$，B$(2,\ 3)$，C$(5,\ 3)$ を通る円の方程式を求めよ。 ⮌ 13　（10点）

**4** 点 (4, 2) から円 $x^2+y^2=4$ に引いた接線の方程式を求めよ。 ⮌ 11 15 (12 点)

**5** 2 点 A(2, 5), B(4, 1) がある。円 $x^2+y^2=9$ の周上の動点 P に対して，△ABP の重心 G の軌跡を求めよ。 ⮌ 18 19 22 23 (15 点)

**6** 2 種類の薬品 P，Q がある。これら 1 g あたりの A 成分の含有量，B 成分の含有量，価格は右の表の通りである。いま，A 成分を 10 mg 以上，B 成分を 15 mg 以上とる必要があるとき，その費用を最小にするためには，P，Q をそれぞれ何 g とればよいか。 ⮌ 21 26 (15 点)

| | A 成分 (mg) | B 成分 (mg) | 価格 (円) |
|---|---|---|---|
| P | 2 | 1 | 5 |
| Q | 1 | 3 | 6 |

# 第3章　三角関数

## 1　三角関数

### 22 一般角と弧度法

**動径の回転**

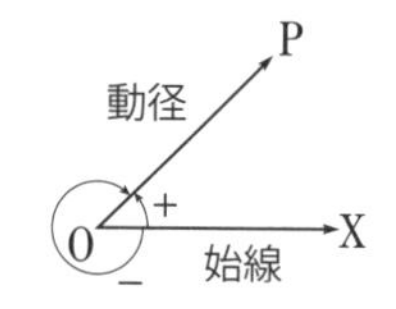


半直線 OX は固定されているものとする。点 O のまわりを回転する半直線 OP が，OX の位置から回転した角度を考える。このとき，OX を始線，OP を動径という。

**一般角**

動径の角度は，回転の向きで正と負の角を考えることができる。また，正の向きにも負の向きにも 360° を超える回転を考えることができる。このように，角の大きさの範囲を拡げて考える角のことを一般角という。動径と始線のなす角の 1 つを $\alpha$ とすると，一般角は $\alpha+360°\times n$（$n$ は整数）と表される。

**弧度法**

定義 $\theta=\dfrac{l}{r}$（扇形の半径を $r$，弧の長さを $l$ としたときの中心角が $\theta$）

単位はラジアンで，省略することが多い。

半円では，$l=\pi r$ だから　$180°=\pi$（ラジアン）

**扇形の弧の長さと面積**

弧度法を使うと，半径 $r$，中心角 $\theta$ の扇形の弧の長さ $l$，面積 $S$ は

$$l=r\theta,\quad S=\frac{1}{2}r^2\theta=\frac{1}{2}lr$$

### 23 三角関数

**三角関数の定義**

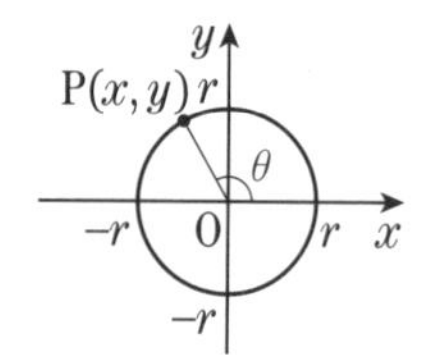


$xy$ 平面上で原点を中心とする半径 $r$ の円 O を考える。$x$ 軸の正の部分を始線とし，角 $\theta$ の定める動径と円 O との交点を P とする。点 P の座標を $(x,\ y)$ とおくとき，角 $\theta$ の三角関数を次のように定める。

$$\sin\theta=\frac{y}{r},\quad \cos\theta=\frac{x}{r},\quad \tan\theta=\frac{y}{x}$$

（正弦）　（余弦）　（正接）

**三角関数の値域**

$-1\leqq\sin\theta\leqq1$，$-1\leqq\cos\theta\leqq1$，$\tan\theta$ の値域は実数全体。

### 24 三角関数の相互関係

**三角関数と単位円**

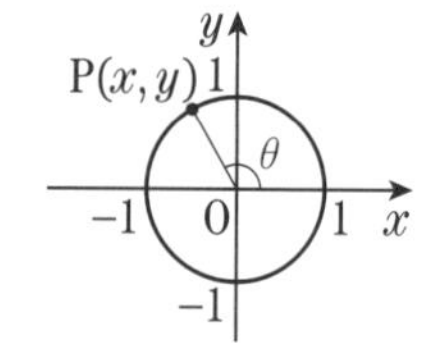


$xy$ 平面上で原点を中心とする半径 1 の円を単位円という。

$r=1$ のときの三角関数の定義は

$$\sin\theta=y,\quad \cos\theta=x,\quad \tan\theta=\frac{y}{x}$$

**三角関数の相互関係**

① $\sin^2\theta+\cos^2\theta=1$　② $\tan\theta=\dfrac{\sin\theta}{\cos\theta}$　③ $1+\tan^2\theta=\dfrac{1}{\cos^2\theta}$

## 25 三角関数の性質

**三角関数の性質**

① $\sin(\theta+2n\pi)=\sin\theta$, $\cos(\theta+2n\pi)=\cos\theta$, $\tan(\theta+2n\pi)=\tan\theta$ （$n$ は整数）
② $\sin(-\theta)=-\sin\theta$, $\cos(-\theta)=\cos\theta$, $\tan(-\theta)=-\tan\theta$
③ $\sin(\theta+\pi)=-\sin\theta$, $\cos(\theta+\pi)=-\cos\theta$, $\tan(\theta+\pi)=\tan\theta$
④ $\sin(\pi-\theta)=\sin\theta$, $\cos(\pi-\theta)=-\cos\theta$, $\tan(\pi-\theta)=-\tan\theta$
⑤ $\sin\left(\frac{\pi}{2}-\theta\right)=\cos\theta$, $\cos\left(\frac{\pi}{2}-\theta\right)=\sin\theta$, $\tan\left(\frac{\pi}{2}-\theta\right)=\frac{1}{\tan\theta}$

### 1 扇形の弧の長さと面積① 22 一般角と弧度法

半径 4，中心角 60° の扇形の弧の長さ $l$ と面積 $S$ を求めよ。

### 2 三角関数の定義 23 三角関数

$\theta$ は第 3 象限の角で $\cos\theta=-\frac{1}{3}$ のとき，定義に従って，$\sin\theta$，$\tan\theta$ の値を求めよ。

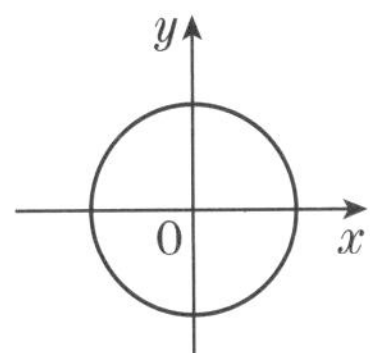


### 3 三角関数の値の決定① 24 三角関数の相互関係

$\theta$ は第 3 象限の角で，$\cos\theta=-\frac{1}{2}$ のとき，$\sin\theta$, $\tan\theta$ の値を求めよ。

### 4 三角関数の計算① 25 三角関数の性質

次の式を簡単にせよ。

$$\sin\left(\frac{\pi}{2}-\theta\right)+\sin(\pi-\theta)+\sin(\pi+\theta)$$

**ガイド**

**1**
ヒラメキ
中心角→ラジアンで表す。

なにをする？
$l=r\theta$, $S=\frac{1}{2}r^2\theta=\frac{1}{2}lr$

**2**
ヒラメキ
三角関数の値→図をかく。

なにをする？
定義を考えることにより，円の半径として適当な値をとる。

**3**
ヒラメキ
三角関数の値が 1 つわかる。
→他の三角関数の値もわかる。

なにをする？
三角関数の相互関係
$\sin^2\theta+\cos^2\theta=1$
などを使う。

**4**
ヒラメキ
三角関数の性質→公式を使う。

なにをする？
公式の覚え方→いつでも図から作れるように。

## ガイドなしでやってみよう！

### 5 弧度法と度数法

次の角を，弧度法は度数法で，度数法は弧度法で表せ。

(1) $\frac{3}{2}\pi$

(2) $\frac{11}{6}\pi$

(3) $150°$

(4) $135°$

### 6 扇形の弧の長さと面積②

半径 3，中心角 90° の扇形の弧の長さ $l$ と面積 $S$ を求めよ。

### 7 三角関数の値

次の角 $\theta$ に対応する $\sin\theta$，$\cos\theta$，$\tan\theta$ の値を求めよ。

| $\theta$ | $0$ | $\frac{\pi}{6}$ | $\frac{\pi}{4}$ | $\frac{\pi}{3}$ | $\frac{\pi}{2}$ | $\frac{2}{3}\pi$ | $\frac{3}{4}\pi$ | $\frac{5}{6}\pi$ | $\pi$ |
|---|---|---|---|---|---|---|---|---|---|
| $\sin\theta$ | | | | | | | | | |
| $\cos\theta$ | | | | | | | | | |
| $\tan\theta$ | | | | | | | | | |

| $\theta$ | $\pi$ | $\frac{7}{6}\pi$ | $\frac{5}{4}\pi$ | $\frac{4}{3}\pi$ | $\frac{3}{2}\pi$ | $\frac{5}{3}\pi$ | $\frac{7}{4}\pi$ | $\frac{11}{6}\pi$ | $2\pi$ |
|---|---|---|---|---|---|---|---|---|---|
| $\sin\theta$ | | | | | | | | | |
| $\cos\theta$ | | | | | | | | | |
| $\tan\theta$ | | | | | | | | | |

## 8 三角関数の値の決定②

$\theta$ は第3象限の角で，$\tan\theta=2$ のとき，$\sin\theta$，$\cos\theta$ の値を求めよ。

## 9 等式の証明

次の等式を証明せよ。

$$\frac{1+\cos\theta}{1-\sin\theta}-\frac{1-\cos\theta}{1+\sin\theta}=\frac{2(1+\tan\theta)}{\cos\theta}$$

## 10 三角関数の計算②

次の式を簡単にせよ。

$$\cos\left(\frac{\pi}{2}+\theta\right)+\cos(\pi+\theta)+\cos\left(\frac{3}{2}\pi+\theta\right)+\cos(2\pi+\theta)$$

# 2 三角関数のグラフ

## 26 三角関数のグラフ

**$y=\sin\theta$, $y=\cos\theta$ のグラフ**

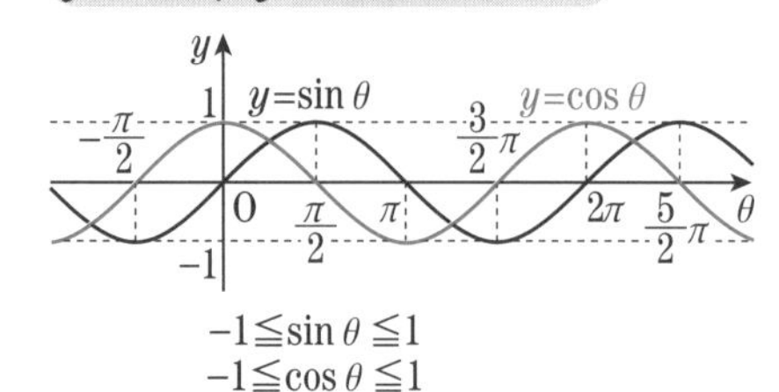


$-1 \leqq \sin\theta \leqq 1$
$-1 \leqq \cos\theta \leqq 1$

**$y=\tan\theta$ のグラフ**

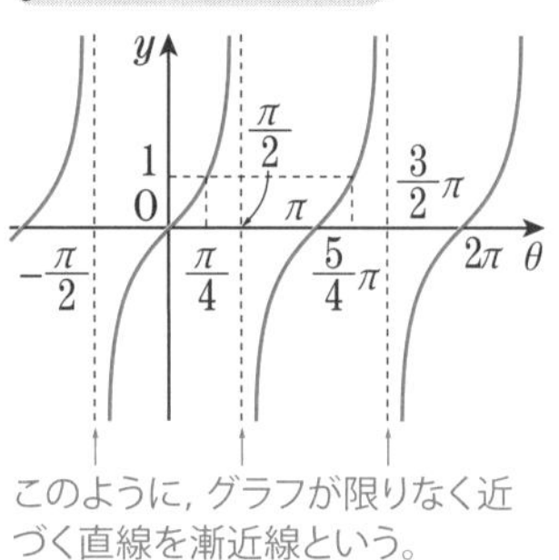


このように，グラフが限りなく近づく直線を漸近線という。

**周期**

関数 $f(\theta)$ において，すべての実数 $\theta$ に対して，$f(\theta+p)=f(\theta)$ を満たす 0 でない実数 $p$ が存在するとき，関数 $f(\theta)$ を周期関数，$p$ を周期という。
周期は普通，正で最小のものをいう。
$\sin\theta$，$\cos\theta$ の周期は $2\pi$，$\tan\theta$ の周期は $\pi$ である。

## 27 三角方程式

**三角方程式を単位円を使って解く方法**

(1) $\sin\theta=a$ $(-1\leqq a\leqq 1)$ の解法
単位円と直線 $y=a$ の交点から得られる動径の角を読む。

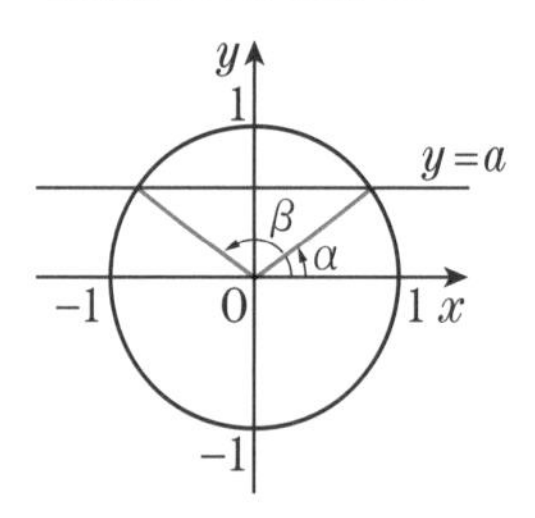


$0\leqq\theta<2\pi$ での解　$\theta=\alpha,\ \beta$
一般解　$\theta=\alpha+2n\pi$
　　　　$\theta=\beta+2n\pi$　（$n$ は整数）
↑
$\theta$ を $0\leqq\theta<2\pi$ の範囲に制限しないときの解

(2) $\cos\theta=b$ $(-1\leqq b\leqq 1)$ の解法
単位円と直線 $x=b$ の交点から得られる動径の角を読む。

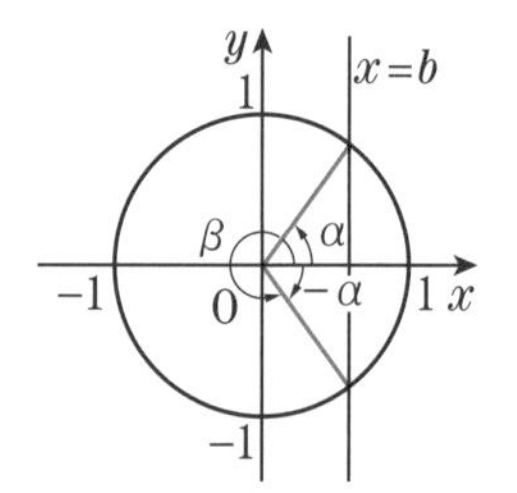


$0\leqq\theta<2\pi$ での解　$\theta=\alpha,\ \beta$
一般解　$\theta=\alpha+2n\pi$
　　　　$\theta=\beta+2n\pi$　（$n$ は整数）

## 28 三角不等式

**$\sin\theta\geqq a$ $(-1\leqq a\leqq 1)$ の解法**

三角方程式と同じ図をかいて，$y\geqq a$ の部分の動径の角の範囲を答える。
$0\leqq\theta<2\pi$ での解　$\alpha\leqq\theta\leqq\beta$
一般解　$\alpha+2n\pi\leqq\theta\leqq\beta+2n\pi$（$n$ は整数）

## 11 グラフの平行移動① 26 三角関数のグラフ

関数 $y=\cos\left(\theta-\frac{\pi}{4}\right)$ のグラフをかけ。

## 12 三角方程式① 27 三角方程式

次の三角方程式を(　)内の範囲で解け。

$\tan\theta=\sqrt{3}$ $(0\leqq\theta<2\pi)$

## 13 三角不等式① 28 三角不等式

次の三角不等式を(　)内の範囲で解け。

$\sin\theta\geqq\frac{\sqrt{2}}{2}$ $(0\leqq\theta<2\pi)$

ガイド

**ヒラメキ**

関数 $y=\cos\theta$ のグラフ
→周期 $2\pi$，まず $-1\leqq y\leqq1$ の基本形をかく。

**なにをする？**

$\theta-\frac{\pi}{4}$ だから，$\theta$ 軸の方向に $\frac{\pi}{4}$ だけ平行移動する。

**ヒラメキ**

$\tan\theta$→傾き

**なにをする？**

$\tan\theta=\sqrt{3}$ の方程式では，原点と点 $(1,\ \sqrt{3})$ を結ぶ直線と単位円の交点の動径の角を読む。

**ヒラメキ**

$\sin\theta=a$ の方程式をまず解く。
→単位円と直線 $y=a$ の交点の動径の角を読む。

**なにをする？**

$\sin\theta\geqq a$ の不等式では，単位円と $y\geqq a$ の共通部分の動径の範囲を読む。

[参考]

$\sin\theta<a$ の不等式では，単位円と $y<a$ の共通部分の動径の範囲を読む。

第3章 三角関数

## ガイドなしでやってみよう！

### 14 グラフの平行移動②

次の関数のグラフをかけ。

(1) $y=\sin\dfrac{\theta}{2}-1$

(2) $y=\tan\left(\theta-\dfrac{\pi}{4}\right)$

(3) $y=3\cos\left(\theta+\dfrac{\pi}{3}\right)$

### 15 三角方程式②

$0\leqq\theta<2\pi$ のとき，次の方程式を解け。

(1) $2\sin^2\theta-\cos\theta-1=0$

(2) $2\sin\left(\theta-\dfrac{\pi}{6}\right)+\sqrt{2}=0$

**16** 三角方程式③

次の方程式の一般解を求めよ。

(1) $\sin\theta=-\dfrac{1}{2}$

(2) $\tan\theta=-1$

**17** 三角不等式②

不等式 $4\sin^2\theta<1$ の解のうち，次のものを求めよ。

(1) $0\leqq\theta<2\pi$ の範囲の解

(2) 一般解

# 3　加法定理

## 29 加法定理

**加法定理**

$\sin(\alpha+\beta)=\sin\alpha\cos\beta+\cos\alpha\sin\beta$　　$\sin(\alpha-\beta)=\sin\alpha\cos\beta-\cos\alpha\sin\beta$

$\cos(\alpha+\beta)=\cos\alpha\cos\beta-\sin\alpha\sin\beta$　　$\cos(\alpha-\beta)=\cos\alpha\cos\beta+\sin\alpha\sin\beta$

$\tan(\alpha+\beta)=\dfrac{\tan\alpha+\tan\beta}{1-\tan\alpha\tan\beta}$　　$\tan(\alpha-\beta)=\dfrac{\tan\alpha-\tan\beta}{1+\tan\alpha\tan\beta}$

**2倍角の公式**

$\sin 2\theta=2\sin\theta\cos\theta$　…①

$\cos 2\theta=\cos^2\theta-\sin^2\theta=2\cos^2\theta-1=1-2\sin^2\theta$　…②

$\tan 2\theta=\dfrac{2\tan\theta}{1-\tan^2\theta}$

**半角の公式**

$\sin^2\dfrac{\theta}{2}=\dfrac{1-\cos\theta}{2}$，$\cos^2\dfrac{\theta}{2}=\dfrac{1+\cos\theta}{2}$

## 30 三角関数の合成

**三角関数の合成公式**

$a\sin\theta+b\cos\theta=r\sin(\theta+\alpha)$

ただし　$r=\sqrt{a^2+b^2}$，$\sin\alpha=\dfrac{b}{r}$，$\cos\alpha=\dfrac{a}{r}$

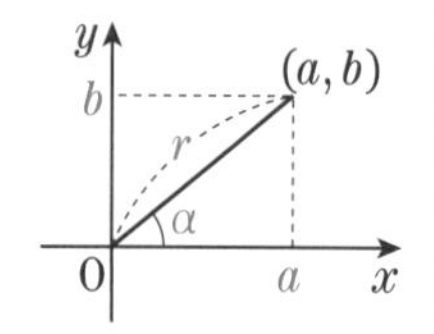


## 31 三角関数の応用 ①

**2倍角の公式・半角の公式**

上の①，②を変形してできる次の公式を利用することも多い。

$\sin\theta=2\sin\dfrac{\theta}{2}\cos\dfrac{\theta}{2}$

$\sin^2\theta=\dfrac{1-\cos 2\theta}{2}$，$\cos^2\theta=\dfrac{1+\cos 2\theta}{2}$

## 32 三角関数の応用 ②

**積和公式**

$\sin\alpha\cos\beta=\dfrac{1}{2}\{\sin(\alpha+\beta)+\sin(\alpha-\beta)\}$，$\cos\alpha\sin\beta=\dfrac{1}{2}\{\sin(\alpha+\beta)-\sin(\alpha-\beta)\}$

$\cos\alpha\cos\beta=\dfrac{1}{2}\{\cos(\alpha+\beta)+\cos(\alpha-\beta)\}$，$\sin\alpha\sin\beta=-\dfrac{1}{2}\{\cos(\alpha+\beta)-\cos(\alpha-\beta)\}$

**和積公式**

$\sin A+\sin B=2\sin\dfrac{A+B}{2}\cos\dfrac{A-B}{2}$，$\sin A-\sin B=2\cos\dfrac{A+B}{2}\sin\dfrac{A-B}{2}$

$\cos A+\cos B=2\cos\dfrac{A+B}{2}\cos\dfrac{A-B}{2}$，$\cos A-\cos B=-2\sin\dfrac{A+B}{2}\sin\dfrac{A-B}{2}$

## 18 加法定理の利用① 29 加法定理

次の値を求めよ。

(1) $\sin 105^\circ$

(2) $\tan 75^\circ$

ガイド

ヒラメキ

加法定理
→三角関数の公式。

なにをする？

$105^\circ = 60^\circ + 45^\circ$
$75^\circ = 45^\circ + 30^\circ$
として加法定理を使う。

(1) $\sin(\alpha+\beta)$
$= \sin\alpha\cos\beta + \cos\alpha\sin\beta$

(2) $\tan(\alpha+\beta)$
$= \dfrac{\tan\alpha + \tan\beta}{1-\tan\alpha\tan\beta}$

## 19 三角方程式④ 30 三角関数の合成

$0 \leqq \theta < 2\pi$ のとき，$\sqrt{3}\sin\theta + \cos\theta = 1$ を解け。

ヒラメキ

$a\sin\theta + b\cos\theta$
→1 つの三角関数に直す。
→角が同じ。
→合成。

なにをする？

図をかいて $r$ と $\alpha$ を求め変形する。

$a\sin\theta + b\cos\theta$
$= r\sin(\theta+\alpha)$

## 20 三角方程式⑤ 32 三角関数の応用②

$0 \leqq \theta < 2\pi$ のとき，$\sin 3\theta + \sin\theta = 0$ を解け。

ヒラメキ

$\sin k\theta + \sin l\theta$
→係数は同じ，角が違う。
→和積公式。

なにをする？

$\sin A + \sin B$
$= 2\sin\dfrac{A+B}{2}\cos\dfrac{A-B}{2}$

## ガイドなしでやってみよう！

**21** 加法定理の利用②

$0<\alpha<\frac{\pi}{2}$，$\frac{\pi}{2}<\beta<\pi$ で，$\sin\alpha=\frac{3}{5}$，$\cos\beta=-\frac{\sqrt{5}}{3}$ とするとき，次の値を求めよ。

(1) $\sin(\alpha+\beta)$

(2) $\sin 2\alpha$

(3) $\sin\frac{\alpha}{2}$

**22** 2直線のなす角

2 直線 $y=3x-4$，$y=-2x+3$ のなす角を求めよ。

**23** 三角方程式⑥

$0\leqq\theta<2\pi$ のとき，方程式 $\sin\theta-\cos\theta=\sqrt{2}$ を解け。

### 24 三角不等式③

$0 \leqq \theta < 2\pi$ のとき，不等式 $\sin\theta + \sqrt{3}\cos\theta > 1$ を解け。

### 25 三角関数の最大・最小

$0 \leqq \theta < 2\pi$ のとき，次の関数の最大値，最小値とそのときの $\theta$ の値を求めよ。

(1) $y = \cos\theta + \cos\left(\dfrac{2}{3}\pi - \theta\right)$

(2) $y = \cos 2\theta + 2\sin\theta + 1$

第3章 三角関数

# 定期テスト対策問題

目標点　60点
制限時間　50分
点

**1** 半径 $r$ が 6，弧の長さ $l$ が $4\pi$ の扇形の中心角 $\theta$（ラジアン）と面積 $S$ を求めよ。
↩ 1 6
（各 8 点　計 16 点）

**2** $\theta$ は第 2 象限の角で，$\sin\theta=\dfrac{1}{2}$ のとき，$\cos\theta$，$\tan\theta$ の値を求めよ。↩ 3 8
（各 8 点　計 16 点）

**3** 関数 $y=3\sin 2\theta$ のグラフをかけ。↩ 11 14
（12 点）

**4** $0\leqq\theta<2\pi$ のとき，次の方程式，不等式を解け。↩ 12 13 15 16 17 19 20 23 24
（各 10 点　計 20 点）

(1) $\sin 2\theta-\cos\theta=0$

(2) $\sin\theta-\cos\theta>1$

**5** $0<\alpha<\dfrac{\pi}{2}$，$\dfrac{\pi}{2}<\beta<\pi$ のとき，$\cos\alpha=\dfrac{2}{3}$，$\sin\beta=\dfrac{1}{3}$ とする。このとき，次の値を求めよ。

⮌ 18 21

（各 8 点　計 24 点）

(1) $\cos(\alpha+\beta)$

(2) $\sin 2\alpha$

(3) $\cos\dfrac{\alpha}{2}$

**6** $0\leqq\theta<2\pi$ のとき，関数 $y=\cos 2\theta-2\cos\theta$ の最大値，最小値とそのときの $\theta$ の値を求めよ。

⮌ 25

（12 点）

# 第4章 指数関数・対数関数

## 1 指数関数

### 33 累乗根

**累乗根**

正の整数 $n$ に対して，$x^n=a$ を満たす $x$ を $a$ の $n$ 乗根という。2乗根，3乗根，4乗根，…をまとめて累乗根という。

**実数の範囲での $n$ 乗根**　($x^n=a$ を満たす実数 $x$ について)

・$n$ が偶数のとき

　$a>0$ のとき，2つあり，$\sqrt[n]{a}$ (正の方)，$-\sqrt[n]{a}$ (負の方) と表す。

　$a=0$ のとき，$\sqrt[n]{0}=0$ の1つ。

　$a<0$ のとき，$x^n=a$ を満たす実数 $x$ は存在しない。

・$n$ が奇数のとき

　$a$ の符号によらず，常にただ1つ存在し，$\sqrt[n]{a}$ で表す。

**正の数 $a$ の $n$ 乗根**　($a>0$，$n$：任意の正の整数)

$x=\sqrt[n]{a} \iff x^n=a$ かつ $x>0 \iff x$ は $a$ の正の $n$ 乗根

**累乗根の公式**

$a>0$，$b>0$ かつ $m$，$n$ を正の整数とするとき

① $\sqrt[n]{a}\sqrt[n]{b}=\sqrt[n]{ab}$　② $\dfrac{\sqrt[n]{a}}{\sqrt[n]{b}}=\sqrt[n]{\dfrac{a}{b}}$　③ $\sqrt[n]{a^m}=(\sqrt[n]{a})^m$　④ $\sqrt[m]{\sqrt[n]{a}}=\sqrt[mn]{a}$

### 34 指数の拡張

**0や負の整数の指数**

$a\neq0$ で，$n$ が正の整数のとき，$a^0=1$，$a^{-n}=\dfrac{1}{a^n}$ と定義する。

$a\neq0$，$b\neq0$ のとき，任意の整数 $m$，$n$ に対して，次の等式が成り立つ。

① $a^ma^n=a^{m+n}$　② $a^m\div a^n=a^{m-n}$　③ $(a^m)^n=a^{mn}$

④ $(ab)^n=a^nb^n$　⑤ $\left(\dfrac{a}{b}\right)^n=\dfrac{a^n}{b^n}$

**有理数の指数**

$a>0$ で，$m$ が任意の整数，$n$ が正の整数のとき，$a^{\frac{m}{n}}=\sqrt[n]{a^m}$ と定義する。

※無理数の指数にも指数法則を拡張することができる。

### 35 指数関数とそのグラフ

**指数関数**

関数 $y=a^x$ ($a>0$，$a\neq1$) を $a$ を底とする $x$ の指数関数という。

**指数関数 $y=a^x$ の特徴**

・定義域は実数全体，値域は正の実数全体。

・グラフは2点 $(0,\ 1)$，$(1,\ a)$ を通り，$x$ 軸が漸近線になる。

$a>1$ のとき

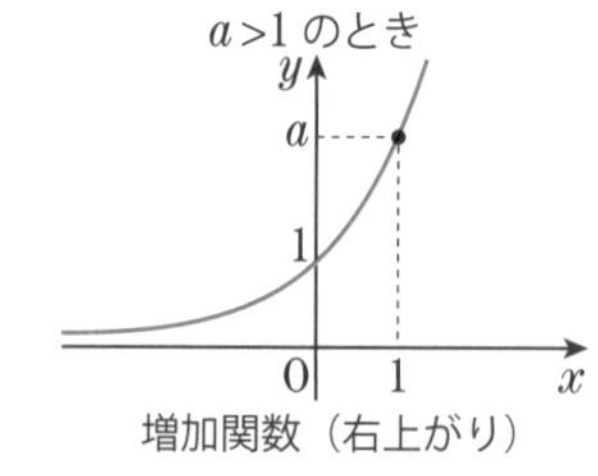


増加関数（右上がり）

$0<a<1$ のとき

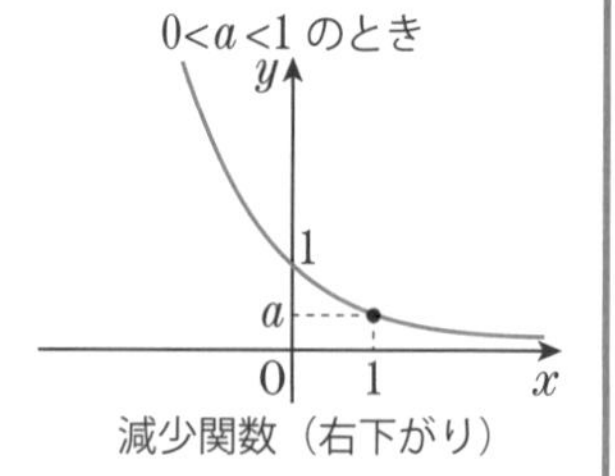


減少関数（右下がり）

## 36 指数関数の応用

**指数方程式・指数不等式**

指数に未知数を含む方程式，不等式をそれぞれ指数方程式，指数不等式という。

**1** 累乗根の計算① 33 累乗根

次の式を簡単にせよ。

(1) $\sqrt[3]{36}\sqrt[3]{48}$　　(2) $\sqrt{\sqrt[4]{256}}$

**ヒラメキ**
指数計算
$\to \sqrt[n]{a^n}=a \quad (a>0)$

**なにをする？**
数学Ⅰの「平方根の計算」を確認する。

**2** 指数の計算① 34 指数の拡張

次の計算をせよ。

(1) $7^{\frac{2}{3}}\times 7^{\frac{1}{2}}\div 7^{\frac{1}{6}}$　　(2) $\sqrt[3]{5^4}\times\sqrt[6]{5}\div\sqrt{5}$

**ヒラメキ**
分数の指数
$\to \sqrt[n]{a^m}=a^{\frac{m}{n}}$

**なにをする？**
(2) 分数の指数に直して計算する。

**3** 大小の比較① 35 指数関数とそのグラフ

$\sqrt[3]{9}$，$\sqrt[4]{27}$，$\sqrt[5]{81}$ の大小を比較せよ。

**なにをする？**
底をそろえて，大小を比較する。

**4** 指数方程式・指数不等式① 36 指数関数の応用

次の方程式，不等式を解け。

(1) $2^x=2\sqrt{2}$　　(2) $3^{2x-1}<27$

**ヒラメキ**
・$a^x=a^p \to x=p$
・不等式 $a^x>a^p$
　$a>1 \to x>p$
　$0<a<1 \to x<p$

第4章 指数関数・対数関数

## ガイドなしでやってみよう！

**5 累乗根の計算②**

次の式を簡単にせよ。

(1) $\sqrt{\sqrt[3]{729}}$

(2) $\sqrt[3]{-16}\sqrt[3]{4}$

(3) $\dfrac{\sqrt[3]{250}}{\sqrt[3]{2}}$

**6 指数の計算②**

$a>0$ のとき，次の問いに答えよ。

(1) 次の式を $a^r$ の形で表せ。

① $\sqrt[5]{a^3}$　② $\left(\dfrac{1}{\sqrt[3]{a}}\right)^2$　③ $\sqrt{a\sqrt{a}}$

(2) 次の $a^r$ の形で表された式を根号の形で表せ。

① $a^{\frac{2}{3}}$　② $a^{-\frac{5}{3}}$　③ $a^{0.4}$

**7 指数の計算③**

次の計算をせよ。

(1) $\sqrt[3]{4^2}\div\sqrt[3]{18}\times\sqrt[3]{72}$

(2) $\sqrt[3]{-12}\times\sqrt[3]{18^2}\div\sqrt[3]{2}\div\sqrt[3]{9}$

**8 式の値**

$a>0$ で，$a^{\frac{1}{3}}+a^{-\frac{1}{3}}=5$ のとき，$a+a^{-1}$ および $a^{\frac{1}{2}}+a^{-\frac{1}{2}}$ の値を求めよ。

## 9 指数関数のグラフ

関数 $y=3^x$ のグラフをもとに，次の関数のグラフをかけ。

(1) $y=3^x+2$

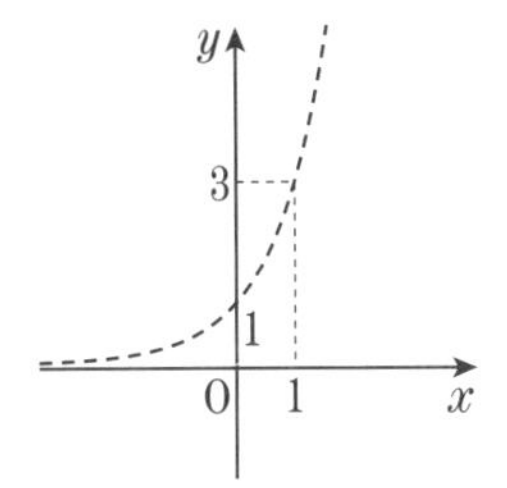


(2) $y=-\dfrac{1}{3^x}$

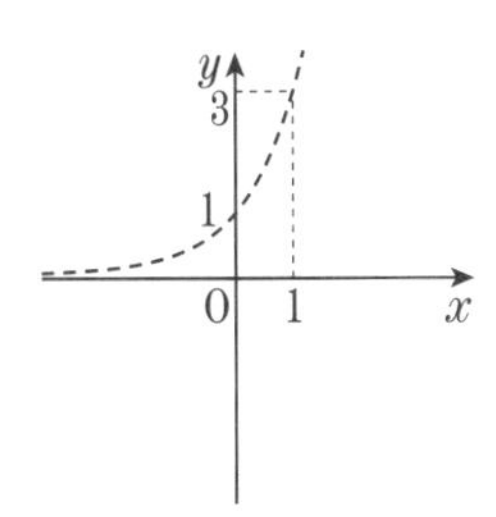


## 10 大小の比較②

次の各組の数の大小を比較せよ。

(1) $\sqrt{2}$，$\sqrt[5]{4}$，$\sqrt[9]{8}$

(2) $\sqrt{3}$，$\sqrt[3]{4}$，$\sqrt[4]{5}$

## 11 指数方程式・指数不等式②

次の方程式，不等式を解け。

(1) $8^{3-x}=4^{x+2}$

(2) $9^x-6\cdot 3^x-27=0$

(3) $\left(\dfrac{1}{9}\right)^{x-2}<\left(\dfrac{1}{3}\right)^x$

(4) $4^x-5\cdot 2^x+4\leqq 0$

第4章 指数関数・対数関数

## 定期 テスト対策問題

目標点　60点
制限時間　50分

点

**1** 次の式を $a^r$ の形で表せ。ただし，$a>0$ とする。 ⮌ 6　(各7点　計14点)

(1) $\sqrt{a}\times\dfrac{1}{\sqrt[3]{a^2}}$

(2) $\sqrt[4]{a^3\times\sqrt{a}}$

**2** 次の計算をせよ。 ⮌ 2 7　(各7点　計14点)

(1) $\sqrt[4]{9}\times\sqrt[3]{9}\div\sqrt[12]{9}$

(2) $81^{-\frac{3}{4}}\times 8^{\frac{2}{3}}$

**3** 次の各組の数の大小を比較せよ。 ⮌ 3 10　(各7点　計14点)

(1) $\sqrt[4]{125}$，$\sqrt[3]{25}$，$5^{0.5}$

(2) $\sqrt{2}$，$\sqrt[3]{3}$，$\sqrt[6]{6}$

**4** $a>0$，$a^{\frac{1}{2}}-a^{-\frac{1}{2}}=2$ のとき，次の式の値を求めよ。 ⮌ 8　(各8点　計16点)

(1) $a+a^{-1}$

(2) $a^{\frac{1}{2}}+a^{-\frac{1}{2}}$

**5** 次の方程式を解け。　➡ 4 11　　(各 8 点　計 16 点)

(1) $9^{x-1}=81\cdot3^{-x}$　　(2) $4^x+2^{x+2}-12=0$

**6** 次の不等式を解け。　➡ 4 11　　(各 8 点　計 16 点)

(1) $0.5^x<4\sqrt{2}$　　(2) $16^x-3\cdot4^x-4<0$

**7** $0\leqq x\leqq3$ のとき，関数 $y=4^x-2^{x+2}-6$ の最大値と最小値，およびそのときの $x$ の値を求めよ。　➡ 4 11　　(10 点)

# 2 対数関数

## 37 対数とその性質

### 対数の定義

$p=a^q \iff q=\log_a p$ $(a>0,\ a\neq 1,\ p>0)$　$q$ を $a$ を底とする $p$ の対数という。

底　真数

### 対数の性質　$a>0,\ a\neq 1,\ M>0,\ N>0$ のとき

① $\log_a 1=0,\ \log_a a=1$　② $\log_a MN=\log_a M+\log_a N$

③ $\log_a \dfrac{M}{N}=\log_a M-\log_a N$　④ $\log_a M^r=r\log_a M$

### 底の変換公式

$$\log_a b=\frac{\log_c b}{\log_c a}\quad (a>0,\ a\neq 1,\ c>0,\ c\neq 1,\ b>0)$$

## 38 対数関数とそのグラフ

### 対数関数

関数 $y=\log_a x$ を $a$ を底とする $x$ の対数関数という。

### 対数関数 $y=\log_a x$ の特徴

- 定義域は正の実数全体，値域は実数全体。
- グラフは 2 点 $(1,\ 0)$，$(a,\ 1)$ を通り，$y$ 軸が漸近線になる。
- グラフは，指数関数 $y=a^x$ のグラフと直線 $y=x$ に関して対称。

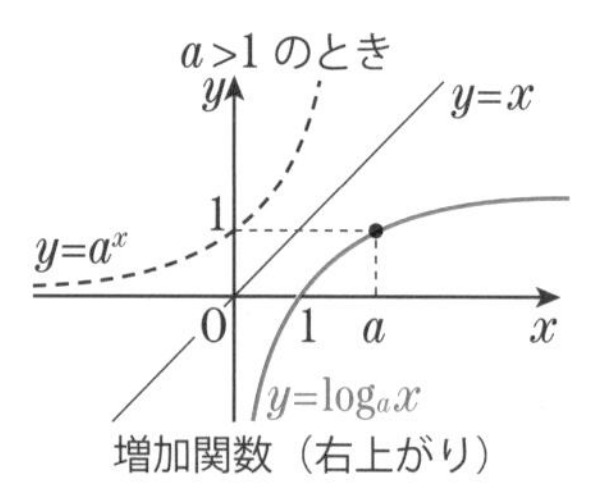

増加関数（右上がり）

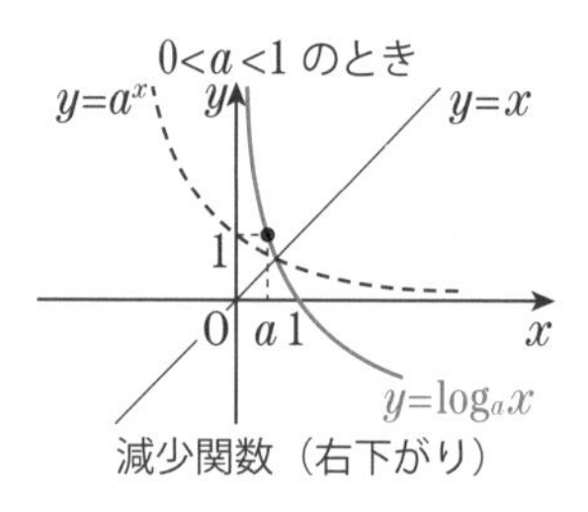

減少関数（右下がり）

## 39 対数関数の応用

### 対数方程式とその解き方　$(a>0,\ a\neq 1)$

対数の真数または底に未知数を含む方程式を**対数方程式**という。

- $\log_a f(x)=b \iff f(x)=a^b$（真数は正）
- $\log_a f(x)=\log_a g(x) \iff f(x)=g(x)$（真数は正）
- $\log_{f(x)} a=b \iff a=\{f(x)\}^b$（底：$f(x)>0,\ f(x)\neq 1$）

### 対数不等式とその解き方

対数の真数または底に未知数を含む不等式を，**対数不等式**という。

- $a>1$ のとき　$\log_a f(x)>\log_a g(x) \iff f(x)>g(x)$（真数は正）
- $0<a<1$ のとき　$\log_a f(x)>\log_a g(x) \iff f(x)<g(x)$（真数は正）

## 40 常用対数

### 常用対数

底が 10 の対数を常用対数という。

### 常用対数の性質

与えられた実数 $x$ について，整数 $n$ を用いて $n\leqq \log_{10} x<n+1$ と表されたとき，$10^n\leqq x<10^{n+1}$ となるので，次のことが成り立つ。

① $n\geqq 0$ ならば，$x$ の整数部分は，$(n+1)$ 桁。

② $n<0$ ならば，$x$ の小数第 $(-n)$ 位に初めて 0 でない数字が現れる。

## 12 対数の計算① 37 対数とその性質

次の式を簡単にせよ。

$\log_2 3+\log_2 20-\log_2 15$

なにをする？
公式を正確に使おう。

## 13 対数関数のグラフ① 38 対数関数とそのグラフ

関数 $y=\log_3 x$ のグラフをもとに関数 $y=\log_3(-x)$ のグラフをかけ。

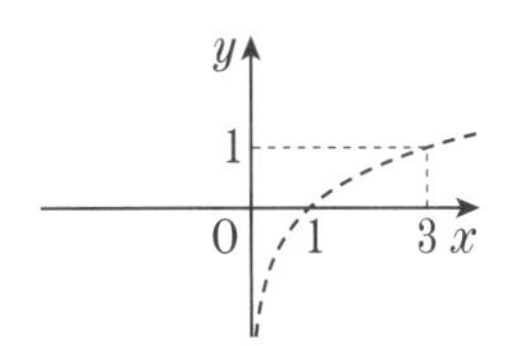


ヒラメキ
$x\to -x$ だから $y$ 軸に関して対称に移動。

なにをする？
関数 $y=\log_3 x$ のグラフ
・定義域は正の実数全体。
・値域は実数全体。
・2 点 (1, 0), (3, 1) を通る。
・増加関数（右上がり）。
このグラフを $y$ 軸に関して対称に移動する。

## 14 対数方程式 39 対数関数の応用

方程式 $\log_2(x-1)+\log_2(x-2)=1$ を解け。

ヒラメキ
対数関数→真数は正。

なにをする？
$\log_2 A=\log_2 B$ より，$A=B$ となる。

## 15 常用対数の応用① 40 常用対数

$2^{30}$ は何桁の数か。ただし，$\log_{10}2=0.3010$ とする。

ヒラメキ
桁数の問題→底を 10 にとる。

なにをする？
$\log_{10}x$ の整数部分が $n$ のとき $n\geqq 0$ なら，$x$ の整数部分は $(n+1)$ 桁。

第4章 指数関数・対数関数

# ガイドなしでやってみよう！

**16** **対数の計算②**

次の式を簡単にせよ。

(1) $\dfrac{1}{2}\log_2\dfrac{3}{2}-\log_2\sqrt{3}+\log_2 4$　　(2) $\log_3 2+\log_9\dfrac{27}{4}$

**17** **対数の性質**

$\log_{10}2=a$, $\log_{10}3=b$ とするとき，次の値を $a$, $b$ で表せ。

(1) $\log_{10}180$　　(2) $\log_{10}0.12$

**18** **対数関数のグラフ②**

関数 $y=\log_2 x$ のグラフをもとに，次の関数のグラフをかけ。

(1) $y=\log_2\dfrac{x}{4}$

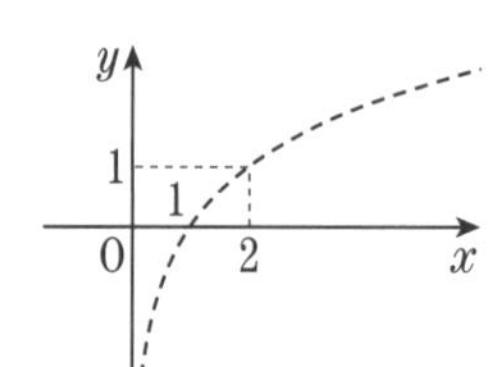


(2) $y=\log_2(1-x)$

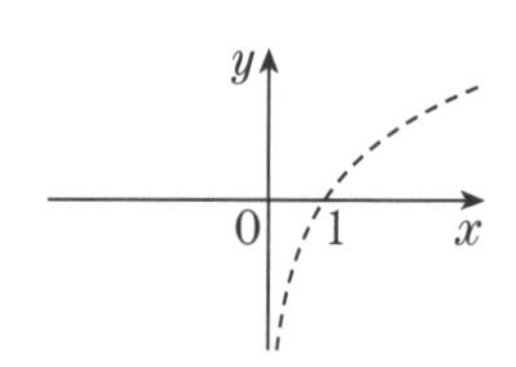


**19** **大小の比較③**

$\log_3 7$, $6\log_9 2$, $2$ の大小を比較せよ。

## 20 対数方程式・対数不等式

次の方程式，不等式を解け。

(1) $\log_2(x-2)=2-\log_2(x+1)$

(2) $(\log_3 x)^2-3\log_3 x+2=0$

(3) $\log_{\frac{1}{2}} x+\log_{\frac{1}{2}}(6-x)>-3$

(4) $(\log_2 x)^2-\log_2 x-2\leqq 0$

第4章 指数関数・対数関数

## 21 常用対数の応用②

次の問いに答えよ。ただし，$\log_{10}2=0.3010$，$\log_{10}3=0.4771$ とする。

(1) $6^{30}$ は何桁の数か。

(2) $\left(\dfrac{1}{6}\right)^{30}$ は小数第何位に初めて 0 でない数字が現れるか。

# 定期テスト対策問題

目標点　60点
制限時間　50分

点

**1** 次の式を計算せよ。 ⮌ 12 16 （各8点　計16点）

(1) $\frac{1}{3}\log_5\frac{8}{27}+\log_5\frac{6}{5}-\frac{1}{2}\log_5\frac{16}{25}$

(2) $\log_2 3\cdot\log_3 5\cdot\log_5 8$

**2** 次の各組の数の大小を比較せよ。 ⮌ 19 （各8点　計16点）

(1) $4\log_5 3$，$2\log_5 7$，$3$

(2) $\log_2 6$，$\log_4 30$，$\log_8 125$

**3** $\log_{10}2=a$，$\log_{10}3=b$ とするとき，次の値を $a$，$b$ で表せ。 ⮌ 17 （各8点　計16点）

(1) $\log_{10}5$

(2) $\log_{10}60$

**4** 次の方程式を解け。 ⮌ 14 20 （各8点　計16点）

(1) $\log_3(x-2)+\log_3(2x-1)=2$

(2) $(\log_2 x)^2+2\log_2 x-3=0$

**5** 次の不等式を解け。 ⮌ 20　　　　（各８点　計16点）

(1) $2\log_{0.3}(x+1) \leqq \log_{0.3}(5-x)$

(2) $(\log_2 x)^2 - \log_4 x - 3 \geqq 0$

**6** $1 \leqq x \leqq 8$ のとき，関数 $y=(\log_2 x)^2-4\log_2 x+5$ の最大値，最小値を求めよ。 ⮌ 20　　（10点）

**7** $5^{20}$ は何桁の数か。ただし，$\log_{10} 2=0.3010$ とする。 ⮌ 15 21　　（10点）

# 第5章　微分と積分

## 1 | 微分係数と導関数(1)

### 41 関数の極限

**関数の極限の定義**

$\lim_{x \to a} f(x) = b$ （$x$ が $a$ と異なる値をとりながら限りなく $a$ に近づくとき，$f(x)$ が限りなく $b$ に近づく。）

**$x$ の多項式 $f(x)$ の極限**　$f(x)$ が $x$ の多項式のときは　$\lim_{x \to a} f(x) = f(a)$

**分数関数 $\dfrac{f(x)}{g(x)}$ の極限**　（$f(x)$，$g(x)$ は $x$ の多項式）

① $x$ が $g(x)$ を $0$ にしない値 $a$ に限りなく近づくとき，$\lim_{x \to a} \dfrac{f(x)}{g(x)} = \dfrac{f(a)}{g(a)}$ である。

② $x$ が $g(x)$ を $0$ にする値に限りなく近づくときは，極限値があるとは限らない。ただ，いろいろな工夫をすると，極限のようすを知ることができる場合がある。（「不定形の極限」）

### 42 平均変化率

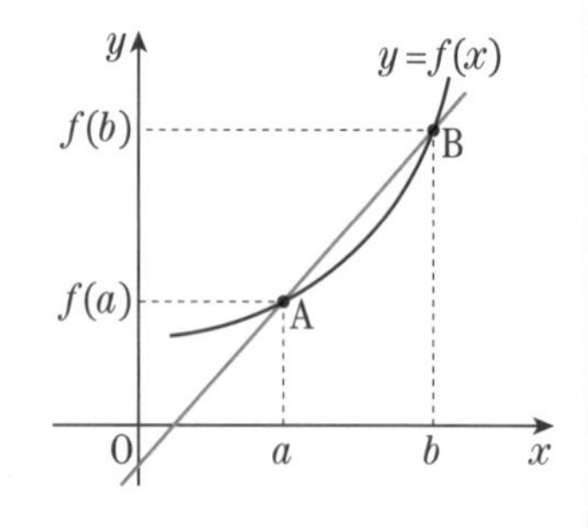


**平均変化率**

関数 $y=f(x)$ において，$x$ の値が $a$ から $b$ まで変わるとき，$y$ の値の変化 $f(b)-f(a)$ と $x$ の値の変化 $b-a$ との比

$$H = \frac{f(b)-f(a)}{b-a}$$

を $x=a$ から $x=b$ までの関数 $y=f(x)$ の平均変化率という。右の図で，$H$ は**直線 AB の傾き**を表す。

### 43 微分係数

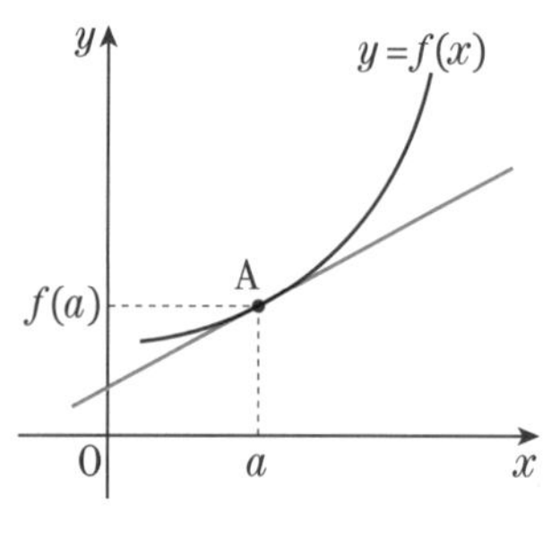


**微分係数**

$\lim_{b \to a} \dfrac{f(b)-f(a)}{b-a}$ が存在するとき，これを関数 $y=f(x)$ の $x=a$ における微分係数といい $f'(a)$ で表す。

$$f'(a) = \lim_{h \to 0} \frac{f(a+h)-f(a)}{h} \quad (b-a=h\text{ のとき})$$

右の図で，微分係数 $f'(a)$ は点 $(a,\ f(a))$ における曲線 $y=f(x)$ の**接線の傾き**を表す。

### 44 導関数

**導関数の定義**

関数 $y=f(x)$ の $x=a$ における微分係数 $f'(a)$ について，$a$ を定数と見るのではなく変数と見られるよう，定数 $a$ を変数 $x$ でおき換えた $f'(x)$ を $f(x)$ の導関数という。したがって，導関数の定義は　$f'(x) = \lim_{h \to 0} \dfrac{f(x+h)-f(x)}{h}$

**導関数を表す記号**　$f'(x)$，$y'$，$\dfrac{dy}{dx}$，$\dfrac{d}{dx}f(x)$（状況に応じて使い分ける）

**1** **分数関数の極限** 41 関数の極限

次の極限値を求めよ。

(1) $\lim_{x\to 2}\frac{x^2+1}{x+1}$　　(2) $\lim_{x\to 2}\frac{x^2+x-6}{x-2}$

**2** **平均変化率と微分係数①** 42 平均変化率，43 微分係数

関数 $f(x)=x^2+2x$ について，$x=2$ から $x=4$ までの平均変化率 $H$ と $x=a$ における微分係数 $f'(a)$ が等しくなるように，定数 $a$ の値を定めよ。

**3** **定義に従う導関数の計算①** 44 導関数

定義に従って，関数 $f(x)=x^2+3x$ の導関数を求めよ。

**ガイド**

**ヒラメキ**

$\lim_{x\to a}f(x)$→まず $f(a)$

**なにをする？**

(1) (分母)$\neq 0$ である。

(2) (分母)$=0$ だから，変形を試みる。

**ヒラメキ**

平均変化率の定義

$\to H=\frac{f(b)-f(a)}{b-a}$

微分係数の定義

$\to f'(a)=\lim_{h\to 0}\frac{f(a+h)-f(a)}{h}$

**なにをする？**

定義に従って求める。

**ヒラメキ**

導関数の定義

$\to f'(x)=\lim_{h\to 0}\frac{f(x+h)-f(x)}{h}$

**なにをする？**

定義に従って求める。

## ガイドなしでやってみよう！

### 4 関数の極限

次の極限値を求めよ。

(1) $\lim_{x \to 1}(x^3-2x+3)$

(2) $\lim_{x \to 2}\dfrac{x^2-x-2}{x^2+x-6}$

(3) $\lim_{x \to 0}\dfrac{1}{x}\left(1+\dfrac{1}{x-1}\right)$

(4) $\lim_{h \to 0}\dfrac{(2+h)^3-8}{h}$

### 5 定数の決定と極限値

次の問いに答えよ。

(1) 極限値 $\lim_{x \to 2}\dfrac{x^2+ax+2}{x-2}$ が存在するとき，定数 $a$ の値とその極限値を求めよ。

(2) 等式 $\lim_{x \to -1}\dfrac{x^2+ax+b}{x^2-2x-3}=-1$ が成り立つように，定数 $a$，$b$ の値を定めよ。

## 6 平均変化率と微分係数②

関数 $f(x)=x^3+2x$ について，$x=-1$ から $x=2$ までの平均変化率 $H$ と $x=a$ における微分係数 $f'(a)$ が等しくなるように，定数 $a$ の値を定めよ。

## 7 定義に従う導関数の計算②

極限値 $\lim_{h \to 0} \dfrac{f(a+3h)-f(a)}{h}$ を $f'(a)$ で表せ。

第5章 微分と積分

## 8 定義に従う導関数の計算③

定義に従って，次の関数の導関数を求めよ。

(1) $f(x)=2x+1$

(2) $f(x)=(x+2)^2$

# 2 微分係数と導関数(2)

## 45 微分

### 微分

関数 $f(x)$ の導関数を求めることを，$f(x)$ を**微分する**という。

### 微分の計算公式

① $y=x^n \longrightarrow y'=nx^{n-1}$　② $y=c \longrightarrow y'=0$（$c$ は定数）

③ $y=kf(x) \longrightarrow y'=kf'(x)$（$k$ は定数）　④ $y=f(x)+g(x) \longrightarrow y'=f'(x)+g'(x)$

⑤ $y=f(x)-g(x) \longrightarrow y'=f'(x)-g'(x)$

⑥ $y=(ax+b)^n \longrightarrow y'=an(ax+b)^{n-1}$（$a$，$b$ は定数）

## 46 接線の方程式

### 傾き $m$ の直線の方程式

$y-b=m(x-a)$……傾き $m$，点 $(a,\ b)$ を通る直線の方程式。

### 接線の方程式

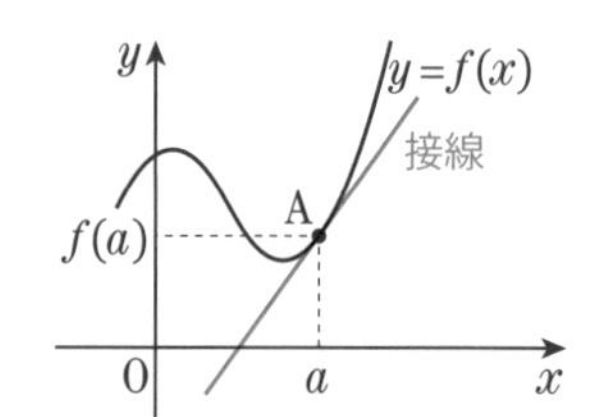


曲線 $y=f(x)$ 上の点 $\mathrm{A}(a,\ f(a))$ における接線の傾きは，$x=a$ における $f(x)$ の微分係数 $f'(a)$ に等しいので，接線の方程式は

$$\boldsymbol{y-f(a)=f'(a)(x-a)}$$

曲線 $y=f(x)$ 上の点 $(a,\ f(a))$ における接線の方程式。

### 法線の方程式

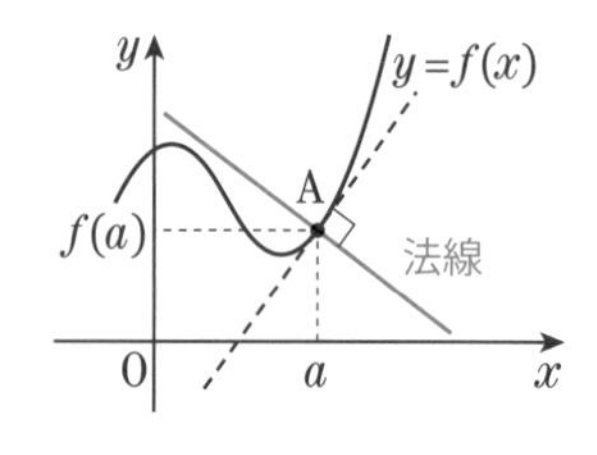


曲線 $y=f(x)$ 上の点 $\mathrm{A}(a,\ f(a))$ を通り，その点における接線と直交する直線を**法線**という。直交することから，法線の傾きは $-\dfrac{1}{f'(a)}$ であり，法線の方程式は

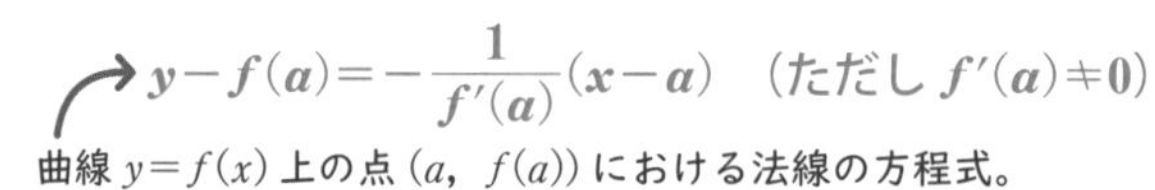

$$\boldsymbol{y-f(a)=-\frac{1}{f'(a)}(x-a)} \quad (\text{ただし } \boldsymbol{f'(a)\neq 0})$$

曲線 $y=f(x)$ 上の点 $(a,\ f(a))$ における法線の方程式。

## 47 接線の応用

### 2曲線が接する条件

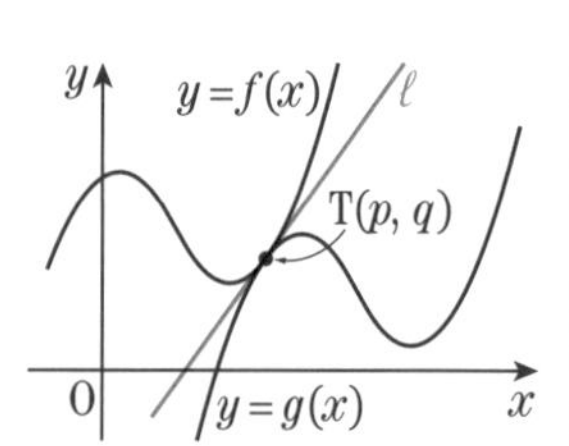


2曲線 $y=f(x)$ と $y=g(x)$ が点 $\mathrm{T}(p,\ q)$ で接する。

$\iff \begin{cases} f(p)=g(p) & \longleftarrow \text{T を通る。} \\ f'(p)=g'(p) & \longleftarrow \text{T における接線の傾きが同じ。} \end{cases}$

右の図の直線 $\ell$ は，2曲線 $y=f(x)$，$y=g(x)$ の**点 T における共通接線**である。

### 2曲線の共通接線

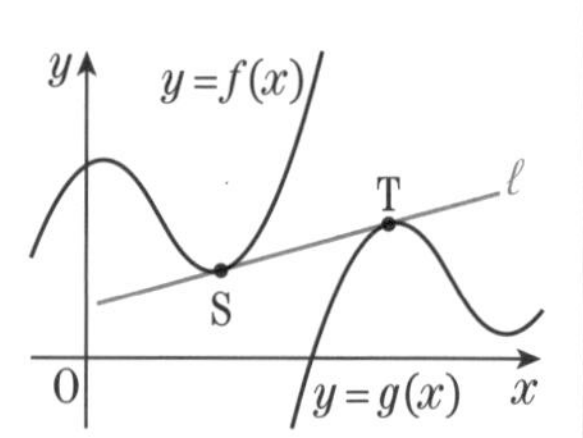


曲線 $y=f(x)$ 上の点 S における接線と，曲線 $y=g(x)$ 上の点 T における接線が一致しているとき，この直線を2曲線 $y=f(x)$，$y=g(x)$ の**共通接線**という。

接点を $\mathrm{S}(s,\ f(s))$，$\mathrm{T}(t,\ g(t))$ とする。

$y-f(s)=f'(s)(x-s)$ より　$y=f'(s)x+\underline{f(s)-sf'(s)}$

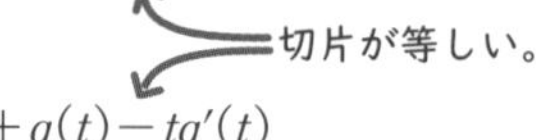

傾きが等しい。　切片が等しい。

$y-g(t)=g'(t)(x-t)$ より　$y=g'(t)x+\underline{g(t)-tg'(t)}$

## 9 関数の微分① 45 微分

次の関数を微分せよ。

(1) $y=3x^2-2x+1$

(2) $y=(2x-1)^3$

ガイド

ヒラメキ

微分せよ。→$(x^n)'=nx^{n-1}$

なにをする？

(2) 展開して微分する。

## 10 3次関数の係数の決定 45 微分

関数 $f(x)=x^3+ax^2+bx+c$ が $f(0)=-4$, $f(1)=-2$, $f'(1)=2$ を満たすとき，定数 $a$, $b$, $c$ の値を求めよ。

ヒラメキ

未知数が $a$, $b$, $c$ の3つ。
→等式が3つ必要。

なにをする？

$f(0)=-4$, $f(1)=-2$, $f'(1)=2$ の3つの等式による連立方程式を解く。

## 11 曲線上の点における接線 46 接線の方程式

曲線 $y=x^3-3x^2$ 上の点 A(1, −2) における接線の方程式と法線の方程式を求めよ。

ヒラメキ

直線の方程式
→$y-b=m(x-a)$

なにをする？

接線の傾きは
$m=f'(1)$
法線の傾きは
$m=-\dfrac{1}{f'(1)}$
であることを用いる。

## 12 共通接線① 47 接線の応用

2曲線 $y=f(x)=x^3-6x+a$, $y=g(x)=-x^2+bx+c$ が点 T(2, 1) で接しているとき，定数 $a$, $b$, $c$ の値を求めよ。

ヒラメキ

未知数が $a$, $b$, $c$ の3つ。
→等式が3つ必要。

なにをする？

曲線 $y=f(x)$, $y=g(x)$ が点 T(2, 1) を通る条件から

$\begin{cases} f(2)=1 & \cdots① \\ g(2)=1 & \cdots② \end{cases}$

傾きが等しいから

$f'(2)=g'(2)$ …③

第5章 微分と積分

# ガイドなしでやってみよう！

## 13 関数の微分②

次の関数を微分せよ。

(1) $y=2x^3-3x^2+4x-5$

(2) $y=(2x-3)^3$

(3) $y=\dfrac{5}{3}x^3+\dfrac{3}{2}x^2+2x$

## 14 微分と恒等式

すべての $x$ に対して，等式 $(2x-3)f'(x)=f(x)+3x^2-8x+3$ を満たす 2 次関数 $f(x)$ を求めよ。

## 15 接線

曲線 $y=f(x)=x^3-x^2$ について，次の問いに答えよ。

(1) 曲線上の点 $(2,\ 4)$ における接線の方程式を求めよ。また，この曲線と接線との接点以外の共有点の座標を求めよ。

(2) 傾きが 1 となる接線の方程式を求めよ。

(3) 点 (0, 3) を通る接線の方程式を求めよ。

**16** **共通接線②**

2 曲線 $y=x^3$ と $y=x^3+4$ の共通接線の方程式を求めよ。

第5章 微分と積分

# 定期 テスト対策問題

目標点　60点
制限時間　50分
　　　　点

**1** 次の極限値を求めよ。 ⊃ 1 4 （各6点　計12点）

(1) $\lim_{x \to -1} \dfrac{x^2+3x-4}{x^2+1}$

(2) $\lim_{x \to 3} \dfrac{x^3-27}{x-3}$

**2** 関数 $f(x)=x^2+2x$ について，$x=1$ から $x=3$ までの平均変化率 $H$ と $x=a$ における微分係数 $f'(a)$ が等しくなるように，定数 $a$ の値を定めよ。 ⊃ 2 6 （10点）

**3** 次の関数を微分せよ。 ⊃ 9 13 （各6点　計24点）

(1) $f(x)=4x^2-3x+5$

(2) $f(x)=x^3-5x^2+2x+3$

(3) $f(x)=(2x-1)(x+1)$

(4) $f(x)=(3x-1)^3$

**4** 関数 $f(x)=x^3+ax^2+bx+c$ が，$f(-1)=-3$，$f'(1)=-12$，$f'(3)=0$ を満たすとき，定数 $a$，$b$，$c$ の値を求めよ。 ⊃ 10 14 （各5点　計15点）

**5** 曲線 $y=x^3-3x$ の接線で，次のような接線の方程式を求めよ。 ⮌ 11 15 （各8点 計24点）

(1) 曲線上の点 $(3,\ 18)$ における接線

(2) 傾きが 9 の接線

(3) 点 $(2,\ 2)$ を通る接線

**6** 2曲線 $y=f(x)=x^2+ax+2$, $y=g(x)=-x^3+bx^2+c$ が点 $(1,\ -2)$ で接しているとき，定数 $a$, $b$, $c$ の値を求めよ。 ⮌ 12 16 （各5点 計15点）

# 3　導関数の応用(1)

## 48 関数の増減

### 定義域と関数

関数を扱うとき，定義域もセットにして考える。

### 区間　($a<b$ とする)

$a \leqq x \leqq b$, $a<x \leqq b$, $a \leqq x<b$, $a<x<b$, $a \leqq x$, $a<x$, $x \leqq b$, $x<b$

を**区間**という。また，すべての実数も区間として扱う。

### 関数の増減

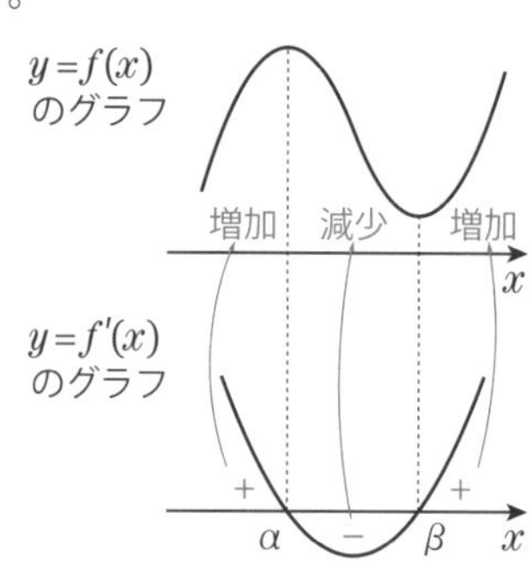


- 区間 $I$ 内で，$x_1<x_2 \Longrightarrow f(x_1)<f(x_2)$ のとき，
  $f(x)$ は区間 $I$ で**増加する**という。
- 区間 $I$ 内で，$x_1<x_2 \Longrightarrow f(x_1)>f(x_2)$ のとき，
  $f(x)$ は区間 $I$ で**減少する**という。

### 導関数と関数の増減

- 区間 $I$ 内で $f'(x)>0 \Longrightarrow f(x)$：増加
- 区間 $I$ 内で $f'(x)<0 \Longrightarrow f(x)$：減少

右の図参照

## 49 関数の極値

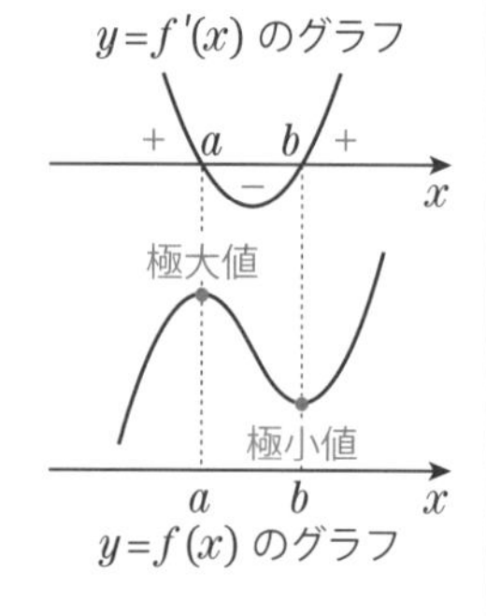


**極値の判定法**　関数 $f(x)$ において，$f'(a)=f'(b)=0$ であり

- $x=a$ の前後で $f'(x)$ が正から負に変化 $\Longleftrightarrow$ $f(x)$ は $x=a$ で**極大**，$f(a)$ が**極大値**
- $x=b$ の前後で $f'(x)$ が負から正に変化 $\Longleftrightarrow$ $f(x)$ は $x=b$ で**極小**，$f(b)$ が**極小値**

## 50 関数のグラフ

### 3次関数のグラフの分類

3次関数 $f(x)=ax^3+bx^2+cx+d$ のグラフは，$a$ の符号と $f'(x)=0$ の解によって，次の6つの場合に分類される。

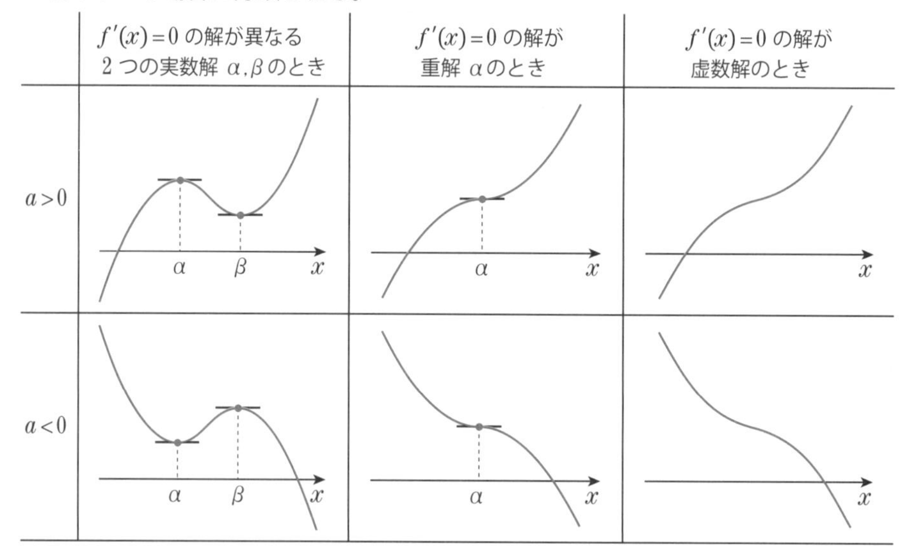

$f'(x)=0$ の解が異なる
2つの実数解 α, β のとき
$f'(x)=0$ の解が
重解 αのとき
$f'(x)=0$ の解が
虚数解のとき
$a>0$
$a<0$
α
β
$x$

## 17 減少関数　48 関数の増減

関数 $f(x)=-x^3+ax^2+ax+3$ がすべての実数の範囲で減少するように，定数 $a$ の値の範囲を定めよ。

## 18 極値　49 関数の極値

関数 $f(x)=x^3-3x^2-9x+3$ の増減を調べ，極値を求めよ。

## 19 関数のグラフ①　50 関数のグラフ

$y=(x-2)^2(x+3)$ のグラフをかけ。

ガイド

**ヒラメキ**
$f'(x)$ が 2 次関数。
→判別式が常に負または 0

**なにをする？**
2 次関数のとる値が常に
$ax^2+bx+c \leqq 0$
のとき　$a<0$，$D \leqq 0$

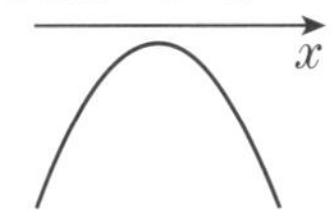


**ヒラメキ**
増減・極値を調べる。
→増減表。

**なにをする？**
$f'(x)=(x-\alpha)(x-\beta)$ $(\alpha<\beta)$
より

| $x$ | $\cdots$ | $\alpha$ | $\cdots$ | $\beta$ | $\cdots$ |
|---|---|---|---|---|---|
| $f'(x)$ | $+$ | 0 | $-$ | 0 | $+$ |
| $f(x)$ | ↗ | 極大 | ↘ | 極小 | ↗ |

**ヒラメキ**
グラフをかけ。
→増減表。

**なにをする？**
① $y'$ を計算。
② 増減表を作成。
③ 極値を計算し，グラフ上に点をとる。
④ 座標軸との共有点をとる。（とくに $y$ 軸との交点）
⑤ なめらかな曲線でかく。

第5章　微分と積分

## ガイドなしでやってみよう！

**20** **関数の増減**

関数 $f(x)=\dfrac{1}{3}x^3-ax^2+(a+2)x-1$ について，次の問いに答えよ。

(1) $a=3$ のとき，関数 $f(x)$ が減少する区間を求めよ。

(2) 関数 $f(x)$ がすべての実数の範囲で増加するように，定数 $a$ の値の範囲を定めよ。

**21** **3次関数の決定**

3次関数 $f(x)$ が $x=0$ で極小値 $-6$，$x=3$ で極大値 21 をとるとき，関数 $f(x)$ を求めよ。

## 22 関数のグラフ②

次の関数の増減を調べて，そのグラフをかけ。

(1) $y=x^3-3x^2-9x+11$

(2) $y=-2x^3+6x-1$

(3) $y=x^3+3x^2+3x+1$

(4) $y=x^2(x-2)^2$

# 4 導関数の応用(2)

## 51 最大・最小

### 最大値・最小値の調べ方

区間 $a \leqq x \leqq b$ における関数 $f(x)$ の最大・最小を調べるには，区間内の極値と，区間の端点 $x=a$，$x=b$ における関数値 $f(a)$，$f(b)$ を比較すればよい。

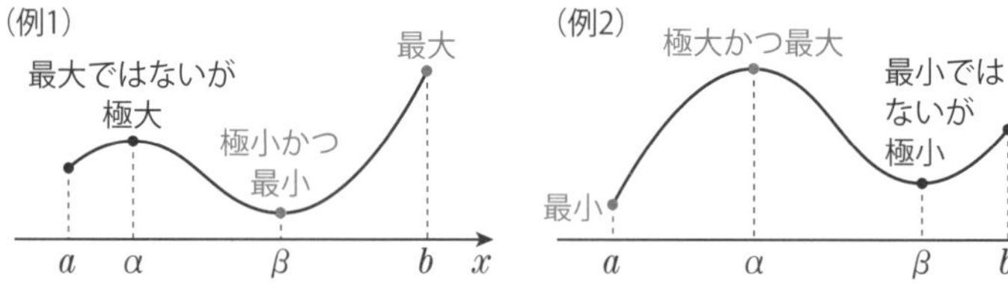


［注意］ 両端を含む区間では最大値，最小値は必ず存在する。それ以外の区間のときは，存在するとは限らない。例えば，$a<x<b$ の場合は，次のようにもなる。

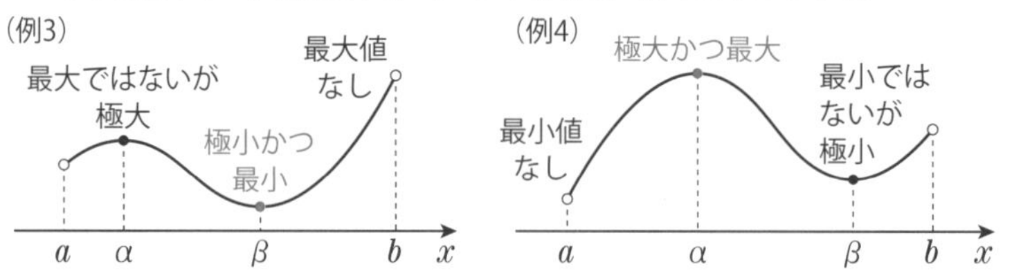


## 52 方程式への応用

### 方程式の実数解の個数(1)

方程式 $f(x)=0$ の実数解の個数は，関数 $y=f(x)$ のグラフと $x$ 軸 $(y=0)$ との共有点の個数に等しい。

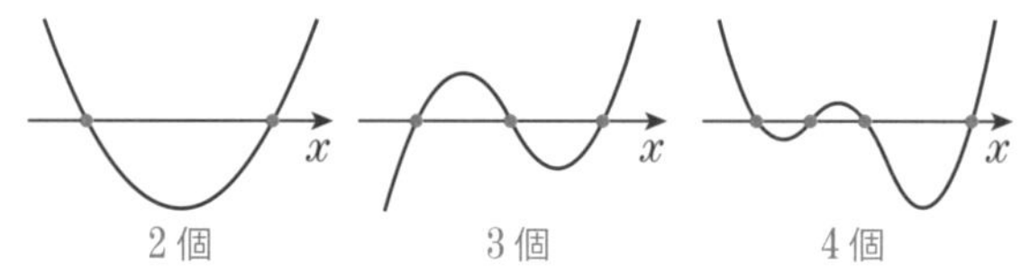


### 方程式の実数解の個数(2)

方程式 $f(x)=a$ の実数解の個数は，関数 $y=f(x)$ のグラフと直線 $y=a$ との共有点の個数に等しい。

## 53 不等式への応用

### 不等式とグラフ(1)

不等式 $f(x)>0$ の証明に，グラフを用いることができる。
関数 $y=f(x)$ のグラフをかいて，すべての実数の範囲で $y>0$ の範囲にあることを確認すればよい。

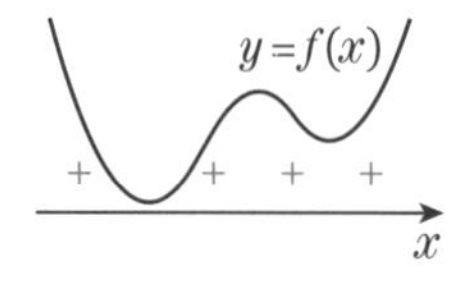


### 不等式とグラフ(2)

不等式 $f(x)>g(x)$ を証明するには，次のようにすればよい。
$F(x)=f(x)-g(x)$ とおいて，関数 $y=F(x)$ のグラフについて，上の「不等式とグラフ(1)」を適用すればよい。
つまり，関数 $y=F(x)$ のグラフが $y>0$ の範囲にあることを確認する。

## 23 最大・最小① 51 最大・最小

関数 $f(x)=-x^3+2x^2$ $(-1\leqq x\leqq 2)$ の最大値，最小値を求めよ。

ガイド

ヒラメキ

最大値，最小値を求める。
→グラフをかいて，最高点，最下点を見つける。

なにをする？

- 増減を調べ，グラフをかく。
- グラフから次のものを調べる。
  最高点→最大
  最下点→最小
- 増減表で，極値と，区間の両端の値を比較して求めることもできる。

## 24 実数解の個数① 52 方程式への応用

方程式 $2x^3-6x^2+5=0$ の実数解の個数を調べよ。

ヒラメキ

方程式の実数解。
→2つのグラフの共有点の $x$ 座標が実数解。

なにをする？

方程式 $f(x)=0$ の実数解の個数は，2つのグラフ
$y=f(x)$
$y=0$ （$x$ 軸）
の共有点の個数と一致する。

## 25 導関数と不等式① 53 不等式への応用

$x\geqq 1$ のとき，不等式 $x^3\geqq 3x-2$ を証明せよ。

ヒラメキ

不等式 $f(x)\geqq 0$ の証明。
→(最小値)$\geqq 0$ を示す。

なにをする？

- 不等式 $p(x)\geqq q(x)$
  $\to f(x)=p(x)-q(x)\geqq 0$
- $f(x)$ の増減を調べる。
- 区間内の(最小値)$\geqq 0$ を示す。

第5章 微分と積分

# ガイドなしでやってみよう！

**26** **最大・最小②**

関数 $f(x)=2x^3-3x^2-12x+5$ $(-3 \leqq x \leqq 3)$ の最大値，最小値を求めよ。

**27** **最大・最小③**

関数 $f(x)=ax^3+3ax^2+b$ $(a>0)$ の $-3 \leqq x \leqq 2$ における最大値が 15，最小値が $-5$ となるように，定数 $a$，$b$ の値を定めよ。

**28** **実数解の個数②**

方程式 $x^3+3x^2-2=0$ の実数解の個数を調べよ。

## 29 実数解の個数③

方程式 $x^3-3x^2-9x-a=0$ の解が次の条件を満たすように，定数 $a$ の値の範囲を定めよ。

(1) 異なる3つの実数解をもつ　　(2) 2つの負の解と1つの正の解をもつ

## 30 導関数と不等式②

$x\geqq 0$ のとき，$2x^3+8\geqq 3ax^2$ が常に成り立つような定数 $a$ の値の範囲を求めよ。

## 定期 テスト対策問題

目標点　60点
制限時間　50分
　　点

**1** 関数 $f(x)=x^3+ax^2-ax+1$ が極値をもたないように，定数 $a$ の値の範囲を定めよ。
⮐ 17 20
（10点）

**2** 3次関数 $f(x)=2x^3+ax^2+bx+c$ が，$x=-1$ で極大値7，$x=2$ で極小値をとるとき，$f(x)$ を求めよ。また，極小値を求めよ。 ⮐ 21
（各10点　計20点）

**3** 次の関数のグラフをかけ。 ⮐ 19 22
（各10点　計20点）

(1) $y=-x^3+3x^2-1$

(2) $y=\dfrac{1}{4}x^4-x^3$

**4** 関数 $f(x)=4x^3+3x^2-6x$ について，次の問いに答えよ。

⮌ 18 19 22 23 24 25 26 27 29 30　　((1)極値，グラフ，(2)，(3)，(4)各 10 点　計 50 点)

(1) 関数 $f(x)$ の増減を調べて極値を求め，$y=f(x)$ のグラフをかけ。

(2) $-2\leqq x\leqq 1$ のとき，関数 $f(x)$ の最大値，最小値を求めよ。

(3) 方程式 $4x^3+3x^2-6x-a=0$ の異なる実数解の個数を調べよ。

(4) $x\geqq 0$ のとき，不等式 $4x^3+3x^2-6x-a\geqq 0$ が常に成り立つように，定数 $a$ の値の範囲を定めよ。

# 5 積分(1)

## 54 不定積分

**不定積分**　微分すると $f(x)$ となる関数を，$f(x)$ の不定積分という。すなわち，
$F'(x)=f(x)$ のとき，$F(x)$ を $f(x)$ の不定積分という。
また，$F(x)$ を $f(x)$ の原始関数とも呼ぶ。
$F(x)$ が $f(x)$ の不定積分であるとき，$F(x)+C$（$C$ は定数）も不定積分となる。

**不定積分の記号**　$f(x)$ の不定積分を $\int f(x)\,dx$ で表す。

$$F'(x)=f(x) \iff \int f(x)\,dx=F(x)+C \quad (C\text{ は定数})$$

$x$：積分変数，$f(x)$：被積分関数，$C$：積分定数

この章では，とくに断りがなければ，$C$ は積分定数を表すものとする。

**不定積分の公式**　（$n$ は 0 以上の整数，$k$ は定数）

① $\int x^n\,dx=\frac{1}{n+1}x^{n+1}+C$　② $\int kf(x)\,dx=k\int f(x)\,dx$

③ $\int \{f(x)\pm g(x)\}\,dx=\int f(x)\,dx\pm\int g(x)\,dx$　（複号同順）

## 55 $(ax+b)^n$ の不定積分

**$(ax+b)^n$ の不定積分**　$\int (ax+b)^n\,dx=\frac{1}{a(n+1)}(ax+b)^{n+1}+C$

## 56 定積分

**定積分**　関数 $f(x)$ の不定積分(の 1 つ)を $F(x)$ とするとき，

$$\int_a^b f(x)\,dx=\Big[F(x)\Big]_a^b=F(b)-F(a)$$

を関数 $f(x)$ の $a$ から $b$ までの定積分といい，$a$ を下端，$b$ を上端という。

**定積分の性質**

① $\int_a^b f(x)\,dx=\int_a^b f(t)\,dt$　（定積分では，どのような積分変数でも結果は同じ）

② $\int_a^b kf(x)\,dx=k\int_a^b f(x)\,dx$　（$k$ は，$x$ に対して定数）

③ $\int_a^b \{f(x)\pm g(x)\}\,dx=\int_a^b f(x)\,dx\pm\int_a^b g(x)\,dx$　（複号同順）

④ $\int_a^a f(x)\,dx=0$　⑤ $\int_a^b f(x)\,dx=-\int_b^a f(x)\,dx$

⑥ $\int_a^c f(x)\,dx+\int_c^b f(x)\,dx=\int_a^b f(x)\,dx$

⑦ $\int_{-a}^a x^n\,dx=\begin{cases} 0 & (n=1,\ 3,\ 5,\ \cdots)\ (\text{奇数}) \\ 2\int_0^a x^n\,dx & (n=0,\ 2,\ 4,\ \cdots)\ (\text{偶数}) \end{cases}$

## 57 定積分の応用

**定積分の等式**　$\int_\alpha^\beta (x-\alpha)(x-\beta)\,dx=-\frac{1}{6}(\beta-\alpha)^3$

**微分と積分の関係**　$\frac{d}{dx}\int_a^x f(t)\,dt=f(x)$　（ただし，$a$ は定数）

## 31 不定積分の計算① 54 不定積分

次の不定積分を求めよ。

(1) $\int(3x^2-2x+1)\,dx$

(2) $\int(x-2)(x-1)\,dx$

## 32 公式の利用 55 $(ax+b)^n$ の不定積分

$\int(2x+1)^2\,dx$ を求めよ。

## 33 定積分の計算① 56 定積分

次の定積分を求めよ。

(1) $\int_{-1}^{3}(x^2-x)\,dx$

(2) $\int_{-2}^{2}(3x^2-5x-1)\,dx$

## 34 関数の決定① 57 定積分の応用

等式 $\int_a^x f(t)\,dt=x^2-3x+2$ を満たす関数 $f(x)$ を求めよ。また，定数 $a$ の値を求めよ。

ガイド

**ヒラメキ**
不定積分を求めよ。
$\rightarrow\int x^n\,dx=\frac{1}{n+1}x^{n+1}+C$

**なにをする？**
(2)は，展開してから積分する。

**なにをする？**
$\int(ax+b)^n\,dx$
$=\frac{1}{a(n+1)}(ax+b)^{n+1}+C$

**ヒラメキ**
$F'(x)=f(x)$
$\rightarrow\int_a^b f(x)\,dx=\Big[F(x)\Big]_a^b$
$=F(b)-F(a)$

**なにをする？**
(2)では，区間に注目する。
$\int_{-a}^{a}x^n\,dx=\begin{cases}0 & (n：奇数)\\ 2\int_0^a x^n\,dx & (n：偶数)\end{cases}$

**ヒラメキ**
等式→両辺を $x$ で微分する。
$\frac{d}{dx}\int_a^x f(t)\,dt=f(x)$

**なにをする？**
(左辺)$=0$ となるように，$x=a$ を代入する。
$\int_a^a f(t)\,dt=0$

第5章 微分と積分

# ガイドなしでやってみよう！

**35** 不定積分の計算②

次の不定積分を求めよ。

(1) $\int (x^2-4x+5)\,dx$　　(2) $\int (2x+1)(3x-1)\,dx$

**36** 関数の決定②

次の問いに答えよ。

(1) $f'(x)=6x^2-4x+1$，$f(2)=0$ を満たす関数 $f(x)$ を求めよ。

(2) 点 $(x,\ y)$ における接線の傾きが $x^2-2x$ で表される曲線のうち，点 $(3,\ 2)$ を通るものを求めよ。

**37** 不定積分の計算③

次の不定積分を求めよ。

(1) $\int (1-4x)^2\,dx$　　(2) $\int x(x-1)^2\,dx$

（ヒント：$x(x-1)^2=(x-1+1)(x-1)^2=(x-1)^3+(x-1)^2$）

## 38 定積分の計算②

次の定積分を求めよ。

(1) $\displaystyle\int_{-1}^{3}(x^2+2x-3)\,dx$

(2) $\displaystyle\int_{0}^{1}(1-2y)^2\,dy$

(3) $\displaystyle\int_{1}^{2}(x^2-2tx+3t^2)\,dt$

(4) $\displaystyle\int_{-1}^{3}(2x^2-x)\,dx-2\int_{-1}^{3}(x^2+3x)\,dx$

## 39 関数の決定③

次の等式を満たす関数 $f(x)$ を求めよ。(1)では $a$ の値も求めよ。

(1) $\displaystyle\int_{1}^{x}f(t)\,dt=x^3-x^2+x-a$

(2) $\displaystyle f(x)=2x-\int_{1}^{2}f(t)\,dt$

# 6 | 積分(2)

## 58 定積分と面積

**定積分と面積**

区間 $a \leqq x \leqq b$ において $f(x) \geqq 0$ であるとき，右の図の色の部分の面積 $S$ は

$$S=\int_a^b f(x)\,dx$$

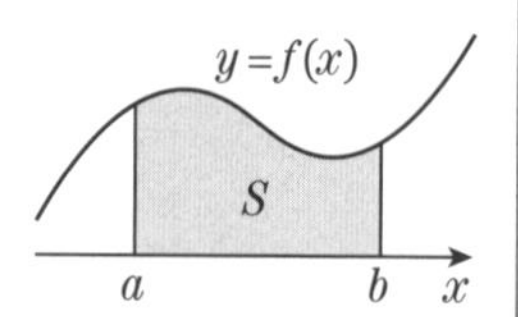


**2曲線の間の面積**

区間 $a \leqq x \leqq b$ において $f(x) \geqq g(x)$ であるとき，2曲線 $y=f(x)$，$y=g(x)$ と2直線 $x=a$，$x=b$ で囲まれた部分の面積 $S$ は

$$S=\int_a^b \{f(x)-g(x)\}\,dx$$

←― $S=\int_{左}^{右}(上-下)\,dx$ となっている。

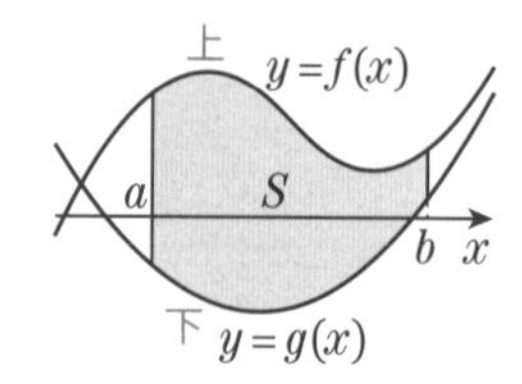


図形が2つ以上の部分に分かれたときは，
それぞれの部分の面積を計算してから加えればよい。
例えば，右の図のようなときは

$$S=\int_a^b \{f(x)-g(x)\}\,dx+\int_b^c \{g(x)-f(x)\}\,dx$$

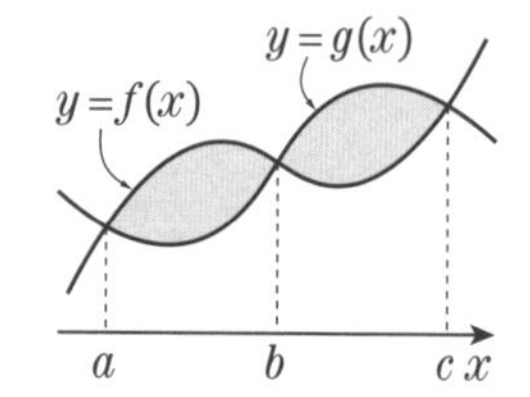


## 59 面積の応用

**絶対値を含む関数の定積分**

例えば

$$|x^2-1|=\begin{cases} x^2-1 & (x \leqq -1,\ 1 \leqq x) \\ -x^2+1 & (-1<x<1) \end{cases}$$

であるから，関数 $y=|x^2-1|$ のグラフを考えれば，定積分 $\int_0^2 |x^2-1|\,dx$ は右の図の色の部分の面積を表すことがわかる。よって，次のように計算できる。

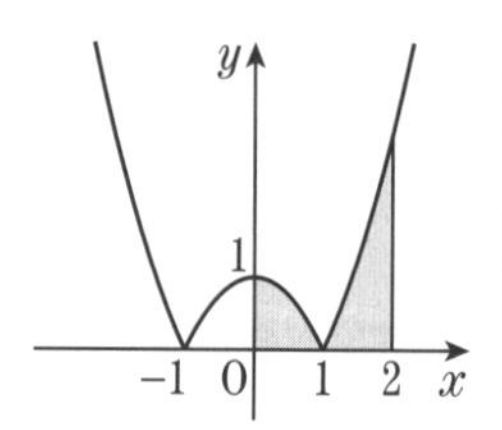


$$\begin{aligned}\int_0^2 |x^2-1|\,dx&=\int_0^1(-x^2+1)\,dx+\int_1^2(x^2-1)\,dx\\&=\left[-\frac{x^3}{3}+x\right]_0^1+\left[\frac{x^3}{3}-x\right]_1^2\\&=-\frac{1}{3}+1+\left(\frac{8}{3}-2\right)-\left(\frac{1}{3}-1\right)=2\end{aligned}$$

**放物線と直線で囲まれた図形の面積**

$a>0$ のとき，右の図の色の部分の面積 $S$ は
$\int_\alpha^\beta \{-a(x-\alpha)(x-\beta)\}\,dx$ で表されるので，

$$\int_\alpha^\beta (x-\alpha)(x-\beta)\,dx=-\frac{1}{6}(\beta-\alpha)^3$$

を使って計算することができる。

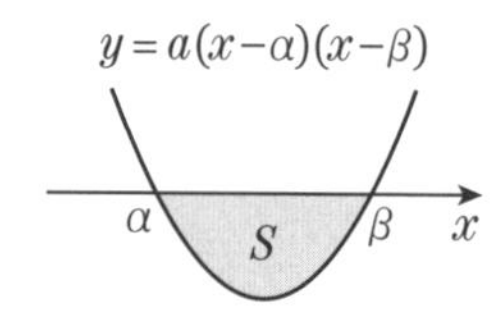

**40** 面積① 58 定積分と面積

次の曲線と直線で囲まれた図形の面積を求めよ。

(1) 放物線 $y=x^2-2x+4$，$x$ 軸，2 直線 $x=1$，$x=2$

(2) 放物線 $y=(x-2)^2$，$x$ 軸，$y$ 軸

**41** 面積② 59 面積の応用

放物線 $y=2x^2-3x-2$ と直線 $y=x+1$ で囲まれた図形の面積を求めよ。

ガイド

**ヒラメキ**

面積を求めよ。
→図をかき，区間と関数のグラフの上下関係を把握する。

**なにをする？**

上
$y=f(x)$
$S$
下
$y=g(x)$
$a$ $b$ $x$

$S=\int_a^b\{f(x)-g(x)\}dx$

上 － 下 と覚えよう。

(2) 定積分でもまとめて計算する。

$\int_p^q(ax+b)^n dx$

$=\left[\frac{1}{a(n+1)}(ax+b)^{n+1}\right]_p^q$

**ヒラメキ**

放物線と直線で囲まれた図形の面積を求めよ。

$\to\int_\alpha^\beta(x-\alpha)(x-\beta)\,dx$

$=-\frac{1}{6}(\beta-\alpha)^3$

をうまく使おう。
ただし　$\alpha<\beta$

**なにをする？**

交点の $x$ 座標を求めるのに，連立方程式の解を求める。
次の解の公式も確認しておこう。2 次方程式 $ax^2+bx+c=0$ の解は

$x=\frac{-b\pm\sqrt{b^2-4ac}}{2a}$

## ガイドなしでやってみよう！

**42 面積③**

次の曲線と直線で囲まれた図形の面積 $S$ を求めよ。

(1) 放物線 $y=x^2$ $(1\leqq x\leqq 2)$，$x$ 軸，2 直線 $x=1$，$x=2$

(2) 放物線 $y=x^2-2x-3$，$x$ 軸

(3) 放物線 $y=x^2-x$，$x$ 軸，直線 $x=2$

(4) 曲線 $y=x(x+1)(x-2)$，$x$ 軸

**43** **定積分の応用**

次の定積分を計算せよ。

(1) $\displaystyle\int_1^3 |x^2-4|\,dx$

(2) $x^2-3x-1=0$ の解を $\alpha$，$\beta$ $(\alpha<\beta)$ とするとき $\displaystyle\int_\alpha^\beta (x^2-3x-1)\,dx$

**44** **放物線と接線で囲まれた図形の面積**

放物線 $y=x^2$ 上の 2 点 A$(-1,\ 1)$，B$(2,\ 4)$ における接線について，この 2 本の接線と放物線 $y=x^2$ で囲まれた図形の面積 $S$ を求めよ。

# 定期 テスト対策問題

目標点　60点
制限時間　50分
　　点

**1** 次の不定積分を求めよ。 ⊃ 31 32 35 37 （各6点　計12点）

(1) $\int(x-1)(3x+2)\,dx$　(2) $\int(3x-2)^2\,dx$

**2** 点 $(x,\ y)$ における接線の傾きが $3x^2-4x$ で表される曲線のうち，点 $(1,\ 3)$ を通るものの方程式を求めよ。 ⊃ 36 （6点）

**3** 次の定積分を求めよ。 ⊃ 33 38 （各6点　計12点）

(1) $\int_1^2(3y+1)(2y-3)\,dy$　(2) $\int_1^3(x+2)^2\,dx-\int_1^3(x-1)^2\,dx$

**4** 次の等式を満たす関数 $f(x)$ および定数 $a$ の値を求めよ。 ⊃ 34 39 （各5点　計20点）

(1) $\int_a^x f(t)\,dt=2x^2-x$　(2) $\int_1^x f(t)\,dt=2x^3-3x+a$

**5** 次の等式を満たす関数 $f(x)$ を求めよ。 ⊃ 39 （8点）

$f(x)=3x^2-4x+\int_{-1}^1 f(t)\,dt$

**6** 関数 $f(x)=\int_0^x (3t+1)(t-1)\,dt$ の極値を求め，グラフをかけ。 ⮐ 34 39

（極値，グラフ各８点　計 16 点）

**7** 次の曲線と直線で囲まれた図形の面積 $S$ を求めよ。 ⮐ 40 42 43　（各８点　計 16 点）

(1) 曲線 $y=|x(x-1)|$，$x$ 軸，直線 $x=2$

(2) 放物線 $y=2x^2-3x-2$，$x$ 軸

**8** 2 つの放物線 $y=x^2-4$ と $y=-x^2+2x$ で囲まれた図形の面積 $S$ を求めよ。 ⮐ 41 44

（10 点）

## 常用対数表(1)

| 数 | 0 | 1 | 2 | 3 | 4 | 5 | 6 | 7 | 8 | 9 |
|---|---|---|---|---|---|---|---|---|---|---|
| 1.0 | .0000 | .0043 | .0086 | .0128 | .0170 | .0212 | .0253 | .0294 | .0334 | .0374 |
| 1.1 | .0414 | .0453 | .0492 | .0531 | .0569 | .0607 | .0645 | .0682 | .0719 | .0755 |
| 1.2 | .0792 | .0828 | .0864 | .0899 | .0934 | .0969 | .1004 | .1038 | .1072 | .1106 |
| 1.3 | .1139 | .1173 | .1206 | .1239 | .1271 | .1303 | .1335 | .1367 | .1399 | .1430 |
| 1.4 | .1461 | .1492 | .1523 | .1553 | .1584 | .1614 | .1644 | .1673 | .1703 | .1732 |
| 1.5 | .1761 | .1790 | .1818 | .1847 | .1875 | .1903 | .1931 | .1959 | .1987 | .2014 |
| 1.6 | .2041 | .2068 | .2095 | .2122 | .2148 | .2175 | .2201 | .2227 | .2253 | .2279 |
| 1.7 | .2304 | .2330 | .2355 | .2380 | .2405 | .2430 | .2455 | .2480 | .2504 | .2529 |
| 1.8 | .2553 | .2577 | .2601 | .2625 | .2648 | .2672 | .2695 | .2718 | .2742 | .2765 |
| 1.9 | .2788 | .2810 | .2833 | .2856 | .2878 | .2900 | .2923 | .2945 | .2967 | .2989 |
| 2.0 | .3010 | .3032 | .3054 | .3075 | .3096 | .3118 | .3139 | .3160 | .3181 | .3201 |
| 2.1 | .3222 | .3243 | .3263 | .3284 | .3304 | .3324 | .3345 | .3365 | .3385 | .3404 |
| 2.2 | .3424 | .3444 | .3464 | .3483 | .3502 | .3522 | .3541 | .3560 | .3579 | .3598 |
| 2.3 | .3617 | .3636 | .3655 | .3674 | .3692 | .3711 | .3729 | .3747 | .3766 | .3784 |
| 2.4 | .3802 | .3820 | .3838 | .3856 | .3874 | .3892 | .3909 | .3927 | .3945 | .3962 |
| 2.5 | .3979 | .3997 | .4014 | .4031 | .4048 | .4065 | .4082 | .4099 | .4116 | .4133 |
| 2.6 | .4150 | .4166 | .4183 | .4200 | .4216 | .4232 | .4249 | .4265 | .4281 | .4298 |
| 2.7 | .4314 | .4330 | .4346 | .4362 | .4378 | .4393 | .4409 | .4425 | .4440 | .4456 |
| 2.8 | .4472 | .4487 | .4502 | .4518 | .4533 | .4548 | .4564 | .4579 | .4594 | .4609 |
| 2.9 | .4624 | .4639 | .4654 | .4669 | .4683 | .4698 | .4713 | .4728 | .4742 | .4757 |
| 3.0 | .4771 | .4786 | .4800 | .4814 | .4829 | .4843 | .4857 | .4871 | .4886 | .4900 |
| 3.1 | .4914 | .4928 | .4942 | .4955 | .4969 | .4983 | .4997 | .5011 | .5024 | .5038 |
| 3.2 | .5051 | .5065 | .5079 | .5092 | .5105 | .5119 | .5132 | .5145 | .5159 | .5172 |
| 3.3 | .5185 | .5198 | .5211 | .5224 | .5237 | .5250 | .5263 | .5276 | .5289 | .5302 |
| 3.4 | .5315 | .5328 | .5340 | .5353 | .5366 | .5378 | .5391 | .5403 | .5416 | .5428 |
| 3.5 | .5441 | .5453 | .5465 | .5478 | .5490 | .5502 | .5514 | .5527 | .5539 | .5551 |
| 3.6 | .5563 | .5575 | .5587 | .5599 | .5611 | .5623 | .5635 | .5647 | .5658 | .5670 |
| 3.7 | .5682 | .5694 | .5705 | .5717 | .5729 | .5740 | .5752 | .5763 | .5775 | .5786 |
| 3.8 | .5798 | .5809 | .5821 | .5832 | .5843 | .5855 | .5866 | .5877 | .5888 | .5899 |
| 3.9 | .5911 | .5922 | .5933 | .5944 | .5955 | .5966 | .5977 | .5988 | .5999 | .6010 |
| 4.0 | .6021 | .6031 | .6042 | .6053 | .6064 | .6075 | .6085 | .6096 | .6107 | .6117 |
| 4.1 | .6128 | .6138 | .6149 | .6160 | .6170 | .6180 | .6191 | .6201 | .6212 | .6222 |
| 4.2 | .6232 | .6243 | .6253 | .6263 | .6274 | .6284 | .6294 | .6304 | .6314 | .6325 |
| 4.3 | .6335 | .6345 | .6355 | .6365 | .6375 | .6385 | .6395 | .6405 | .6415 | .6425 |
| 4.4 | .6435 | .6444 | .6454 | .6464 | .6474 | .6484 | .6493 | .6503 | .6513 | .6522 |
| 4.5 | .6532 | .6542 | .6551 | .6561 | .6571 | .6580 | .6590 | .6599 | .6609 | .6618 |
| 4.6 | .6628 | .6637 | .6646 | .6656 | .6665 | .6675 | .6684 | .6693 | .6702 | .6712 |
| 4.7 | .6721 | .6730 | .6739 | .6749 | .6758 | .6767 | .6776 | .6785 | .6794 | .6803 |
| 4.8 | .6812 | .6821 | .6830 | .6839 | .6848 | .6857 | .6866 | .6875 | .6884 | .6893 |
| 4.9 | .6902 | .6911 | .6920 | .6928 | .6937 | .6946 | .6955 | .6964 | .6972 | .6981 |
| 5.0 | .6990 | .6998 | .7007 | .7016 | .7024 | .7033 | .7042 | .7050 | .7059 | .7067 |
| 5.1 | .7076 | .7084 | .7093 | .7101 | .7110 | .7118 | .7126 | .7135 | .7143 | .7152 |
| 5.2 | .7160 | .7168 | .7177 | .7185 | .7193 | .7202 | .7210 | .7218 | .7226 | .7235 |
| 5.3 | .7243 | .7251 | .7259 | .7267 | .7275 | .7284 | .7292 | .7300 | .7308 | .7316 |
| 5.4 | .7324 | .7332 | .7340 | .7348 | .7356 | .7364 | .7372 | .7380 | .7388 | .7396 |

## 常用対数表(2)

| 数 | 0 | 1 | 2 | 3 | 4 | 5 | 6 | 7 | 8 | 9 |
|---|---|---|---|---|---|---|---|---|---|---|
| 5.5 | .7404 | .7412 | .7419 | .7427 | .7435 | .7443 | .7451 | .7459 | .7466 | .7474 |
| 5.6 | .7482 | .7490 | .7497 | .7505 | .7513 | .7520 | .7528 | .7536 | .7543 | .7551 |
| 5.7 | .7559 | .7566 | .7574 | .7582 | .7589 | .7597 | .7604 | .7612 | .7619 | .7627 |
| 5.8 | .7634 | .7642 | .7649 | .7657 | .7664 | .7672 | .7679 | .7686 | .7694 | .7701 |
| 5.9 | .7709 | .7716 | .7723 | .7731 | .7738 | .7745 | .7752 | .7760 | .7767 | .7774 |
| 6.0 | .7782 | .7789 | .7796 | .7803 | .7810 | .7818 | .7825 | .7832 | .7839 | .7846 |
| 6.1 | .7853 | .7860 | .7868 | .7875 | .7882 | .7889 | .7896 | .7903 | .7910 | .7917 |
| 6.2 | .7924 | .7931 | .7938 | .7945 | .7952 | .7959 | .7966 | .7973 | .7980 | .7987 |
| 6.3 | .7993 | .8000 | .8007 | .8014 | .8021 | .8028 | .8035 | .8041 | .8048 | .8055 |
| 6.4 | .8062 | .8069 | .8075 | .8082 | .8089 | .8096 | .8102 | .8109 | .8116 | .8122 |
| 6.5 | .8129 | .8136 | .8142 | .8149 | .8156 | .8162 | .8169 | .8176 | .8182 | .8189 |
| 6.6 | .8195 | .8202 | .8209 | .8215 | .8222 | .8228 | .8235 | .8241 | .8248 | .8254 |
| 6.7 | .8261 | .8267 | .8274 | .8280 | .8287 | .8293 | .8299 | .8306 | .8312 | .8319 |
| 6.8 | .8325 | .8331 | .8338 | .8344 | .8351 | .8357 | .8363 | .8370 | .8376 | .8382 |
| 6.9 | .8388 | .8395 | .8401 | .8407 | .8414 | .8420 | .8426 | .8432 | .8439 | .8445 |
| 7.0 | .8451 | .8457 | .8463 | .8470 | .8476 | .8482 | .8488 | .8494 | .8500 | .8506 |
| 7.1 | .8513 | .8519 | .8525 | .8531 | .8537 | .8543 | .8549 | .8555 | .8561 | .8567 |
| 7.2 | .8573 | .8579 | .8585 | .8591 | .8597 | .8603 | .8609 | .8615 | .8621 | .8627 |
| 7.3 | .8633 | .8639 | .8645 | .8651 | .8657 | .8663 | .8669 | .8675 | .8681 | .8686 |
| 7.4 | .8692 | .8698 | .8704 | .8710 | .8716 | .8722 | .8727 | .8733 | .8739 | .8745 |
| 7.5 | .8751 | .8756 | .8762 | .8768 | .8774 | .8779 | .8785 | .8791 | .8797 | .8802 |
| 7.6 | .8808 | .8814 | .8820 | .8825 | .8831 | .8837 | .8842 | .8848 | .8854 | .8859 |
| 7.7 | .8865 | .8871 | .8876 | .8882 | .8887 | .8893 | .8899 | .8904 | .8910 | .8915 |
| 7.8 | .8921 | .8927 | .8932 | .8938 | .8943 | .8949 | .8954 | .8960 | .8965 | .8971 |
| 7.9 | .8976 | .8982 | .8987 | .8993 | .8998 | .9004 | .9009 | .9015 | .9020 | .9025 |
| 8.0 | .9031 | .9036 | .9042 | .9047 | .9053 | .9058 | .9063 | .9069 | .9074 | .9079 |
| 8.1 | .9085 | .9090 | .9096 | .9101 | .9106 | .9112 | .9117 | .9122 | .9128 | .9133 |
| 8.2 | .9138 | .9143 | .9149 | .9154 | .9159 | .9165 | .9170 | .9175 | .9180 | .9186 |
| 8.3 | .9191 | .9196 | .9201 | .9206 | .9212 | .9217 | .9222 | .9227 | .9232 | .9238 |
| 8.4 | .9243 | .9248 | .9253 | .9258 | .9263 | .9269 | .9274 | .9279 | .9284 | .9289 |
| 8.5 | .9294 | .9299 | .9304 | .9309 | .9315 | .9320 | .9325 | .9330 | .9335 | .9340 |
| 8.6 | .9345 | .9350 | .9355 | .9360 | .9365 | .9370 | .9375 | .9380 | .9385 | .9390 |
| 8.7 | .9395 | .9400 | .9405 | .9410 | .9415 | .9420 | .9425 | .9430 | .9435 | .9440 |
| 8.8 | .9445 | .9450 | .9455 | .9460 | .9465 | .9469 | .9474 | .9479 | .9484 | .9489 |
| 8.9 | .9494 | .9499 | .9504 | .9509 | .9513 | .9518 | .9523 | .9528 | .9533 | .9538 |
| 9.0 | .9542 | .9547 | .9552 | .9557 | .9562 | .9566 | .9571 | .9576 | .9581 | .9586 |
| 9.1 | .9590 | .9595 | .9600 | .9605 | .9609 | .9614 | .9619 | .9624 | .9628 | .9633 |
| 9.2 | .9638 | .9643 | .9647 | .9652 | .9657 | .9661 | .9666 | .9671 | .9675 | .9680 |
| 9.3 | .9685 | .9689 | .9694 | .9699 | .9703 | .9708 | .9713 | .9717 | .9722 | .9727 |
| 9.4 | .9731 | .9736 | .9741 | .9745 | .9750 | .9754 | .9759 | .9763 | .9768 | .9773 |
| 9.5 | .9777 | .9782 | .9786 | .9791 | .9795 | .9800 | .9805 | .9809 | .9814 | .9818 |
| 9.6 | .9823 | .9827 | .9832 | .9836 | .9841 | .9845 | .9850 | .9854 | .9859 | .9863 |
| 9.7 | .9868 | .9872 | .9877 | .9881 | .9886 | .9890 | .9894 | .9899 | .9903 | .9908 |
| 9.8 | .9912 | .9917 | .9921 | .9926 | .9930 | .9934 | .9939 | .9943 | .9948 | .9952 |
| 9.9 | .9956 | .9961 | .9965 | .9969 | .9974 | .9978 | .9983 | .9987 | .9991 | .9996 |

## 著者紹介

**松田親典　MATSUDA Chikanori**

神戸大学教育学部卒業後，奈良県の高等学校で長年にわたり数学の教諭として勤務。教頭，校長を経て退職。
奈良県数学教育会においては，教諭時代に役員を10年間，さらに校長時代には副会長，会長を務めた。
その後，奈良文化女子短期大学衛生看護学科で統計学を教える。この間，別の看護専門学校で数学の入試問題を作成。
のちに，同学の教授，学長，学校法人奈良学園常勤監事を経て，現在同学園の評議員。
趣味は，スキー，囲碁，水墨画。
著書に，
『高校これでわかる数学』シリーズ
『高校これでわかる問題集数学』シリーズ
『高校やさしくわかりやすい問題集数学』シリーズ
『看護医療系の数学Ｉ＋A』
(いずれも文英堂)がある。



□ 執筆協力　森田真康
□ 編集協力　山腰政喜　飯塚真帆　安村祐二
□ 本文デザイン　土屋裕子（㈱ウエイド）
□ 図版作成　㈲Y-Yard　㈲デザインスタジオエキス.

シグマベスト
**高校やさしくわかりやすい問題集 数学Ⅱ**





著　者　松田親典
発行者　益井英郎
印刷所　中村印刷株式会社
発行所　株式会社文英堂
〒601-8121　京都市南区上鳥羽大物町28
〒162-0832　東京都新宿区岩戸町17
(代表)03-3269-4231

●落丁・乱丁はおとりかえします。

ΣBEST シグマベスト

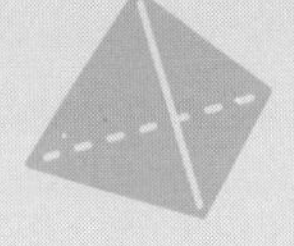

# 高校 やさしくわかりやすい 数学III

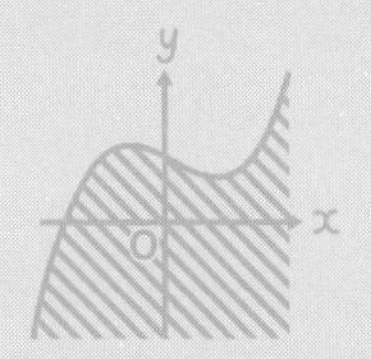

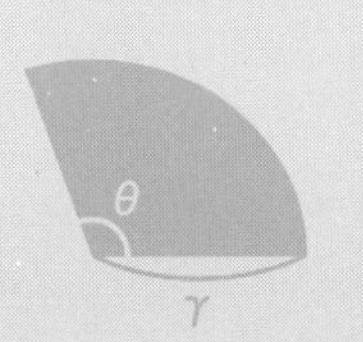

文英堂

# もくじ

# 解答集の構成

この解答集は，本冊の問題に解答を書きこんだように作ってあります。ページは本冊にそろえています。問題も掲載して，使いやすくしました。基本的に，解答に当たる部分は色文字にしてあります。

ガイドには解答の手順を示す内容が書いてあるので，解答集にも載せてあります。解答と照らし合わせながら読み返すと，解答の流れがよくわかり，復習になります。

には重要事項が書いてあるので，解答集にも載せてあります。解答を確認しているときに，公式を忘れたり，何の操作をしているのかな？と，まよったときには参考にしてください。

解答部分は色文字で示しました。答案のように書いてあります。

最終解答の部分は太くしました。答えだけを解答する問題では，この部分だけ書けばいいことになります。しかし，数学の問題は解答を導くまでの過程がとても大切です。そのことを忘れないようにしてください。

## 3 軌跡と領域

ポイント

**19 軌跡**

**軌跡**

平面上で，ある条件を満たしながら動く点Pの描く図形を，点Pの軌跡という。

条件 $C$ を満たす点の軌跡が図形 $F$ である。

$\Longleftrightarrow$ ① 条件 $C$ を満たすすべての点は，図形 $F$ 上にある。
② 図形 $F$ 上のすべての点は，条件 $C$ を満たす。

**20 領域**

**領域**

$x$，$y$ についての不等式を満たす点 $(x,\ y)$ 全体の集合を，その不等式の表す領域という。

**連立不等式の表す領域**

連立不等式の表す領域は，それぞれの不等式の表す領域の共通部分である。

**21 領域のいろいろな問題**

**領域と最大・最小**

領域内の点 $P(x,\ y)$ に対して，$x$，$y$ の式の最大値，最小値を求めるとき，$x$，$y$ の式を $k$ とおき，図形を使って考える。

**18** 2点から等距離にある点　19 軌跡

2点 $A(-2,\ 1)$，$B(3,\ 4)$ からの距離が等しい点Pの軌跡を求めよ。

点 $P(x,\ y)$ とおくと，Pの満たす条件は　$AP=BP$

両辺は負でないので，両辺を2乗して　$AP^2=BP^2$

$(x+2)^2+(y-1)^2=(x-3)^2+(y-4)^2$

整理して，$10x+6y=20$ より　$5x+3y=10$

求める軌跡は　**直線 $5x+3y=10$** …答

**19** 2点からの距離の比が一定である点　19 軌跡

原点Oと点 $A(6,\ 0)$ に対して，$OP:AP=2:1$ となる点Pの軌跡を求めよ。

点 $P(x,\ y)$ とおく。

$OP:AP=2:1$ より　$2AP=OP$

両辺は負でないので，両辺を2乗して　$4AP^2=OP^2$

$4\{(x-6)^2+y^2\}=x^2+y^2$

整理して　$x^2-16x+y^2+48=0$

よって　$(x-8)^2+y^2=16$

したがって，求める軌跡は

**点 (8, 0) を中心とする半径4の円** …答

ガイド

**ヒラメキ**

軌跡→条件に適する $x$，$y$ の方程式を求める。

**なにをする？**

・$P(x,\ y)$ とおく。
・与えられた条件を $x$，$y$ で表す。
・式を整理して，表す図形を読み取る。
・移動条件は $AP=BP$

**なにをする？**

・与えられた条件より $OP:AP=2:1$

32 ― 第2章　図形と方程式

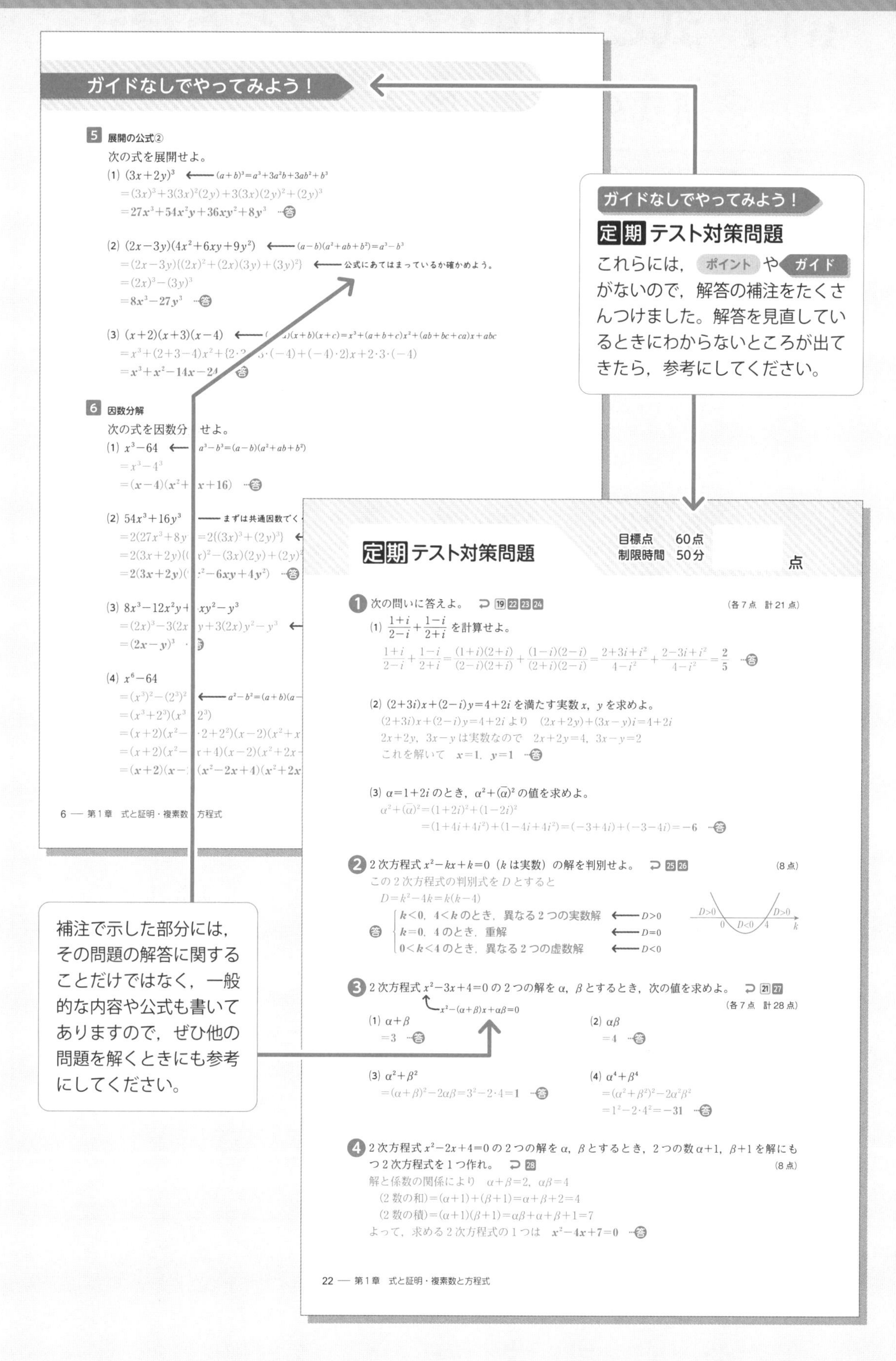
ガイドなしでやってみよう！
5 展開の公式②
次の式を展開せよ。
6 因数分解
次の式を因数分 せよ。
6 ― 第1章 式と証明・複素数 方程式
ガイドなしでやってみよう！
定期テスト対策問題
これらには，ポイントやガイドがないので，解答の補注をたくさんつけました。解答を見直しているときにわからないところが出てきたら，参考にしてください。
定期テスト対策問題
目標点 60点
制限時間 50分
点
1 次の問いに答えよ。 19 22 23 24 （各7点 計21点）
(1) $\frac{1+i}{2-i}+\frac{1-i}{2+i}$ を計算せよ。
$\frac{1+i}{2-i}+\frac{1-i}{2+i}=\frac{(1+i)(2+i)}{(2-i)(2+i)}+\frac{(1-i)(2-i)}{(2+i)(2-i)}=\frac{2+3i+i^2}{4-i^2}+\frac{2-3i+i^2}{4-i^2}=\frac{2}{5}$ …答
(2) $(2+3i)x+(2-i)y=4+2i$ を満たす実数 $x$，$y$ を求めよ。
$(2+3i)x+(2-i)y=4+2i$ より $(2x+2y)+(3x-y)i=4+2i$
$2x+2y$，$3x-y$ は実数なので $2x+2y=4$，$3x-y=2$
これを解いて $x=1$，$y=1$ …答
(3) $\alpha=1+2i$ のとき，$\alpha^2+(\overline{\alpha})^2$ の値を求めよ。
$\alpha^2+(\overline{\alpha})^2=(1+2i)^2+(1-2i)^2$
$=(1+4i+4i^2)+(1-4i+4i^2)=(-3+4i)+(-3-4i)=-6$ …答
2 2次方程式 $x^2-kx+k=0$（$k$ は実数）の解を判別せよ。 25 26 （8点）
この2次方程式の判別式を $D$ とすると
$D=k^2-4k=k(k-4)$
答 $k<0$，$4<k$ のとき，異なる2つの実数解 ← $D>0$
$k=0$，4 のとき，重解 ← $D=0$
$0<k<4$ のとき，異なる2つの虚数解 ← $D<0$
3 2次方程式 $x^2-3x+4=0$ の2つの解を $\alpha$，$\beta$ とするとき，次の値を求めよ。 21 27 （各7点 計28点）
$x^2-(\alpha+\beta)x+\alpha\beta=0$
(1) $\alpha+\beta$ $=3$ …答
(2) $\alpha\beta$ $=4$ …答
(3) $\alpha^2+\beta^2$ $=(\alpha+\beta)^2-2\alpha\beta=3^2-2\cdot4=1$ …答
(4) $\alpha^4+\beta^4$ $=(\alpha^2+\beta^2)^2-2\alpha^2\beta^2=1^2-2\cdot4^2=-31$ …答
4 2次方程式 $x^2-2x+4=0$ の2つの解を $\alpha$，$\beta$ とするとき，2つの数 $\alpha+1$，$\beta+1$ を解にもつ2次方程式を1つ作れ。 28 （8点）
解と係数の関係により $\alpha+\beta=2$，$\alpha\beta=4$
（2数の和）$=(\alpha+1)+(\beta+1)=\alpha+\beta+2=4$
（2数の積）$=(\alpha+1)(\beta+1)=\alpha\beta+\alpha+\beta+1=7$
よって，求める2次方程式の1つは $x^2-4x+7=0$ …答
22 ― 第1章 式と証明・複素数と方程式
補注で示した部分には，その問題の解答に関することだけではなく，一般的な内容や公式も書いてありますので，ぜひ他の問題を解くときにも参考にしてください。

# 第1章　式と証明・複素数と方程式

## 1　多項式の乗法・除法

### ① 多項式の乗法

左右を見比べて覚えよう。

**（数学Ⅰで学んだ）2次の乗法公式**

① $(a+b)^2=a^2+2ab+b^2$
　$(a-b)^2=a^2-2ab+b^2$

② $(a+b)(a-b)=a^2-b^2$

③ $(x+a)(x+b)=x^2+(a+b)x+ab$

④ $(ax+b)(cx+d)$
　$=acx^2+(ad+bc)x+bd$

⑤ $(a+b+c)^2$
　$=a^2+b^2+c^2+2ab+2bc+2ca$

**3次の乗法公式**

⑥ $(a+b)^3=a^3+3a^2b+3ab^2+b^3$
　$(a-b)^3=a^3-3a^2b+3ab^2-b^3$

⑦ $(a+b)(a^2-ab+b^2)=a^3+b^3$
　$(a-b)(a^2+ab+b^2)=a^3-b^3$

○ $(x+a)(x+b)(x+c)$
　$=x^3+(a+b+c)x^2$
　　$+(ab+bc+ca)x+abc$

### ② 多項式の因数分解

**（数学Ⅰで学んだ）因数分解**

○ $ma+mb=m(a+b)$

① $a^2+2ab+b^2=(a+b)^2$
　$a^2-2ab+b^2=(a-b)^2$

② $a^2-b^2=(a+b)(a-b)$

③ $x^2+(a+b)x+ab=(x+a)(x+b)$

④ $acx^2+(ad+bc)x+bd$
　$=(ax+b)(cx+d)$

⑤ $a^2+b^2+c^2+2ab+2bc+2ca$
　$=(a+b+c)^2$

**3次式の因数分解**

⑥ $a^3+3a^2b+3ab^2+b^3=(a+b)^3$
　$a^3-3a^2b+3ab^2-b^3=(a-b)^3$

⑦ $a^3+b^3=(a+b)(a^2-ab+b^2)$
　$a^3-b^3=(a-b)(a^2+ab+b^2)$

○ $a^3+b^3+c^3-3abc$
　$=(a+b+c)$
　　$\times(a^2+b^2+c^2-ab-bc-ca)$

### ③ 二項定理

**パスカルの三角形**

$n=1,\ 2,\ 3,\ 4,\ \cdots$のとき，$(a+b)^n$を展開すると

（$n=0$　　1　）

$(a+b)^1=a+b$　　$n=1$　　1　1

$(a+b)^2=a^2+2ab+b^2$　　$n=2$　　1　2　1

$(a+b)^3=a^3+3a^2b+3ab^2+b^3$　　$n=3$　　1　3　3　1

$(a+b)^4=a^4+4a^3b+6a^2b^2+4ab^3+b^4$　　$n=4$　　1　4　6　4　1

⋮　　⋮　　⋮

**二項定理**

$$(a+b)^n={}_n\mathrm{C}_0a^n+{}_n\mathrm{C}_1a^{n-1}b+{}_n\mathrm{C}_2a^{n-2}b^2+\cdots+{}_n\mathrm{C}_ra^{n-r}b^r+\cdots+{}_n\mathrm{C}_{n-1}ab^{n-1}+{}_n\mathrm{C}_nb^n$$

${}_n\mathrm{C}_r\boldsymbol{a}^{n-r}\boldsymbol{b}^r$を$(a+b)^n$の展開式の一般項という。

### ④ 多項式の除法（今後，単項式は項が1つの多項式とみなす。）

多項式$A$を多項式$B$で割ったときの商を$Q$，余りを$R$とすると

$A=B\times Q+R$　（$R$の次数$<B$の次数，または　$R=0$）

とくに，$R=0$のとき，$A=B\times Q$となり，$A$は$B$で割り切れるという。

## 1 展開の公式① 1 多項式の乗法

次の式を展開せよ。

(1) $(x-1)^3$

$=\boldsymbol{x^3-3x^2+3x-1}$ …答

(2) $(x-2y)(x^2+2xy+4y^2)$

$=(x-2y)\{x^2+x(2y)+(2y)^2\}$

$=x^3-(2y)^3=\boldsymbol{x^3-8y^3}$ …答

(3) $(x+2y)^3$

$=x^3+3x^2(2y)+3x(2y)^2+(2y)^3$

$=\boldsymbol{x^3+6x^2y+12xy^2+8y^3}$ …答

## 2 因数分解の公式 2 多項式の因数分解

次の式を因数分解せよ。

(1) $x^3+8y^3$

$=x^3+(2y)^3=(x+2y)\{x^2-x(2y)+(2y)^2\}$

$=\boldsymbol{(x+2y)(x^2-2xy+4y^2)}$ …答

(2) $x^3+9x^2+27x+27$

$=x^3+3x^2\cdot3+3x\cdot3^2+3^3$

$=\boldsymbol{(x+3)^3}$ …答

## 3 1次式の4乗の展開 3 二項定理

$(x+2)^4$ を展開せよ。

$(x+2)^4=x^4+4x^3\cdot2+6x^2\cdot2^2+4x\cdot2^3+2^4$

$=\boldsymbol{x^4+8x^3+24x^2+32x+16}$ …答

## 4 多項式の除法① 4 多項式の除法

$(x^3-6x^2+9x-7)\div(x^2-2x+3)$ の商と余りを求めよ。

$$
\begin{array}{r}
x\ -4 \\
x^2-2x+3\,\big)\ \overline{x^3-6x^2+9x\ -7} \\
\underline{x^3-2x^2+3x\phantom{\ -7}} \\
-4x^2+6x\ -7 \\
\underline{-4x^2+8x-12} \\
-2x\ +5
\end{array}
$$

よって　商 $\boldsymbol{x-4}$，余り $\boldsymbol{-2x+5}$ …答

### ガイド

**ヒラメキ**
多項式の乗法
→公式による展開。

**なにをする？**
どの公式にあてはまるか考える。
(1) $(a-b)^3$
$=a^3-3a^2b+3ab^2-b^3$
(2) $(a-b)(a^2+ab+b^2)$
$=a^3-b^3$
(3) $(a+b)^3$
$=a^3+3a^2b+3ab^2+b^3$

**ヒラメキ**
多項式の因数分解
→公式による因数分解。

**なにをする？**
・どの公式にあてはまるか考える。
・乗法の公式の逆が，因数分解の公式。

**ヒラメキ**
$(a+b)^n$ の展開
→パスカルの三角形。

**なにをする？**
パスカルの三角形をかいてみる。

**ヒラメキ**
多項式の除法
→割り算を実行。

**なにをする？**
数の割り算と同じようだが，多項式の場合は次数の高いところから割り算をする。

## ガイドなしでやってみよう！

### 5 展開の公式②

次の式を展開せよ。

(1) $(3x+2y)^3$ ← $(a+b)^3=a^3+3a^2b+3ab^2+b^3$

$=(3x)^3+3(3x)^2(2y)+3(3x)(2y)^2+(2y)^3$

$=\mathbf{27x^3+54x^2y+36xy^2+8y^3}$ …答

(2) $(2x-3y)(4x^2+6xy+9y^2)$ ← $(a-b)(a^2+ab+b^2)=a^3-b^3$

$=(2x-3y)\{(2x)^2+(2x)(3y)+(3y)^2\}$ ← 公式にあてはまっているか確かめよう。

$=(2x)^3-(3y)^3$

$=\mathbf{8x^3-27y^3}$ …答

(3) $(x+2)(x+3)(x-4)$ ← $(x+a)(x+b)(x+c)=x^3+(a+b+c)x^2+(ab+bc+ca)x+abc$

$=x^3+(2+3-4)x^2+\{2\cdot3+3\cdot(-4)+(-4)\cdot2\}x+2\cdot3\cdot(-4)$

$=\mathbf{x^3+x^2-14x-24}$ …答

### 6 因数分解

次の式を因数分解せよ。

(1) $x^3-64$ ← $a^3-b^3=(a-b)(a^2+ab+b^2)$

$=x^3-4^3$

$=\mathbf{(x-4)(x^2+4x+16)}$ …答

(2) $54x^3+16y^3$ ← まずは共通因数でくくる。

$=2(27x^3+8y^3)=2\{(3x)^3+(2y)^3\}$ ← $a^3+b^3=(a+b)(a^2-ab+b^2)$

$=2(3x+2y)\{(3x)^2-(3x)(2y)+(2y)^2\}$

$=\mathbf{2(3x+2y)(9x^2-6xy+4y^2)}$ …答

(3) $8x^3-12x^2y+6xy^2-y^3$

$=(2x)^3-3(2x)^2y+3(2x)y^2-y^3$ ← $a^3-3a^2b+3ab^2-b^3=(a-b)^3$

$=\mathbf{(2x-y)^3}$ …答

(4) $x^6-64$

$=(x^3)^2-(2^3)^2$ ← $a^2-b^2=(a+b)(a-b)$

$=(x^3+2^3)(x^3-2^3)$

$=(x+2)(x^2-x\cdot2+2^2)(x-2)(x^2+x\cdot2+2^2)$

$=(x+2)(x^2-2x+4)(x-2)(x^2+2x+4)$

$=\mathbf{(x+2)(x-2)(x^2-2x+4)(x^2+2x+4)}$ …答

## 7 パスカルの三角形による展開

次の式を展開せよ。

(1) $(x-1)^5$ ←パスカルの三角形

$=\{x+(-1)\}^5$

$=x^5+5x^4(-1)+10x^3(-1)^2+10x^2(-1)^3+5x(-1)^4+(-1)^5$

$=\boldsymbol{x^5-5x^4+10x^3-10x^2+5x-1}$ …答

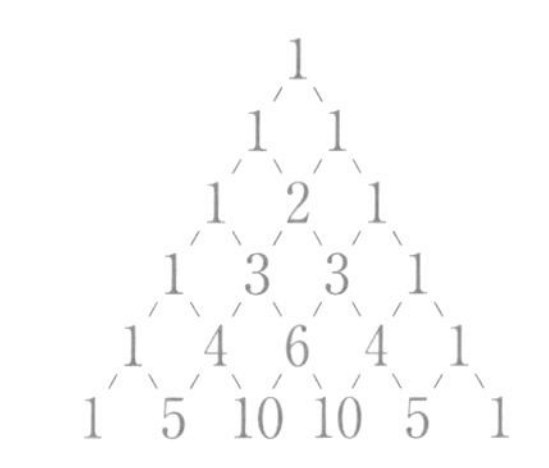

(2) $(2x-3)^4$

$=\{2x+(-3)\}^4$

$=(2x)^4+4(2x)^3(-3)+6(2x)^2(-3)^2+4(2x)(-3)^3+(-3)^4$

$=\boldsymbol{16x^4-96x^3+216x^2-216x+81}$ …答

## 8 二項定理 ← $(a+b)^n={}_n\mathrm{C}_0a^n+{}_n\mathrm{C}_1a^{n-1}b+{}_n\mathrm{C}_2a^{n-2}b^2+\cdots+{}_n\mathrm{C}_ra^{n-r}b^r+\cdots+{}_n\mathrm{C}_nb^n$

次の式の展開式における，[　] 内の項の係数を求めよ。

(1) $(3x-2y)^6$　$[x^2y^4]$

$(3x-2y)^6$ の展開式の一般項は ← ${}_n\mathrm{C}_ra^{n-r}b^r$

${}_6\mathrm{C}_r(3x)^{6-r}(-2y)^r={}_6\mathrm{C}_r\cdot3^{6-r}\cdot(-2)^r\cdot x^{6-r}y^r$ ← $a=3x,\ b=-2y$

$x^2y^4$ の項は，$r=4$ のときであるので，その係数は

$${}_6\mathrm{C}_4\cdot3^2(-2)^4={}_6\mathrm{C}_2\cdot3^2\cdot(-2)^4=\frac{6\cdot5}{2\cdot1}\cdot9\cdot16=\boldsymbol{2160}$$ …答

↑ ${}_n\mathrm{C}_r={}_n\mathrm{C}_{n-r}$

(2) $\left(x^2-\dfrac{1}{x}\right)^7$　$[x^2]$

$\left(x^2-\dfrac{1}{x}\right)^7$ の展開式の一般項は　${}_7\mathrm{C}_r(x^2)^{7-r}\left(-\dfrac{1}{x}\right)^r=(-1)^r\cdot{}_7\mathrm{C}_r\cdot x^{14-3r}$

↑ $x$ の累乗の部分は $\dfrac{x^{14-2r}}{x^r}=x^{14-3r}$

$x^{14-3r}$ が $x^2$ となるのは，$14-3r=2$ より，$r=4$ のときである。

よって，$x^2$ の係数は

$$(-1)^4\cdot{}_7\mathrm{C}_4={}_7\mathrm{C}_3=\frac{7\cdot6\cdot5}{3\cdot2\cdot1}=\boldsymbol{35}$$ …答

↑ ${}_n\mathrm{C}_r={}_n\mathrm{C}_{n-r}$

## 9 多項式の除法②

$A=2x^3+3x^2-4x-5$，$B=x^2+2x-3$ について，$A\div B$ の商を $Q$，余りを $R$ とするとき，$A=BQ+R$ の等式で表せ。

$$\begin{array}{r|l}
 & 2x\quad -1 \\
x^2+2x-3 & 2x^3+3x^2-4x-5 \\
 & 2x^3+4x^2-6x \\
\hline
 & \quad -x^2+2x-5 \\
 & \quad -x^2-2x+3 \\
\hline
 & \qquad\quad 4x-8
\end{array}$$

したがって　$\boldsymbol{2x^3+3x^2-4x-5=(x^2+2x-3)(2x-1)+4x-8}$ …答

# 2 分数式・式と証明

## ⑤ 分数式の計算

### 分数式の計算と約分

① $\dfrac{A}{B}=\dfrac{AC}{BC}$ （$C\neq 0$）　② $\dfrac{AD}{BD}=\dfrac{A}{B}$ （約分）

### 分数式の四則計算

① $\dfrac{A}{B}\times\dfrac{C}{D}=\dfrac{AC}{BD}$　② $\dfrac{A}{B}\div\dfrac{C}{D}=\dfrac{A}{B}\times\dfrac{D}{C}=\dfrac{AD}{BC}$

③ $\dfrac{A}{B}+\dfrac{C}{D}=\dfrac{AD+BC}{BD}$　④ $\dfrac{A}{B}-\dfrac{C}{D}=\dfrac{AD-BC}{BD}$

## ⑥ 恒等式

**等式** ｛方程式…特定の値に対して成立する等式
　　　恒等式…どのような値に対しても成立する等式

### 恒等式の性質

① $ax^2+bx+c=a'x^2+b'x+c'$ が $x$ の恒等式である $\Longleftrightarrow$ $a=a'$, $b=b'$, $c=c'$

② $ax^2+bx+c=0$ が $x$ の恒等式である $\Longleftrightarrow$ $a=0$, $b=0$, $c=0$

## ⑦ 等式の証明

### 等式の証明の方法（$A=B$ の証明）

① $A$ か $B$ を変形して，他方を導く。

② $A$ を変形して $C$ を導き，$B$ を変形して同じく $C$ を導く。

③ $A-B$ を変形して 0 であることを示す。

### ある条件の下での証明方法（$A=B$ の証明）

④ 条件式を使って文字を減らす。

⑤ 条件 $C=0$ の下で，$A-B$ を変形し $C$ を因数にもつことを示す。

⑥ 条件式が比例式のとき，比例式$=k$ などとおく。

## ⑧ 不等式の証明

### 大小関係の基本性質

① $a>b$, $b>c \Longrightarrow a>c$

② $a>b \Longrightarrow a+c>b+c$, $a-c>b-c$

③ $a>b$, $c>0 \Longrightarrow ac>bc$, $\dfrac{a}{c}>\dfrac{b}{c}$　④ $a>b$, $c<0 \Longrightarrow ac<bc$, $\dfrac{a}{c}<\dfrac{b}{c}$

⑤ $a>b \Longleftrightarrow a-b>0$　　$a<b \Longleftrightarrow a-b<0$

### 相加平均と相乗平均の大小関係

$a>0$, $b>0$ のとき，$\dfrac{a+b}{2}\geqq\sqrt{ab}$　等号は $a=b$ のとき成立する。

相加平均 ↗　↖ 相乗平均

### 不等式の証明の方法

① 平方完成をして，$(\text{実数})^2\geqq 0$ を用いる。
（$A$ が実数のとき　$A^2\geqq 0$　　等号成立は $A=0$ のとき。）

② 差を計算し，正であることを示す。（$A>B \Longleftrightarrow A-B>0$）

③ 両辺とも正または 0 のときは，平方したものどうしを比べてもよい。
（$A\geqq 0$, $B\geqq 0$ のとき，$A\geqq B \Longleftrightarrow A^2\geqq B^2$）

## 10 分数式の和　5 分数式の計算

次の分数式を計算せよ。

$$\frac{2}{x^2-3x+2}+\frac{1}{x^2-4}$$

$$=\frac{2}{(x-1)(x-2)}+\frac{1}{(x+2)(x-2)}$$

$$=\frac{2(x+2)+(x-1)}{(x-1)(x-2)(x+2)}=\frac{3x+3}{(x-1)(x-2)(x+2)}$$

$$=\frac{\mathbf{3(x+1)}}{\mathbf{(x-1)(x-2)(x+2)}}$$ …答

**ヒラメキ**
分数式の和
→通分する。

**なにをする？**
分母を因数分解して，分母の最小公倍数で通分する。

## 11 係数の決定①　6 恒等式

等式 $x^2=a(x-2)^2+b(x-2)+c$　…①

が $x$ についての恒等式となるように，定数 $a$，$b$，$c$ の値を定めよ。

等式①の両辺に，$x=1$，2，3 を代入して

$1=a-b+c$，$4=c$，$9=a+b+c$

この連立方程式を解いて　$\boldsymbol{a=1}$，$\boldsymbol{b=4}$，$\boldsymbol{c=4}$ …答

このとき，①は恒等式となる。

数値を代入する方法を用いたときは，成立することを確かめておく。

**ヒラメキ**
恒等式
→どのような $x$ の値に対しても成立する。

**なにをする？**
両辺の $x$ に計算しやすい値を 3 つ代入する。

## 12 等式の証明　7 等式の証明

等式 $(a^2+b^2)(c^2+d^2)=(ac+bd)^2+(ad-bc)^2$ を証明せよ。

［証明］　(左辺)$=a^2c^2+a^2d^2+b^2c^2+b^2d^2$

(右辺)$=a^2c^2+2abcd+b^2d^2+a^2d^2-2abcd+b^2c^2$

$=a^2c^2+a^2d^2+b^2c^2+b^2d^2$

よって，(左辺)＝(右辺) である。　［証明終わり］

**ヒラメキ**
等式の証明
→(左辺)＝(右辺) を示す。

**なにをする？**
(左辺)$=C$，(右辺)$=C$ を示す。

## 13 不等式の証明　8 不等式の証明

不等式 $a^2+b^2\geqq 2a+2b-2$ を証明せよ。また，等号が成り立つ場合を求めよ。

［証明］　(左辺)－(右辺)

$=a^2+b^2-2a-2b+2$

$=(a^2-2a+1)+(b^2-2b+1)$

$=(a-1)^2+(b-1)^2\geqq 0$

したがって，$a^2+b^2\geqq 2a+2b-2$ である。

等号は $\boldsymbol{a=1}$，$\boldsymbol{b=1}$ のとき成立する。［証明終わり］

**ヒラメキ**
不等式の証明
→(左辺)－(右辺)$\geqq 0$ を示す。

**なにをする？**
(実数)$^2\geqq 0$ を作る。

# ガイドなしでやってみよう！

## 14 分数式の計算

次の分数式を計算せよ。

(1) $\dfrac{x^2+3x+2}{x^2+x+1}\div\dfrac{x^2+x-2}{x^3-1}$ ←― $\dfrac{A}{B}\div\dfrac{C}{D}=\dfrac{A}{B}\times\dfrac{D}{C}=\dfrac{AD}{BC}$

$=\dfrac{x^2+3x+2}{x^2+x+1}\times\dfrac{x^3-1}{x^2+x-2}=\dfrac{(x+2)(x+1)}{x^2+x+1}\times\dfrac{(x-1)(x^2+x+1)}{(x+2)(x-1)}=\boldsymbol{x+1}$ …答

(2) $\dfrac{5}{x^2+x-6}-\dfrac{1}{x^2+5x+6}$ ←― 通分する（分母は最小公倍数になる）。

$=\dfrac{5}{(x+3)(x-2)}-\dfrac{1}{(x+3)(x+2)}=\dfrac{5(x+2)}{(x+3)(x-2)(x+2)}-\dfrac{x-2}{(x+3)(x+2)(x-2)}$

$=\dfrac{5x+10-(x-2)}{(x+3)(x-2)(x+2)}=\dfrac{4x+12}{(x+3)(x-2)(x+2)}$

$=\dfrac{4(x+3)}{(x+3)(x-2)(x+2)}=\boldsymbol{\dfrac{4}{(x+2)(x-2)}}$ …答

(3) $1-\dfrac{1}{1-\dfrac{1}{x}}$ ←― $\dfrac{1}{1-\frac{1}{x}}=\dfrac{1}{\frac{x-1}{x}}=1\div\dfrac{x-1}{x}=\dfrac{x}{x-1}$

$=1-\dfrac{x}{x-1}=\dfrac{x-1}{x-1}-\dfrac{x}{x-1}=\dfrac{-1}{x-1}=\boldsymbol{-\dfrac{1}{x-1}}$ …答

## 15 係数の決定②

次の等式が $x$ についての恒等式になるように，定数 $a$，$b$，$c$ の値を定めよ。

(1) $2x^2-2x-2=ax(x-1)+b(x-1)(x-2)+cx(x-2)$

等式の両辺に，$x=0$，1，2 を代入して ←― 数値を代入する方法。

$-2=2b$，$-2=-c$，$2=2a$　これを解いて　$\boldsymbol{a=1}$，$\boldsymbol{b=-1}$，$\boldsymbol{c=2}$ …答

このとき，与えられた等式は恒等式になる。←― 数値を代入する方法を用いたときは成立することを確かめておく。

**[別解]**　(右辺)$=(a+b+c)x^2+(-a-3b-2c)x+2b$
係数を比較して　$a+b+c=2$，$-a-3b-2c=-2$，$2b=-2$
これを解いて　$\boldsymbol{a=1}$，$\boldsymbol{b=-1}$，$\boldsymbol{c=2}$

(2) $\dfrac{1}{(x+1)(x+2)^2}=\dfrac{a}{x+1}+\dfrac{b}{x+2}+\dfrac{c}{(x+2)^2}$

右辺を通分して ←― 係数を比較する方法。

$\dfrac{1}{(x+1)(x+2)^2}=\dfrac{a(x+2)^2+b(x+1)(x+2)+c(x+1)}{(x+1)(x+2)^2}$

$\dfrac{1}{(x+1)(x+2)^2}=\dfrac{(a+b)x^2+(4a+3b+c)x+4a+2b+c}{(x+1)(x+2)^2}$

両辺の分子の係数を比較して

$a+b=0$ …①　$4a+3b+c=0$ …②　$4a+2b+c=1$ …③

②－③より　$b=-1$　①に代入して　$a=1$　②に代入して　$c=-1$

したがって　$\boldsymbol{a=1}$，$\boldsymbol{b=-1}$，$\boldsymbol{c=-1}$ …答

### 16 条件の付いた等式の証明

$a+b+c=0$ のとき，等式 $a^2-bc=b^2-ca$ が成り立つことを証明せよ。

[証明] 条件式 $a+b+c=0$ から $c=-a-b$ ⟵ 条件式を使って文字を減らす。

$(左辺)=a^2-bc=a^2-b(-a-b)=a^2+ab+b^2$

$(右辺)=b^2-ca=b^2-(-a-b)a=a^2+ab+b^2$

したがって，$a^2-bc=b^2-ca$ が成り立つ。 [証明終わり]

### 17 比例式と等式の証明

$\dfrac{a}{b}=\dfrac{c}{d}$ のとき，$\dfrac{a^2+b^2}{ab}=\dfrac{c^2+d^2}{cd}$ が成り立つことを証明せよ。

[証明] $\dfrac{a}{b}=\dfrac{c}{d}=k$ とおくと，$a=bk$，$c=dk$ となる。 ⟵ 比例式 $=k$ とおく。

$$(左辺)=\frac{a^2+b^2}{ab}=\frac{(bk)^2+b^2}{bk\cdot b}=\frac{b^2(k^2+1)}{b^2k}=\frac{k^2+1}{k}$$

$$(右辺)=\frac{c^2+d^2}{cd}=\frac{(dk)^2+d^2}{dk\cdot d}=\frac{d^2(k^2+1)}{d^2k}=\frac{k^2+1}{k}$$

したがって，$\dfrac{a^2+b^2}{ab}=\dfrac{c^2+d^2}{cd}$ が成り立つ。 [証明終わり]

### 18 不等式の証明と相加平均・相乗平均の利用

次の不等式を証明せよ。また，等号が成立する条件を求めよ。

(1) $x^2+y^2\geqq xy$

[証明] $(左辺)-(右辺)=x^2+y^2-xy=x^2-xy+y^2$

$$=\left(x-\frac{1}{2}y\right)^2-\left(\frac{1}{2}y\right)^2+y^2=\left(x-\frac{1}{2}y\right)^2+\frac{3}{4}y^2\geqq 0$$ ⟵ $(実数)^2\geqq 0$

ゆえに，$x^2+y^2\geqq xy$ が成り立つ。

等号が成立するのは，$\left(x-\dfrac{1}{2}y\right)^2=0$ かつ $\dfrac{3}{4}y^2=0$ より，$\boldsymbol{x=0}$，$\boldsymbol{y=0}$ のとき。

[証明終わり]

(2) $a>0$，$b>0$ のとき $(a+b)\left(\dfrac{1}{a}+\dfrac{1}{b}\right)\geqq 4$

[証明] $(左辺)=(a+b)\left(\dfrac{1}{a}+\dfrac{1}{b}\right)=\dfrac{a}{a}+\dfrac{a}{b}+\dfrac{b}{a}+\dfrac{b}{b}=\dfrac{a}{b}+\dfrac{b}{a}+2$ …①

$\dfrac{a}{b}>0$，$\dfrac{b}{a}>0$ だから，この2つの数で(相加平均)≧(相乗平均)を使う。

$\dfrac{\dfrac{a}{b}+\dfrac{b}{a}}{2}\geqq\sqrt{\dfrac{a}{b}\cdot\dfrac{b}{a}}=1$ より，$\dfrac{a}{b}+\dfrac{b}{a}\geqq 2$ だから，①は $\dfrac{a}{b}+\dfrac{b}{a}+2\geqq 4$ となる。

したがって，$(a+b)\left(\dfrac{1}{a}+\dfrac{1}{b}\right)\geqq 4$ が成り立つ。

また，等号が成立するのは，$\dfrac{a}{b}=\dfrac{b}{a}$ より $a^2=b^2$ で，$a>0$，$b>0$ であるから，

$\boldsymbol{a=b}$ のとき。 [証明終わり]

# 定期テスト対策問題

目標点　60点
制限時間　50分

点

**1** 次の問いに答えよ。 1 2 3 5 6 8 10 14　(各 8 点　計 40 点)

(1) $(x+2)^3+(x-2)^3$ を簡単にせよ。

$(x+2)^3+(x-2)^3=(x^3+3x^2\cdot2+3x\cdot2^2+2^3)+(x^3-3x^2\cdot2+3x\cdot2^2-2^3)$

$=(x^3+6x^2+12x+8)+(x^3-6x^2+12x-8)$

$=\boldsymbol{2x^3+24x}$ …答

[別解]　$A=x+2$, $B=x-2$ とおくと　$A+B=2x$, $AB=x^2-4$

$(x+2)^3+(x-2)^3=A^3+B^3=(A+B)^3-3AB(A+B)=(2x)^3-3\cdot2x(x^2-4)=\boldsymbol{2x^3+24x}$

(2) $x^4y+xy^4$ を因数分解せよ。 ←── まずは共通因数でくくる。

$x^4y+xy^4=xy(x^3+y^3)$ ←── $a^3+b^3=(a+b)(a^2-ab+b^2)$ が使える。

$=\boldsymbol{xy(x+y)(x^2-xy+y^2)}$ …答

(3) $\left(x^2+\dfrac{2}{x}\right)^6$ の展開式で $x^3$ の係数を求めよ。

$\left(x^2+\dfrac{2}{x}\right)^6$ の展開式の一般項は　${}_6C_r(x^2)^{6-r}\left(\dfrac{2}{x}\right)^r={}_6C_r\cdot2^r\cdot x^{12-3r}$ ←── $\dfrac{x^{12-2r}}{x^r}=x^{12-3r}$

$x^{12-3r}$ が $x^3$ となるのは，$12-3r=3$ より，$r=3$ のときである。

よって，$x^3$ の係数は　${}_6C_3\cdot2^3=\dfrac{6\cdot5\cdot4}{3\cdot2\cdot1}\cdot8=\boldsymbol{160}$ …答

(4) $\dfrac{x^3+2x^2}{2x^2-7x+3}\div\dfrac{x^2+2x}{x^2-4x+3}$ を計算せよ。 ←── $\dfrac{A}{B}\div\dfrac{C}{D}=\dfrac{A}{B}\times\dfrac{D}{C}=\dfrac{AD}{BC}$

$\dfrac{x^3+2x^2}{2x^2-7x+3}\div\dfrac{x^2+2x}{x^2-4x+3}=\dfrac{x^2(x+2)}{(2x-1)(x-3)}\times\dfrac{(x-3)(x-1)}{x(x+2)}=\boldsymbol{\dfrac{x(x-1)}{2x-1}}$ …答

(5) $\dfrac{x+4}{x^2+3x+2}+\dfrac{x-4}{x^2+x-2}$ を計算せよ。 ←── 通分する(分母は最小公倍数)。

$\dfrac{x+4}{x^2+3x+2}+\dfrac{x-4}{x^2+x-2}=\dfrac{x+4}{(x+2)(x+1)}+\dfrac{x-4}{(x+2)(x-1)}$

$=\dfrac{(x+4)(x-1)}{(x+2)(x+1)(x-1)}+\dfrac{(x-4)(x+1)}{(x+2)(x+1)(x-1)}=\dfrac{(x^2+3x-4)+(x^2-3x-4)}{(x+2)(x+1)(x-1)}$

$=\dfrac{2x^2-8}{(x+2)(x+1)(x-1)}=\dfrac{2(x+2)(x-2)}{(x+2)(x+1)(x-1)}=\boldsymbol{\dfrac{2(x-2)}{(x+1)(x-1)}}$ …答

**2** 次の等式が $x$ についての恒等式になるように，定数 $a$, $b$, $c$ の値を定めよ。 11 15

(各 10 点　計 20 点)

(1) $x^2+5x+6=ax(x+1)+b(x+1)(x-1)+cx(x-1)$

等式の両辺に，$x=0$, $1$, $-1$ を代入して ←── 数値を代入する方法。

$6=-b$, $12=2a$, $2=2c$ より　$\boldsymbol{a=6}$, $\boldsymbol{b=-6}$, $\boldsymbol{c=1}$ …答

このとき，与えられた等式は恒等式になる。 ←── 成立することを確かめておく。

(2) $\dfrac{3}{x^3+1}=\dfrac{a}{x+1}+\dfrac{bx+c}{x^2-x+1}$

右辺を通分して ←── 係数を比較する方法。

$$\frac{a(x^2-x+1)+(bx+c)(x+1)}{x^3+1}=\frac{(a+b)x^2+(-a+b+c)x+a+c}{x^3+1}$$

よって $\dfrac{3}{x^3+1}=\dfrac{(a+b)x^2+(-a+b+c)x+a+c}{x^3+1}$

両辺の分子の係数を比較して

$a+b=0$ …① $-a+b+c=0$ …② $a+c=3$ …③

①+③−②より $3a=3$ よって $a=1$

①に代入して $b=-1$ ③に代入して $c=2$

したがって $\boldsymbol{a=1}$，$\boldsymbol{b=-1}$，$\boldsymbol{c=2}$ …答

## 3 次の等式を証明せよ。 ⊃ 16 17 (各13点 計26点)

(1) $a+b+c=0$ のとき，$(a+b)(b+c)(c+a)=-abc$

[証明] 条件式 $a+b+c=0$ から $c=-a-b$ ←── 条件式を使って文字を減らす。

(左辺)$=(a+b)(b+c)(c+a)=(a+b)(-a)(-b)=ab(a+b)$

(右辺)$=-abc=-ab(-a-b)=ab(a+b)$

したがって，$(a+b)(b+c)(c+a)=-abc$ が成り立つ。 [証明終わり]

**[別解]** 条件式から $a+b=-c$，$b+c=-a$，$c+a=-b$

よって (左辺)$=(-c)(-a)(-b)=-abc=$(右辺)

(2) $\dfrac{a}{b}=\dfrac{c}{d}$ のとき，$(a^2+c^2)(b^2+d^2)=(ab+cd)^2$

[証明] $\dfrac{a}{b}=\dfrac{c}{d}=k$ とおくと，$a=bk$，$c=dk$ となる。 ←── 比例式$=k$とおく。

(左辺)$=(a^2+c^2)(b^2+d^2)=\{(bk)^2+(dk)^2\}(b^2+d^2)=k^2(b^2+d^2)^2$

(右辺)$=(ab+cd)^2=(bk\cdot b+dk\cdot d)^2=k^2(b^2+d^2)^2$

したがって，$(a^2+c^2)(b^2+d^2)=(ab+cd)^2$ が成り立つ。 [証明終わり]

## 4 次の不等式を証明せよ。また，等号が成立する条件を求めよ。 ⊃ 13 18 (14点)

$a\geqq 0$，$b\geqq 0$ のとき $\sqrt{2(a+b)}\geqq\sqrt{a}+\sqrt{b}$

[証明] $a\geqq 0$，$b\geqq 0$ なので，比較している両辺とも正または0である。

よって，(左辺)$^2-$(右辺)$^2\geqq 0$ を示せばよい。

$$\begin{aligned}(\text{左辺})^2-(\text{右辺})^2&=\{\sqrt{2(a+b)}\}^2-(\sqrt{a}+\sqrt{b})^2\\&=2(a+b)-(a+2\sqrt{ab}+b)\\&=a-2\sqrt{ab}+b=(\sqrt{a}-\sqrt{b})^2\geqq 0\end{aligned}$$

したがって $\sqrt{2(a+b)}\geqq\sqrt{a}+\sqrt{b}$

なお，等号が成り立つのは $\sqrt{a}-\sqrt{b}=0$ のときだから，等号は $\boldsymbol{a=b}$ のとき成立する。

[証明終わり]

# 3　複素数と方程式

## 9　複素数

### 虚数単位

平方して $-1$ となる数を $i$ と表す（$i^2=-1$）。この $i$ を虚数単位という。

### 複素数

実数 $a$，$b$ を用いて，$a+bi$ の形で表される数を複素数という。

複素数 $\begin{cases} b=0\text{ のとき}\quad a+0i=a\cdots\text{実数} \\ b\neq 0\text{ のとき}\quad a+bi\cdots\text{虚数},\ 0+bi=bi\cdots\text{純虚数} \end{cases}$

### 複素数の相等

$a$，$b$，$c$，$d$ が実数のとき

$\boldsymbol{a+bi=c+di \Longleftrightarrow a=c}$ かつ $\boldsymbol{b=d}$

とくに　$a+bi=0 \Longleftrightarrow a=0$ かつ $b=0$

### 複素数の計算

$i$ を文字として計算し，$i^2$ が現れたら $-1$ におき換える。

### 共役な複素数

$\alpha=\boldsymbol{a+bi}$ に対して，$\overline{\alpha}=\boldsymbol{a-bi}$ を $\alpha$ の共役な複素数という。

### 負の数の平方根

$a>0$ のとき　$\sqrt{-a}=\sqrt{a}\,i$

## 10　2次方程式

### 2次方程式の解の公式

$ax^2+bx+c=0$ $(a\neq 0)$ の解は　$\boldsymbol{x=\dfrac{-b\pm\sqrt{D}}{2a}}$　$(D=b^2-4ac)$

### 実数解と虚数解（解の判別）

$D=b^2-4ac>0$ のとき…異なる 2 つの実数解 ⎫
$D=b^2-4ac=0$ のとき…重解 ⎭ 実数解
$D=b^2-4ac<0$ のとき…異なる 2 つの虚数解

### 2次方程式 $ax^2+bx+c=0$ の虚数解の性質

この方程式が虚数解をもつとき，その 2 つの虚数解は互いに共役な複素数である。
つまり，一方の虚数解が $\alpha=p+qi$ なら他方の解は $\overline{\alpha}=p-qi$ である。

## 11　解と係数の関係

### 解と係数の関係

2 次方程式 $ax^2+bx+c=0$ の 2 つの解を $\alpha$，$\beta$ とするとき

$\alpha+\beta=-\dfrac{b}{a}$，$\alpha\beta=\dfrac{c}{a}$

### 2次式の因数分解

2 次方程式 $ax^2+bx+c=0$ の 2 つの解が $\alpha$，$\beta$ であるとき

$ax^2+bx+c=\boldsymbol{a(x-\alpha)(x-\beta)}$

### 2数を解にもつ2次方程式

2 つの数 $\alpha$，$\beta$ を解にもつ $x$ の 2 次方程式の 1 つは

$\boldsymbol{x^2-(\alpha+\beta)x+\alpha\beta=0}$

## 19 分母の実数化 9 複素数

$\dfrac{1+2i}{3-i}+\dfrac{1-2i}{3+i}$ を計算せよ。

$$\frac{1+2i}{3-i}+\frac{1-2i}{3+i}=\frac{(1+2i)(3+i)}{(3-i)(3+i)}+\frac{(1-2i)(3-i)}{(3+i)(3-i)}$$
$$=\frac{3+7i+2i^2}{9-i^2}+\frac{3-7i+2i^2}{9-i^2} \longleftarrow i^2=-1$$
$$=\frac{1+7i}{10}+\frac{1-7i}{10}=\frac{2}{10}=\boldsymbol{\frac{1}{5}}$$ …答

ガイド

**ヒラメキ**
複素数の商
→分母を実数にする。

**なにをする？**
分母の実数化
・分母の共役な複素数を分母と分子に掛ける。
・$i^2=-1$（実数）を使う。

## 20 2次方程式を解く 10 2次方程式

次の2次方程式を解け。

(1) $9x^2-6x+1=0$

$(3x-1)^2=0$　　$\boldsymbol{x=\frac{1}{3}}$ …答

(2) $3x^2-4x-2=0$

$$x=\frac{-(-4)\pm\sqrt{(-4)^2-4\cdot3\cdot(-2)}}{2\cdot3}=\frac{4\pm2\sqrt{10}}{6}$$
$$=\boldsymbol{\frac{2\pm\sqrt{10}}{3}}$$ …答

(3) $3x^2-4x+2=0$

$$x=\frac{-(-4)\pm\sqrt{(-4)^2-4\cdot3\cdot2}}{2\cdot3}=\frac{4\pm\sqrt{-8}}{6}$$
$$=\frac{4\pm2\sqrt{2}i}{6}=\boldsymbol{\frac{2\pm\sqrt{2}i}{3}}$$ …答

**ヒラメキ**
2次方程式 $ax^2+bx+c=0$ の解法
→{・因数分解 ・解の公式

**なにをする？**
(1) 因数分解を使って，$(\ \ )^2=0$ の形を作る。
解は重解。
(2) 解の公式を使う。
$D>0$ の場合なので，解は異なる2つの実数解。
(3) 解の公式を使い，$a>0$ のとき $\sqrt{-a}=\sqrt{a}i$ となることを用いて計算する。
解は異なる2つの虚数解。

## 21 値の計算 11 解と係数の関係

2次方程式 $x^2-2x+6=0$ の2つの解を $\alpha$，$\beta$ とするとき，次の値を求めよ。

(1) $\alpha+\beta$

$$=-\frac{-2}{1}=\boldsymbol{2}$$ …答

(2) $\alpha\beta$

$$=\frac{6}{1}=\boldsymbol{6}$$ …答

(3) $\alpha^2+\beta^2$

$=(\alpha+\beta)^2-2\alpha\beta=2^2-2\cdot6=\boldsymbol{-8}$ …答

**ヒラメキ**
2次方程式 $ax^2+bx+c=0$ の解と係数の関係
→$\alpha+\beta=-\dfrac{b}{a}$，$\alpha\beta=\dfrac{c}{a}$

**なにをする？**
(3) $\alpha^2+\beta^2$ のように $\alpha$ と $\beta$ を入れ替えても変わらない式を対称式という。対称式は，$\alpha+\beta$，$\alpha\beta$（これを基本対称式という）で表せる。

# ガイドなしでやってみよう！

## 22 複素数の計算

次の計算をせよ。

(1) $\sqrt{-2}\cdot\sqrt{-3}$

$=\sqrt{2}i\cdot\sqrt{3}i=\sqrt{6}i^2=-\sqrt{6}$ …答 ⟵ $\sqrt{-1}$ は $i$ に，$i^2$ は $-1$ におき換える。

［注意］ $\sqrt{a}\cdot\sqrt{b}=\sqrt{ab}$ は $a$，$b$ が負の数のときは成り立たない。$\sqrt{-2}\cdot\sqrt{-3}\neq\sqrt{(-2)(-3)}=\sqrt{6}$

(2) $\dfrac{\sqrt{5}}{\sqrt{-2}}$

$=\dfrac{\sqrt{5}}{\sqrt{2}i}=\dfrac{\sqrt{5}i}{\sqrt{2}i^2}=\dfrac{\sqrt{5}i}{-\sqrt{2}}=-\dfrac{\sqrt{10}}{2}i$ …答 ⟵ $\sqrt{-1}$ は $i$ に，$i^2$ は $-1$ におき換える。

(3) $\dfrac{2+3i}{3-2i}-\dfrac{2-3i}{3+2i}$

$=\dfrac{(2+3i)(3+2i)}{(3-2i)(3+2i)}-\dfrac{(2-3i)(3-2i)}{(3+2i)(3-2i)}=\dfrac{6+13i+6i^2}{9-4i^2}-\dfrac{6-13i+6i^2}{9-4i^2}$

$=\dfrac{13i}{13}-\dfrac{-13i}{13}=2i$ …答

## 23 複素数と恒等式

$(1-2i)x+(2+3i)y=4-i$ を満たす実数 $x$，$y$ を求めよ。

$(1-2i)x+(2+3i)y=4-i$ より　$(x+2y)+(-2x+3y)i=4-i$

$x+2y$，$-2x+3y$ は実数なので　$x+2y=4$，$-2x+3y=-1$

これを解いて　$x=2$，$y=1$ …答

## 24 式の値①

$\alpha=2-i$ のとき，$\alpha^2+\alpha\overline{\alpha}+(\overline{\alpha})^2$ の値を求めよ。

$\overline{\alpha}=2+i$ だから

$\alpha^2+\alpha\overline{\alpha}+(\overline{\alpha})^2=(2-i)^2+(2-i)(2+i)+(2+i)^2$

$=(4-4i+i^2)+(4-i^2)+(4+4i+i^2)$

$=3-4i+5+3+4i=11$ …答

［別解］ $\alpha+\overline{\alpha}=4$，$\alpha\overline{\alpha}=5$ であるから　$\alpha^2+\alpha\overline{\alpha}+(\overline{\alpha})^2=(\alpha+\overline{\alpha})^2-\alpha\overline{\alpha}=4^2-5=11$

## 25 2次方程式の解の判別①

次の2次方程式の解を判別せよ。

(1) $2x^2+5x-2=0$

$D=5^2-4\cdot2\cdot(-2)=41>0$ より　異なる2つの実数解 …答

(2) $x^2-4x+4=0$

$D=(-4)^2-4\cdot4=0$ より　重解 …答

(3) $2x^2-3x+2=0$

$D=(-3)^2-4\cdot2\cdot2=-7<0$ より　異なる2つの虚数解 …答

## 26 2次方程式の解の判別②

次の問いに答えよ。

(1) 2次方程式 $x^2-kx+2k=0$ が重解をもつように実数 $k$ の値を定めよ。
また，その重解を求めよ。 ← $D=0$ となる。

$x^2-kx+2k=0$ …①の判別式を $D$ とすると，$D=(-k)^2-4\cdot 2k=0$ より，
$k(k-8)=0$ だから　$k=0,\ 8$
$k=0$ のとき，①より，$x^2=0$ を解いて　$x=0$
$k=8$ のとき，①より，$x^2-8x+16=0$　　$(x-4)^2=0$ を解いて　$x=4$
（重解をもつときは平方の形になる。）
したがって，**$k=0$ のとき重解は $x=0$，$k=8$ のとき重解は $x=4$** …答

(2) 2次方程式 $x^2-2kx+k+2=0$（$k$ は実数）の解を判別せよ。

この2次方程式の判別式を $D$ とすると
$D=(-2k)^2-4(k+2)=4(k^2-k-2)$
$=4(k-2)(k+1)$

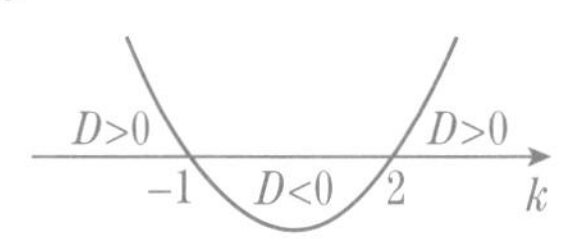


答
- **$k<-1$，$2<k$ のとき，異なる2つの実数解** ← $D>0$
- **$k=2$，$-1$ のとき，重解** ← $D=0$
- **$-1<k<2$ のとき，異なる2つの虚数解** ← $D<0$

## 27 式の値②

2次方程式 $x^2-2x+3=0$ の2つの解を $\alpha$，$\beta$ とするとき，次の値を求めよ。

(1) $\alpha+\beta$
$=-\dfrac{-2}{1}=\mathbf{2}$ …答

(2) $\alpha\beta$
$=\dfrac{3}{1}=\mathbf{3}$ …答

(3) $(\alpha-\beta)^2$
$=\alpha^2-2\alpha\beta+\beta^2$
$=(\alpha+\beta)^2-4\alpha\beta$
$=2^2-4\cdot 3=\mathbf{-8}$ …答

(4) $\alpha^3+\beta^3$
$=(\alpha+\beta)(\alpha^2-\alpha\beta+\beta^2)$
$=(\alpha+\beta)\{(\alpha+\beta)^2-3\alpha\beta\}$
$=2(2^2-3\cdot 3)=\mathbf{-10}$ …答

［別解］ $\alpha^3+\beta^3=(\alpha+\beta)^3-3\alpha\beta(\alpha+\beta)$
$=2^3-3\cdot 3\cdot 2=\mathbf{-10}$

## 28 2次方程式の解と係数の関係の利用

2次方程式 $x^2-2kx+2k-1=0$ の2つの解の比が $1:4$ であるとき，定数 $k$ の値と2つの解を求めよ。

解の比が $1:4$ であるから，$x^2-2kx+2k-1=0$ の解を $\alpha$，$4\alpha$ とおくと，解と係数の関係により
$\alpha+4\alpha=2k$ …①　　$\alpha\cdot 4\alpha=2k-1$ …②
①，②より，$k$ を消去して整理すると，$4\alpha^2-5\alpha+1=0$ だから　$(4\alpha-1)(\alpha-1)=0$
よって　$\alpha=\dfrac{1}{4},\ 1$　　①より，$\alpha=\dfrac{1}{4}$ のとき $k=\dfrac{5}{8}$，$\alpha=1$ のとき $k=\dfrac{5}{2}$
したがって，**$k=\dfrac{5}{8}$ のとき解は $\dfrac{1}{4}$ と1，$k=\dfrac{5}{2}$ のとき解は1と4** …答

# 4 高次方程式

## 12 剰余の定理・因数定理

**多項式の表し方**

$x$ の多項式を $P(x)$ とかく。また，$P(x)$ に $x=a$ を代入した値を $P(a)$ とかく。

**多項式の剰余**

多項式 $P(x)$ を多項式 $A(x)$ で割ったときの商を $Q(x)$，余りを $R(x)$ とすると

$\boldsymbol{P(x)=A(x)\cdot Q(x)+R(x)}$

ただし　($R(x)$ の次数)<($A(x)$ の次数)　または　$R(x)=0$

**剰余の定理**

**$P(x)$ を 1 次式 $x-\alpha$ で割った余りは　$P(\alpha)$**

[解説]　多項式 $P(x)$ を 1 次式 $x-\alpha$ で割ったときの商を $Q(x)$，余りを $R$(定数となる)とすると

$P(x)=(x-\alpha)Q(x)+R$　…①

①の両辺に $x=\alpha$ を代入すると　$P(\alpha)=(\alpha-\alpha)Q(\alpha)+R=R$

**因数定理**

**$P(\alpha)=0 \Longleftrightarrow P(x)$ は $x-\alpha$ を因数にもつ**

[解説]　$P(\alpha)=0$ なら①で $R=0$ だから，$P(x)$ は $x-\alpha$ で割り切れる。

## 13 高次方程式

**高次方程式**

$x$ の多項式 $P(x)$ が $n$ 次式のとき，方程式 $P(x)=0$ を $x$ の $n$ 次方程式という。
3 次以上の方程式を高次方程式という。

**高次方程式の解の個数**

高次方程式の解の個数について，2 重解を 2 個，3 重解を 3 個と数えることにすると，$n$ 次方程式は常に $n$ 個の解をもつ。

**高次方程式と虚数解**

実数を係数とする $n$ 次方程式が，虚数解 $\alpha=a+bi$ を解にもつとき，$\alpha$ と共役な複素数 $\overline{\alpha}=a-bi$ も解である。つまり，実数を係数とする方程式が虚数解をもつときは，必ず共役な複素数とペアで解となっている。

### 29 係数の決定　12 剰余の定理・因数定理

**多項式 $P(x)=2x^3+3x^2-mx-4$ を $x+1$ で割ると 4 余るという。定数 $m$ の値を求めよ。**

剰余の定理により，$P(x)$ を $x+1$ で割った余りは

$P(-1)=2\cdot(-1)^3+3\cdot(-1)^2-m\cdot(-1)-4$

$=-2+3+m-4=m-3$

余りが 4 であることから　$m-3=4$

したがって　$\boldsymbol{m=7}$　…答

**ガイド**

**ヒラメキ**

剰余の定理
→$P(x)$ を $x-\alpha$ で割った余りは　$P(\alpha)$

**なにをする？**

$x+1$ で割った余りは $P(-1)$ を計算すれば求められる。

## 30 剰余の定理の利用① 12 剰余の定理・因数定理

多項式 $P(x)$ を $x-2$ で割ったときの余りは 1 で，$x+3$ で割ったときの余りは 6 であるという。$P(x)$ を $(x-2)(x+3)$ で割ったときの余りを求めよ。

$P(x)$ を 2 次式 $(x-2)(x+3)$ で割ったときの余りは 1 次式または定数である。その余りを $ax+b$ とおく。

3 つの多項式 $Q_1(x)$，$Q_2(x)$，$Q_3(x)$ を用いて

$P(x)=(x-2)Q_1(x)+1$ …①

$P(x)=(x+3)Q_2(x)+6$ …②

$P(x)=(x-2)(x+3)Q_3(x)+ax+b$ …③

③と①で $P(2)$ を考えて　$2a+b=1$

③と②で $P(-3)$ を考えて　$-3a+b=6$

この連立方程式を解いて　$a=-1$，$b=3$

よって，余りは　$\boldsymbol{-x+3}$ …答

[注意]　①の式は「$P(x)$ を $x-2$ で割ったときの余りが 1」を表しているので，剰余の定理を使って　$P(2)=1$ …①
同様に②を　$P(-3)=6$ …②としてもよい。

## 31 因数定理の利用 12 剰余の定理・因数定理

多項式 $P(x)=2x^3-3x^2+m$ が $x-2$ を因数にもつという。定数 $m$ の値を求めよ。

$x-2$ を因数にもつから，因数定理により　$P(2)=0$

また　$P(2)=2\cdot2^3-3\cdot2^2+m=16-12+m=m+4$

$m+4=0$ を解いて　$\boldsymbol{m=-4}$ …答

## 32 3 次方程式 13 高次方程式

次の 3 次方程式を解け。

(1) $x^3-8=0$

$(x-2)(x^2+2x+4)=0$　　$x-2=0$ より　$x=2$

$x^2+2x+4=0$ より

$$x=\frac{-2\pm\sqrt{2^2-4\cdot4}}{2}=\frac{-2\pm\sqrt{-12}}{2}=-1\pm\sqrt{3}i$$

よって　$\boldsymbol{x=2,\ -1\pm\sqrt{3}i}$ …答

(2) $x^3-3x^2+2=0$

$P(x)=x^3-3x^2+2$ とおくと

$P(1)=1^3-3\cdot1^2+2=0$

より，$P(x)$ は $x-1$ で割り切れる。

商は $x^2-2x-2$ なので

$P(x)=(x-1)(x^2-2x-2)$

よって　$x-1=0$　または　$x^2-2x-2=0$

したがって　$\boldsymbol{x=1,\ 1\pm\sqrt{3}}$ …答

**ガイド**

**ヒラメキ**
剰余の定理
→$P(x)$ を $A(x)$ で割ったときの商が $Q(x)$，余りが $R(x)$ のとき
$P(x)=A(x)Q(x)+R(x)$

**なにをする？**
$x-2$，$x+3$，$(x-2)(x+3)$ のそれぞれで割ったときの商，余りを考えて恒等式を作り，数値を代入する。

**ヒラメキ**
因数定理
→$P(x)$ は $x-\alpha$ を因数にもつ
$\Longleftrightarrow P(\alpha)=0$

**なにをする？**
$P(x)$ は $x-2$ を因数にもつから
$P(2)=0$

**ヒラメキ**
高次方程式
→2 次以下の多項式の積に分解する。

**なにをする？**
(1) 因数分解の公式を使う。
$x^3-a^3$
$=(x-a)(x^2+ax+a^2)$
(2) 因数定理を使う。
$P(\alpha)=0$ を満たす $\alpha$ を見つけて，$x-\alpha$ で割る。
割り算は「4 多項式の除法」を参照。

# ガイドなしでやってみよう！

**33** **剰余の定理の利用②**

多項式 $P(x)=2x^3+x^2-3x-4$ について，次の問いに答えよ。

(1) $P(x)$ を $x+1$ で割ったときの余りを求めよ。

剰余の定理により，$P(x)$ を $x+1$ で割ったときの余りは

$P(-1)=2\cdot(-1)^3+(-1)^2-3\cdot(-1)-4=-2+1+3-4=\mathbf{-2}$ …答

(2) $P(x)$ を $2x-1$ で割ったときの余りを求めよ。

剰余の定理により，$P(x)$ を $2x-1$ で割ったときの余りは

$P\left(\frac{1}{2}\right)=2\cdot\left(\frac{1}{2}\right)^3+\left(\frac{1}{2}\right)^2-3\cdot\frac{1}{2}-4=\frac{1}{4}+\frac{1}{4}-\frac{3}{2}-4=\mathbf{-5}$ …答

**34** **剰余の定理の利用③**

多項式 $P(x)=x^3+3x^2+ax+b$ を $x+2$ で割ると $-6$ 余り，$x-1$ で割ると割り切れるという。このとき，定数 $a$，$b$ の値を求めよ。

剰余の定理により，$P(x)$ を $x+2$ で割ったときの余りは

$P(-2)=(-2)^3+3\cdot(-2)^2+a\cdot(-2)+b=-2a+b+4$

余りが $-6$ だから　$-2a+b+4=-6$

よって　$2a-b=10$　…①

同様に，$x-1$ で割ったときの余りが 0 だから

$P(1)=1^3+3\cdot1^2+a\cdot1+b=a+b+4=0$

よって　$a+b=-4$　…②

①，②を解いて　$\mathbf{a=2,\ b=-6}$ …答

**35** **余りの決定**

多項式 $P(x)$ を $x+2$ で割ると余りは 1 で，$x+3$ で割ると余りは 3 であるという。$P(x)$ を $x^2+5x+6$ で割ったときの余りを求めよ。

$P(x)$ を 2 次式 $x^2+5x+6$ で割ったときの余りは 1 次式または定数である。その余りを $ax+b$ とおく。

題意より，3 つの多項式 $Q_1(x)$，$Q_2(x)$，$Q_3(x)$ を用いて

$P(x)=(x+2)Q_1(x)+1$　…①　←剰余の定理から，$P(-2)=1$　…①としてもよい。

$P(x)=(x+3)Q_2(x)+3$　…②　←剰余の定理から，$P(-3)=3$　…②としてもよい。

$P(x)=(x^2+5x+6)Q_3(x)+ax+b=(x+2)(x+3)Q_3(x)+ax+b$　…③

③と①で $P(-2)$ を考えて　$-2a+b=1$

③と②で $P(-3)$ を考えて　$-3a+b=3$

この連立方程式を解いて　$a=-2$，$b=-3$

よって，余りは　$\mathbf{-2x-3}$ …答

## 36 高次方程式の解

次の方程式を解け。

(1) $x^4-1=0$

$(x^2-1)(x^2+1)=0$

$(x-1)(x+1)(x^2+1)=0$

よって　$\boldsymbol{x=1,\ -1,\ i,\ -i}$ …答

← 2次以下の多項式の積に因数分解する。
$A(x)\cdot B(x)=0 \Longleftrightarrow A(x)=0$ または $B(x)=0$

(2) $x^3-x^2+x-6=0$

$P(x)=x^3-x^2+x-6$ とおく。

$P(2)=2^3-2^2+2-6=8-4+2-6=0$

← $P(x)=(x-\alpha)(x-\beta)(x-\gamma)$ と因数分解できたとすると
$x^3-(\alpha+\beta+\gamma)x^2+(\alpha\beta+\beta\gamma+\gamma\alpha)x-\alpha\beta\gamma$
$=x^3-x^2+x-6$
定数項を比較して，$\alpha\beta\gamma=6$ より，$\alpha$ の可能性は，$\pm1$，$\pm2$，$\pm3$，$\pm6$ である。

因数定理により，$P(x)$ は $x-2$ を因数にもつ。

右のように割り算を実行して，商は　$x^2+x+3$

$P(x)$ を因数分解すると　$P(x)=(x-2)(x^2+x+3)$

$x-2=0$ より　$x=2$

$x^2+x+3=0$ より　$x=\dfrac{-1\pm\sqrt{1-12}}{2}=\dfrac{-1\pm\sqrt{11}i}{2}$

よって　$\boldsymbol{x=2,\ \dfrac{-1\pm\sqrt{11}i}{2}}$ …答

$$\begin{array}{r|l} & x^2+\ x\ +3 \\ \hline x-2 & x^3-\ x^2+\ x-6 \\ & x^3-2x^2 \\ \hline & \quad\ x^2+\ x \\ & \quad\ x^2-2x \\ \hline & \qquad 3x-6 \\ & \qquad 3x-6 \\ \hline & \qquad\quad 0 \end{array}$$

## 37 高次方程式の決定

方程式 $x^3-3x^2+ax+b=0$ の解の1つが $1+2i$ のとき，実数の定数 $a$，$b$ の値と他の解を求めよ。

$x=1+2i$ が解だから，この方程式に代入して　← 方程式は解を代入したとき等号が成立する。

$(1+2i)^3-3(1+2i)^2+a(1+2i)+b=0$

$1^3+3\cdot1^2\cdot2i+3\cdot1\cdot(2i)^2+(2i)^3-3(1+4i+4i^2)+a+2ai+b=0$

$1+6i-12-8i-3-12i+12+a+2ai+b=0$

$(a+b-2)+2(a-7)i=0$　…①

ここで，$a$，$b$ は実数なので，$a+b-2$，$a-7$ も実数。

よって，①が成り立つのは，$a+b-2=0$，$a-7=0$ のときである。

この連立方程式を解いて　$a=7$，$b=-5$

したがって，もとの方程式は，$x^3-3x^2+7x-5=0$ である。

$P(x)=x^3-3x^2+7x-5$ とおく。

$P(1)=1-3+7-5=0$ だから，因数定理により，$P(x)$ は $x-1$ を因数にもつ。

割り算を実行して，$P(x)=(x-1)(x^2-2x+5)$ と因数分解できる。

よって，$(x-1)(x^2-2x+5)=0$ の解は　$x=1$，$x=\dfrac{2\pm\sqrt{-16}}{2}=1\pm2i$

したがって，$\boldsymbol{a=7}$，$\boldsymbol{b=-5}$，**他の解は**　$\boldsymbol{x=1,\ 1-2i}$ …答

**[参考]**　$1+2i$ が解だから $1-2i$ も解である。
$(1+2i)+(1-2i)=2$，$(1+2i)(1-2i)=5$ より，この2つの数を解とする2次方程式の1つは $x^2-2x+5=0$ である。
よって，$x^3-3x^2+ax+b$ は $x^2-2x+5$ を因数にもつ。
$x^3-3x^2+ax+b$ を $x^2-2x+5$ で割ったときの余りを計算すると　$(a-7)x+b+5$
これが0になるので　$a=7$，$b=-5$

# 定期テスト対策問題

目標点 60点
制限時間 50分
点

**1** 次の問いに答えよ。 ⮌ 19 22 23 24 (各7点 計21点)

(1) $\dfrac{1+i}{2-i}+\dfrac{1-i}{2+i}$ を計算せよ。

$\dfrac{1+i}{2-i}+\dfrac{1-i}{2+i}=\dfrac{(1+i)(2+i)}{(2-i)(2+i)}+\dfrac{(1-i)(2-i)}{(2+i)(2-i)}=\dfrac{2+3i+i^2}{4-i^2}+\dfrac{2-3i+i^2}{4-i^2}=\dfrac{\mathbf{2}}{\mathbf{5}}$ …答

(2) $(2+3i)x+(2-i)y=4+2i$ を満たす実数 $x$, $y$ を求めよ。

$(2+3i)x+(2-i)y=4+2i$ より　$(2x+2y)+(3x-y)i=4+2i$

$2x+2y$, $3x-y$ は実数なので　$2x+2y=4$, $3x-y=2$

これを解いて　$\boldsymbol{x=1}$, $\boldsymbol{y=1}$ …答

(3) $\alpha=1+2i$ のとき，$\alpha^2+(\overline{\alpha})^2$ の値を求めよ。

$\alpha^2+(\overline{\alpha})^2=(1+2i)^2+(1-2i)^2$

$=(1+4i+4i^2)+(1-4i+4i^2)=(-3+4i)+(-3-4i)=\mathbf{-6}$ …答

**2** 2次方程式 $x^2-kx+k=0$（$k$ は実数）の解を判別せよ。 ⮌ 25 26 (8点)

この2次方程式の判別式を $D$ とすると

$D=k^2-4k=k(k-4)$

答
- $\boldsymbol{k<0}$, $\boldsymbol{4<k}$ **のとき，異なる2つの実数解** ⟵ $D>0$
- $\boldsymbol{k=0}$, **4のとき，重解** ⟵ $D=0$
- $\boldsymbol{0<k<4}$ **のとき，異なる2つの虚数解** ⟵ $D<0$

$D>0$　$D>0$　0　$D<0$　4　$k$

**3** 2次方程式 $x^2-3x+4=0$ の2つの解を $\alpha$, $\beta$ とするとき，次の値を求めよ。 ⮌ 21 27

$x^2-(\alpha+\beta)x+\alpha\beta=0$

(各7点 計28点)

(1) $\alpha+\beta$

$=\mathbf{3}$ …答

(2) $\alpha\beta$

$=\mathbf{4}$ …答

(3) $\alpha^2+\beta^2$

$=(\alpha+\beta)^2-2\alpha\beta=3^2-2\cdot4=\mathbf{1}$ …答

(4) $\alpha^4+\beta^4$

$=(\alpha^2+\beta^2)^2-2\alpha^2\beta^2$

$=1^2-2\cdot4^2=\mathbf{-31}$ …答

**4** 2次方程式 $x^2-2x+4=0$ の2つの解を $\alpha$, $\beta$ とするとき，2つの数 $\alpha+1$, $\beta+1$ を解にもつ2次方程式を1つ作れ。 ⮌ 28 (8点)

解と係数の関係により　$\alpha+\beta=2$, $\alpha\beta=4$

(2数の和)$=(\alpha+1)+(\beta+1)=\alpha+\beta+2=4$

(2数の積)$=(\alpha+1)(\beta+1)=\alpha\beta+\alpha+\beta+1=7$

よって，求める2次方程式の1つは　$\boldsymbol{x^2-4x+7=0}$ …答

**5** 多項式 $P(x)=x^3+2ax+a-1$ について，次の条件に適する $a$ の値を求めよ。
➡ 29 30 31 33 34 (各8点 計16点)

(1) $P(x)$ を $x-2$ で割ったときの余りが 2

剰余の定理により　$P(2)=2$

$P(2)=2^3+2a\cdot2+a-1=5a+7=2$ より　$\boldsymbol{a=-1}$ …答

(2) $P(x)$ が $x+1$ で割り切れる

因数定理により　$P(-1)=0$

$P(-1)=(-1)^3+2a\cdot(-1)+a-1=-a-2=0$ より　$\boldsymbol{a=-2}$ …答

**6** 多項式 $P(x)$ を $(x-1)(x+2)$ で割ったときの余りは $-2x+7$ で，$(x+1)(x-2)$ で割ったときの余りは $-2x+11$ であるという。$P(x)$ を $(x-1)(x-2)$ で割ったときの余りを求めよ。
➡ 30 35 (9点)

$P(x)$ を2次式 $(x-1)(x-2)$ で割ったときの余りは1次式または定数である。その余りを $ax+b$ とおく。題意より，3つの多項式 $Q_1(x)$，$Q_2(x)$，$Q_3(x)$ を用いて

$P(x)=(x-1)(x+2)Q_1(x)-2x+7$　…①

$P(x)=(x+1)(x-2)Q_2(x)-2x+11$　…②

$P(x)=(x-1)(x-2)Q_3(x)+ax+b$　…③　と表すことができる。

①において $x=1$ とすると　$P(1)=5$

また，③において $x=1$ とすると，$P(1)=a+b$ だから　$a+b=5$　…④

②において $x=2$ とすると　$P(2)=7$

また，③において $x=2$ とすると，$P(2)=2a+b$ だから　$2a+b=7$　…⑤

④，⑤の連立方程式を解いて　$a=2$，$b=3$　よって，余りは　$\boldsymbol{2x+3}$ …答

**7** 方程式 $x^3-4x^2+ax+b=0$ の解の1つが $1-i$ のとき，実数の定数 $a$，$b$ の値と他の解を求めよ。➡ 32 36 37 (10点)

$x=1-i$ が解だから，この方程式に代入して ←― 方程式は解を代入したとき等号が成立する。

$(1-i)^3-4(1-i)^2+a(1-i)+b=0$ より　$(1-3i+3i^2-i^3)-4(1-2i+i^2)+a-ai+b=0$

$(a+b-2)-(a-6)i=0$　…①

ここで，$a$，$b$ は実数なので，$a+b-2$，$a-6$ も実数である。

よって，①が成り立つのは，$a+b-2=0$，$a-6=0$ のときである。

この連立方程式を解いて　$a=6$，$b=-4$

したがって，もとの方程式は，$x^3-4x^2+6x-4=0$ である。

$P(x)=x^3-4x^2+6x-4$ とおく。

$P(2)=8-16+12-4=0$ だから，因数定理により，$P(x)$ は $x-2$ を因数にもつ。

割り算を実行して，$P(x)=(x-2)(x^2-2x+2)$ と因数分解できる。

よって，$(x-2)(x^2-2x+2)=0$ の解は　$x=2$，$x=\dfrac{2\pm\sqrt{-4}}{2}=1\pm i$

したがって　$\boldsymbol{a=6}$，$\boldsymbol{b=-4}$，**他の解は**　$\boldsymbol{x=2}$，$\boldsymbol{1+i}$ …答

**[参考]** $1-i$ が解なので $1+i$ も解である。
$(1-i)+(1+i)=2$，$(1+i)(1-i)=2$ より，この2つの数を解にもつ2次方程式の1つは $x^2-2x+2=0$ となる。
$x^3-4x^2+ax+b$ が $x^2-2x+2$ を因数にもつので，$x^3-4x^2+ax+b$ を $x^2-2x+2$ で割った余りを計算して
$(a-6)x+b+4$　これが0になるので　$a=6$，$b=-4$

# 第2章 図形と方程式

## 1 点と直線

### 14 点の座標

**2点間の距離**

・数直線上の2点 A($a$), B($b$) の間の距離は　$\mathbf{AB}=|\boldsymbol{b}-\boldsymbol{a}|$

・平面上の2点 A($x_1$, $y_1$), B($x_2$, $y_2$) の間の距離は　$\mathbf{AB}=\sqrt{(x_2-x_1)^2+(y_2-y_1)^2}$

とくに，原点 O と点 P($x$, $y$) の間の距離は　$\mathbf{OP}=\sqrt{x^2+y^2}$

**内分点と外分点，中点と重心の座標**

$m>0$, $n>0$ とする。2点 A($x_1$, $y_1$), B($x_2$, $y_2$) を結ぶ線分 AB を，$m:n$ に内分する点を P，外分する点を Q，線分 AB の中点を M，2点 A，B と点 C($x_3$, $y_3$) を頂点とする三角形の重心を G とすれば

$$\mathrm{P}\left(\frac{nx_1+mx_2}{m+n},\ \frac{ny_1+my_2}{m+n}\right),\quad \mathrm{Q}\left(\frac{-nx_1+mx_2}{m-n},\ \frac{-ny_1+my_2}{m-n}\right)$$

← 外分の場合は $m \neq n$

A　B ／ $m$ : $n$　←分子計算の係数の覚え方→　A　B ／ $m$ : $(-n)$

$$\mathrm{M}\left(\frac{x_1+x_2}{2},\ \frac{y_1+y_2}{2}\right),\quad \mathrm{G}\left(\frac{x_1+x_2+x_3}{3},\ \frac{y_1+y_2+y_3}{3}\right)$$

### 15 直線

**直線の方程式**

① 傾きが $m$, $y$ 切片が $n$ の直線の方程式は　$y=mx+n$

② 点 ($x_1$, $y_1$) を通り，傾きが $m$ の直線の方程式は　$y-y_1=m(x-x_1)$

③ 2点 ($x_1$, $y_1$), ($x_2$, $y_2$) を通る直線の方程式は

$x_1 \neq x_2$ のとき　$y-y_1=\dfrac{y_2-y_1}{x_2-x_1}(x-x_1)$，$x_1=x_2$ のとき　$x=x_1$

④ 直線の方程式の一般形　$ax+by+c=0$

**2直線の位置関係**

2直線 $\ell$ : $ax+by+c=0$　…①，$m$ : $px+qy+r=0$　…②

の位置関係，共有点，連立方程式①，②の解は，次のようになる。

| | 位置関係 | 共有点 | 連立方程式の解 |
|---|---|---|---|
| (1) | 平行でない | 1つ | 1個 |
| (2) | 平行 | なし | 0個 |
| (3) | 一致 | 無数 | 無数 |

(1) $\ell$ $m$　(2) $\ell$ $m$　(3) $\ell(m)$

無数（連立方程式の解）← ①を満たすすべての $x$, $y$ の組。

無数（共有点）← 直線上のすべての点。

### 16 2直線の平行・垂直

**2直線の平行条件・垂直条件**

① 2直線 $\ell_1$ : $y=m_1x+n_1$, $\ell_2$ : $y=m_2x+n_2$ について

$\ell_1 /\!/ \ell_2 \iff m_1=m_2$　　$\ell_1 \perp \ell_2 \iff m_1 \cdot m_2=-1$

② 2直線 $\ell_1$ : $a_1x+b_1y+c_1=0$, $\ell_2$ : $a_2x+b_2y+c_2=0$ について

$\ell_1 /\!/ \ell_2 \iff a_1b_2-a_2b_1=0$　　$\ell_1 \perp \ell_2 \iff a_1a_2+b_1b_2=0$

③ 点 ($x_0$, $y_0$) を通り，直線 $ax+by+c=0$ に

平行な直線の方程式は　$a(x-x_0)+b(y-y_0)=0$

垂直な直線の方程式は　$b(x-x_0)-a(y-y_0)=0$

**点と直線の距離**

点 $(x_1,\ y_1)$ と直線 $\ell$ : $ax+by+c=0$ の距離 $d$ は　$d=\dfrac{|ax_1+by_1+c|}{\sqrt{a^2+b^2}}$

とくに，原点Oと直線 $\ell$ の距離 $d$ は　$d=\dfrac{|c|}{\sqrt{a^2+b^2}}$

### 1 中点の座標と線分の長さ　14 点の座標

座標平面上の2点 $\mathrm{A}(-2,\ -3)$，$\mathrm{B}(4,\ 3)$ について，線分ABの中点Mの座標と線分ABの長さを求めよ。

$\mathrm{M}\left(\dfrac{-2+4}{2},\ \dfrac{-3+3}{2}\right)$ より　$\mathbf{M(1,\ 0)}$ …答

$\mathbf{AB}=\sqrt{\{4-(-2)\}^2+\{3-(-3)\}^2}=\mathbf{6\sqrt{2}}$ …答

ガイド

ヒラメキ
中点の座標，線分の長さ
→公式の活用

なにをする？
公式を適用する。

### 2 交点を通る直線の方程式　15 直線

2直線 $x-3y+1=0$，$x+2y-4=0$ の交点の座標を求めよ。また，その交点と点 $(4,\ 5)$ を通る直線の方程式を求めよ。

$x-3y+1=0$　…①，$x+2y-4=0$　…②

①，②を解くと，交点の座標は $\mathbf{(2,\ 1)}$ …答

点 $(2,\ 1)$ と点 $(4,\ 5)$ を通る直線の方程式は

$y-1=\dfrac{5-1}{4-2}(x-2)$ より　$\boldsymbol{y=2x-3}$ …答

ヒラメキ
2直線の交点の座標
→連立方程式の解

なにをする？
2点 $(x_1,\ y_1)$，$(x_2,\ y_2)$ を通る直線の方程式は
$y-y_1=\dfrac{y_2-y_1}{x_2-x_1}(x-x_1)$

### 3 2直線の位置関係①　16 2直線の平行・垂直

点 $\mathrm{A}(4,\ 1)$ を通り，直線 $3x-2y=5$　…①に平行な直線と垂直な直線の方程式を求めよ。また，点Aと直線①の距離を求めよ。

直線①の傾きは $\dfrac{3}{2}$ である。

平行な直線は傾きが $\dfrac{3}{2}$ だから，その方程式は

$y-1=\dfrac{3}{2}(x-4)$ より　$\boldsymbol{y=\dfrac{3}{2}x-5}$ …答

垂直な直線は傾きが $-\dfrac{2}{3}$ だから，その方程式は

$y-1=-\dfrac{2}{3}(x-4)$ より　$\boldsymbol{y=-\dfrac{2}{3}x+\dfrac{11}{3}}$ …答

点Aと直線①の距離は

$\dfrac{|3\times4-2\times1-5|}{\sqrt{3^2+(-2)^2}}=\dfrac{5}{\sqrt{13}}=\mathbf{\dfrac{5\sqrt{13}}{13}}$ …答

ヒラメキ
平行→傾きが等しい
垂直→傾きの積が $-1$

なにをする？
点 $(x_1,\ y_1)$ を通り，傾きが $m$ の直線の方程式は
$y-y_1=m(x-x_1)$
点 $(x_1,\ y_1)$ と
直線 $\ell$ : $ax+by+c=0$ の距離 $d$ は
$d=\dfrac{|ax_1+by_1+c|}{\sqrt{a^2+b^2}}$

# ガイドなしでやってみよう！

## 4 内分点の座標①

座標平面上の2点 A$(-2,\ 1)$，B$(6,\ 5)$ について，線分ABの中点をM，線分ABを3：1に内分する点をP，3：1に外分する点をQとするとき，点M，P，Qの座標を求めよ。

M$(x_0,\ y_0)$，P$(x_1,\ y_1)$，Q$(x_2,\ y_2)$ とすると

$x_0=\dfrac{-2+6}{2}=2$，$y_0=\dfrac{1+5}{2}=3$ より　**M(2，3)** …答

$x_1=\dfrac{1\times(-2)+3\times6}{3+1}=4$，$y_1=\dfrac{1\times1+3\times5}{3+1}=4$ より　**P(4，4)** …答

$x_2=\dfrac{(-1)\times(-2)+3\times6}{3-1}=10$，$y_2=\dfrac{(-1)\times1+3\times5}{3-1}=7$ より　**Q(10，7)** …答

## 5 内分点の座標②

座標平面上の3点 A$(4,\ 6)$，B$(-3,\ -1)$，C$(5,\ 1)$ について，次の点の座標を求めよ。

(1) 線分BCの中点M

M$(x_0,\ y_0)$ とすると

$x_0=\dfrac{-3+5}{2}=1$

$y_0=\dfrac{-1+1}{2}=0$

よって　**M(1，0)** …答

(2) 線分AMを2：1に内分する点E

E$(x_1,\ y_1)$ とすると

$x_1=\dfrac{1\times4+2\times1}{2+1}=2$

$y_1=\dfrac{1\times6+2\times0}{2+1}=2$

よって　**E(2，2)** …答

(3) 点Mに関する点Aの対称点D

D$(x_2,\ y_2)$ とする。

A　M　D

ADの中点がM

だから，$\dfrac{4+x_2}{2}=1$，$\dfrac{6+y_2}{2}=0$ より

$x_2=-2$，$y_2=-6$

よって　**D(−2，−6)** …答

平行四辺形の対角線はそれぞれの中点で交わるから，四角形ABDCは平行四辺形。

(4) 三角形ABCの重心G

G$(x_3,\ y_3)$ とすると

$x_3=\dfrac{4+(-3)+5}{3}=2$

$y_3=\dfrac{6+(-1)+1}{3}=2$

よって　**G(2，2)** …答

三角形の重心は中線AMを2：1に内分した点だから，点Eと点Gは一致する。

## 6 一直線上に並ぶ3点

3点 A$(-1,\ 1)$，B$(3,\ 5)$，C$(a,\ 2a+1)$ が一直線上にあるとき，定数 $a$ の値を求めよ。

2点A，Bを通る直線の方程式は $y-1=\dfrac{5-1}{3-(-1)}\{x-(-1)\}$ より　$y=x+2$

この直線上に点Cがあるので　$2a+1=a+2$ ← $x=a$，$y=2a+1$ を代入。

これを解いて　$\boldsymbol{a=1}$ …答

## 7 直線の方程式

2 直線 $x-y+1=0$, $2x+3y-8=0$ の交点を A とするとき，次の問いに答えよ。

(1) 点 A の座標を求めよ。

$x-y+1=0$ …① $2x+3y-8=0$ …②

①，②の連立方程式を解くと $x=1$, $y=2$ ←── ①×3+② を計算する。

したがって **A(1, 2)** …答

(2) 次の直線の方程式を求めよ。

(i) 点 A を通り，傾きが $-2$ の直線

$y-2=-2(x-1)$

よって $\boldsymbol{y=-2x+4}$ …答

(ii) 点 A と点 $(4, -1)$ を通る直線

$$y-2=\frac{-1-2}{4-1}(x-1)$$

よって $\boldsymbol{y=-x+3}$ …答



## 8 2直線の位置関係②

点 P(1, 7) と直線 $\ell$ : $2x-3y+6=0$ があるとき，次の問いに答えよ。

(1) 点 P から直線 $\ell$ に下ろした垂線と $\ell$ との交点を H とするとき，直線 PH の方程式と点 H の座標を求めよ。

$2x-3y+6=0$ より $y=\dfrac{2}{3}x+2$ …①

直線 PH の傾きを $m$ とすると，PH⊥$\ell$ だから，$\dfrac{2}{3}\times m=-1$ より $m=-\dfrac{3}{2}$

よって，直線 PH の方程式は，$y-7=-\dfrac{3}{2}(x-1)$ より

$\boldsymbol{y=-\dfrac{3}{2}x+\dfrac{17}{2}}$ …② …答

①，②から，$\dfrac{2}{3}x+2=-\dfrac{3}{2}x+\dfrac{17}{2}$ より $x=3$, $y=4$

したがって **H(3, 4)** …答

(2) 直線 $\ell$ に関する点 P の対称点 Q の座標を求めよ。

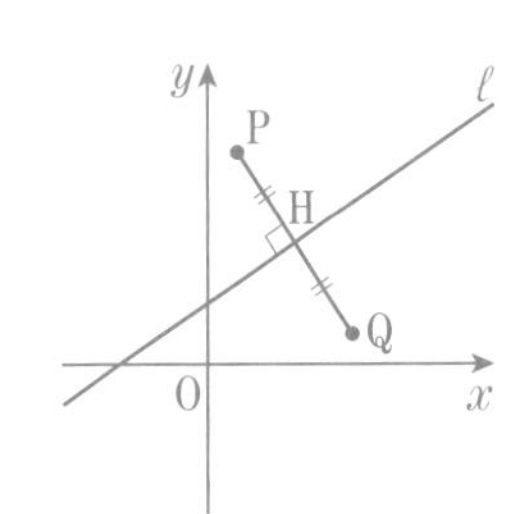


点 Q$(a, b)$ とすると，PQ の中点が H だから

$$\left(\frac{1+a}{2},\ \frac{7+b}{2}\right)=(3,\ 4)$$

これより，$a=5$, $b=1$ だから **Q(5, 1)** …答

(3) 線分 PH の長さを求めよ。

点 P と直線 $\ell$ との距離だから $\dfrac{|2\times1-3\times7+6|}{\sqrt{2^2+(-3)^2}}=\dfrac{13}{\sqrt{13}}=\boldsymbol{\sqrt{13}}$ …答

**[別解]** P(1, 7), H(3, 4) 間の距離だから PH$=\sqrt{(3-1)^2+(4-7)^2}=\boldsymbol{\sqrt{13}}$

# 2 円

## 17 円

### 円の方程式

点 $(a,\ b)$ を中心とする半径 $r$ の円の方程式は　$(\boldsymbol{x}-\boldsymbol{a})^2+(\boldsymbol{y}-\boldsymbol{b})^2=\boldsymbol{r}^2$

とくに，原点を中心とする半径 $r$ の円の方程式は　$x^2+y^2=r^2$

### 円の方程式の一般形

$\boldsymbol{x^2+y^2+lx+my+n=0}$ （$l^2+m^2>4n$ のとき，円を表す。）

## 18 円と直線の位置関係

### 円と直線の位置関係

円と直線の方程式を連立方程式として解くことで共有点の座標がわかる。2 つの方程式から $x$ または $y$ を消去して得られる 2 次方程式の判別式を $D$，円の中心と直線の距離を $d$，半径を $r$ とすると，円と直線の位置関係は，下の図のようになる。

(ア) 2 点で交わる
$D>0,\ r>d$

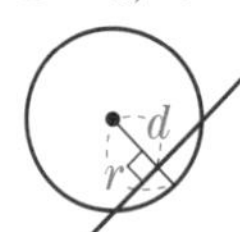


(イ) 接する
$D=0,\ r=d$

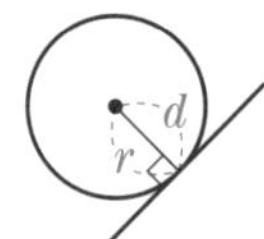


(ウ) 離れている
$D<0,\ r<d$

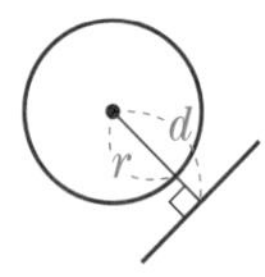


### 円の接線

円 $x^2+y^2=r^2$ 上の点 $\mathrm{P}(x_1,\ y_1)$ における接線の方程式は　$\boldsymbol{x_1x+y_1y=r^2}$

### 2 円の位置関係

2 つの円 O，O′ の半径をそれぞれ $r,\ r'$ $(r>r')$，中心間の距離を $d$ とすると，2 つの円の位置関係は，下の図のようになる。

(ア) 離れている
$r+r'<d$

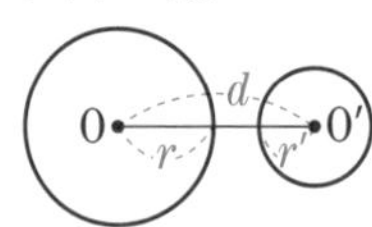


(イ) 外接する
$r+r'=d$

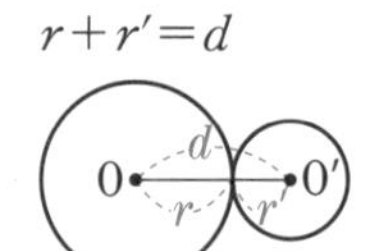


(ウ) 2 点で交わる
$r-r'<d<r+r'$

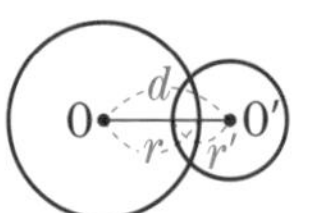


(エ) 内接する
$r-r'=d$

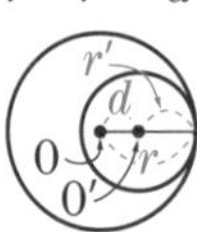


(オ) 一方が他方に含まれる
$0\leqq d<r-r'$

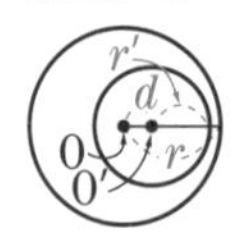


## 9 円の中心と半径　17 円

円 $x^2+y^2+4x-2y-4=0$ の中心の座標と半径を求めよ。

$x,\ y$ それぞれについて平方完成すると

$(x+2)^2+(y-1)^2=3^2$

したがって　**中心 $(-2,\ 1)$，半径 3**　…答

**ガイド**

**ヒラメキ**
$(x-a)^2+(y-b)^2=r^2$
→中心 $(a,\ b)$，半径 $r$ の円。

**なにをする？**
$x,\ y$ それぞれについて平方完成する。

## 10 円の方程式 17 円

点 (2, 1) を通り，$x$ 軸，$y$ 軸の両方に接する円の方程式を求めよ。

点 (2, 1) を通り，$x$ 軸，$y$ 軸の両方に接するから，中心 $(r, r)$，半径 $r$ の円であることがわかる。

よって　$(x-r)^2+(y-r)^2=r^2$　…①

円①が点 (2, 1) を通るから　$(2-r)^2+(1-r)^2=r^2$

$(4-4r+r^2)+(1-2r+r^2)=r^2$ より　$r^2-6r+5=0$

$(r-1)(r-5)=0$ だから　$r=1, 5$

したがって，求める円の方程式は

$\boldsymbol{(x-1)^2+(y-1)^2=1,\ (x-5)^2+(y-5)^2=25}$ …答

## 11 円の接線① 18 円と直線の位置関係

次の接線の方程式を求めよ。

(1) 円 $x^2+y^2=10$ 上の点 (3, 1) における接線

公式より　$\boldsymbol{3x+y=10}$ …答

(2) 円 $(x-2)^2+(y+1)^2=10$ 上の点 (1, 2) における接線

この円の中心 (2, −1) と点 (1, 2) を通る直線の傾きは $\dfrac{-1-2}{2-1}=-3$ で，求める直線はこの直線と垂直で点 (1, 2) を通るから　$y-2=\dfrac{1}{3}(x-1)$

よって　$\boldsymbol{-x+3y=5}$ …答

(3) 点 (6, 3) から円 $x^2+y^2=9$ に引いた接線

接点の座標を $\mathrm{P}(x_0, y_0)$ とおく。

これは円上の点なので　$x_0{}^2+y_0{}^2=9$　…①

P における接線の方程式は $x_0x+y_0y=9$ で，

これが点 (6, 3) を通ることから　$6x_0+3y_0=9$

すなわち　$y_0=3-2x_0$　…②

②を①に代入して　$x_0{}^2+(3-2x_0)^2=9$

整理して　$5x_0{}^2-12x_0=0$　　よって　$x_0=0, \dfrac{12}{5}$

接点の座標は　$(x_0, y_0)=(0, 3), \left(\dfrac{12}{5}, -\dfrac{9}{5}\right)$

接線の方程式は　$0\cdot x+3y=9,\ \dfrac{12}{5}x-\dfrac{9}{5}y=9$

すなわち　$\boldsymbol{y=3,\ 4x-3y=15}$ …答

---

ガイド

**ヒラメキ**

$x$ 軸，$y$ 軸に接する円で点 (2, 1) を通る。
→中心 $(r, r)$，半径 $r$ $(r>0)$

**なにをする？**

$(x-r)^2+(y-r)^2=r^2$ が点 (2, 1) を通るときの $r$ を求める。

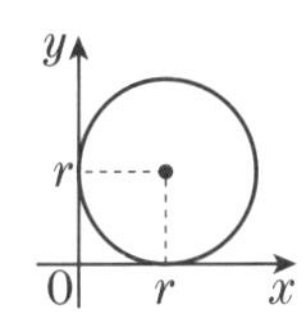


**ヒラメキ**

円の接線→公式

**なにをする？**

円 $x^2+y^2=r^2$ 上の点 $\mathrm{P}(x_1, y_1)$ における接線の方程式は

$x_1x+y_1y=r^2$

(3)は次のような解法もある。
点 (6, 3) を通る直線の方程式を
(i) $y-3=m(x-6)$
(ii) $x=6$
とおく。円の中心 (0, 0) とこの直線の距離が円の半径 3 に等しい。
(i)の直線の方程式は
$mx-y-6m+3=0$
と変形できるので
$\dfrac{|-6m+3|}{\sqrt{m^2+(-1)^2}}=3$
これを解いて $m$ を求める。
(ii)の直線と円の中心 (0, 0) の距離は 6 だから，直線 $x=6$ は求める接線ではない。

第2章 図形と方程式

## ガイドなしでやってみよう！

### 12 直径の両端と円

2点 A(−1, 2), B(5, 4) を直径の両端とする円の方程式を求めよ。

求める円の中心をCとする。

Cは線分ABの中点だから, $\left(\frac{-1+5}{2},\ \frac{2+4}{2}\right)$ より　C(2, 3)

半径は線分CBの長さだから　$\sqrt{(5-2)^2+(4-3)^2}=\sqrt{10}$

したがって　$(x-2)^2+(y-3)^2=10$　…答

### 13 3点を通る円

3点 A(4, 2), B(−1, 1), C(5, −3) を通る円の方程式を求めよ。

求める円の方程式を $x^2+y^2+lx+my+n=0$ とおく。

点Aを通るから, $4^2+2^2+4l+2m+n=0$ より　$4l+2m+n=-20$　…①

点Bを通るから, $(-1)^2+1^2-l+m+n=0$ より　$-l+m+n=-2$　…②

点Cを通るから, $5^2+(-3)^2+5l-3m+n=0$ より　$5l-3m+n=-34$　…③

①−②より　$5l+m=-18$　…④

②−③より, $-6l+4m=32$ となり　$3l-2m=-16$　…⑤

④×2+⑤より, $13l=-52$ だから　$l=-4$

④より　$m=2$　　②より　$n=-8$

したがって　$x^2+y^2-4x+2y-8=0$　…答

### 14 交点の座標

円 $x^2+y^2=5$ と直線 $y=x+1$ の交点の座標を求めよ。

$y=x+1$ を $x^2+y^2=5$ に代入して　←交点の座標は連立方程式の解。

$x^2+(x+1)^2=5$ より, $2x^2+2x-4=0$ だから　$x^2+x-2=0$

$(x+2)(x-1)=0$ より　$x=-2,\ 1$

$x=-2$ のとき $y=-1$, $x=1$ のとき $y=2$

したがって, 交点の座標は　(−2, −1), (1, 2)　…答

### 15 円の接線②

円 $x^2+y^2=10$ に接する傾き −3 の直線の方程式を求めよ。

傾き −3 の直線の方程式を $y=-3x+k$ とおく。

円と直線の方程式から $y$ を消去すると　$x^2+(-3x+k)^2=10$

これを整理して　$10x^2-6kx+k^2-10=0$

円と直線が接することから, 判別式 $D=0$

よって, $D=(-6k)^2-4\cdot10(k^2-10)=0$ を整理して　$k^2-100=0$

ゆえに　$k=\pm10$

したがって, 接線の方程式は　$y=-3x+10$, $y=-3x-10$　…答

## 16 円に接する円

点 (4, 3) を中心とし，円 $x^2+y^2=1$ に接する円の方程式を求めよ。

2 円が接する問題では中心間の距離と半径を考える。

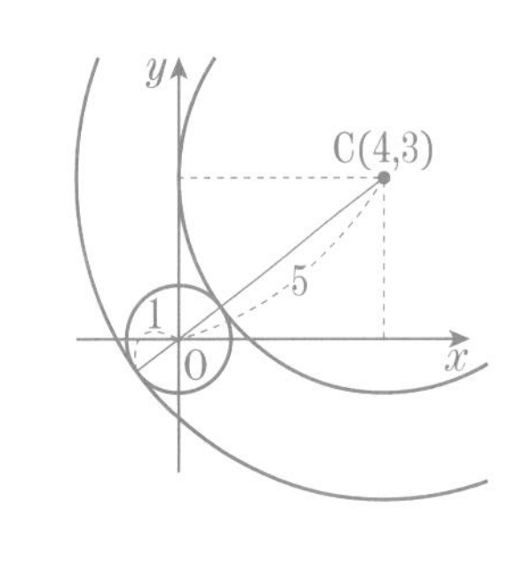


円 $x^2+y^2=1$ は中心 O(0, 0)，半径 1 の円である。

求める円の中心を点 C(4, 3)，半径を $r$ とする。

2 つの円の中心間の距離は $\mathrm{OC}=\sqrt{16+9}=5$ だから

(i) 2 円が外接するとき　$r=5-1=4$

　よって　$(x-4)^2+(y-3)^2=4^2$ …答

(ii) 2 円が内接するとき　$r=5+1=6$

　よって　$(x-4)^2+(y-3)^2=6^2$ …答

## 17 円と直線の位置関係

円 $x^2+y^2=5$ と直線 $y=2x+k$ との共有点の個数を次の方法で調べよ。

(1) 判別式 $D$ を活用する方法 ← 18 円と直線の位置関係を参考に。

直線と円の方程式から $y$ を消去して　$x^2+(2x+k)^2=5$

これを整理して　$5x^2+4kx+k^2-5=0$

判別式 $D=(4k)^2-4\cdot5(k^2-5)=-4(k^2-25)=-4(k+5)(k-5)$

$D>0$ のとき，$(k+5)(k-5)<0$ より　$-5<k<5$

$D=0$ のとき，$(k+5)(k-5)=0$ より　$k=5,\ -5$

$D<0$ のとき，$(k+5)(k-5)>0$ より　$k<-5,\ 5<k$

$f(k)=(k+5)(k-5)$　−5　5　$k$

答
- $-5<k<5$ のとき　共有点 2 個
- $k=5,\ -5$ のとき　共有点 1 個
- $k<-5,\ 5<k$ のとき　共有点 0 個

(2) 点と直線の距離を活用する方法

円の中心 (0, 0) と直線 $2x-y+k=0$ の距離 $d$ は

$$d=\frac{|k|}{\sqrt{2^2+(-1)^2}}=\frac{|k|}{\sqrt{5}}$$

円の半径 $\sqrt{5}$ と $d$ を比較して，

$d<\sqrt{5}$ のとき，$\dfrac{|k|}{\sqrt{5}}<\sqrt{5}$ より，$|k|<5$ だから　$-5<k<5$

$d=\sqrt{5}$ のとき，$\dfrac{|k|}{\sqrt{5}}=\sqrt{5}$ より，$|k|=5$ だから　$k=5,\ -5$ ← このときは接している。

$d>\sqrt{5}$ のとき，$\dfrac{|k|}{\sqrt{5}}>\sqrt{5}$ より，$|k|>5$ だから　$k<-5,\ 5<k$

答
- $-5<k<5$ のとき　共有点 2 個
- $k=5,\ -5$ のとき　共有点 1 個
- $k<-5,\ 5<k$ のとき　共有点 0 個

(1)，(2)のどちらかで解けるように復習しよう。

# 3 軌跡と領域

**19 軌跡**

**軌跡**

平面上で，ある条件を満たしながら動く点Pの描く図形を，点Pの軌跡という。
条件 $C$ を満たす点の軌跡が図形 $F$ である。

$\Longleftrightarrow$ ① 条件 $C$ を満たすすべての点は，図形 $F$ 上にある。
② 図形 $F$ 上のすべての点は，条件 $C$ を満たす。

**20 領域**

**領域**

$x$，$y$ についての不等式を満たす点 $(x,\ y)$ 全体の集合を，その不等式の表す領域という。

**連立不等式の表す領域**

連立不等式の表す領域は，それぞれの不等式の表す領域の共通部分である。

**21 領域のいろいろな問題**

**領域と最大・最小**

領域内の点 $\mathrm{P}(x,\ y)$ に対して，$x$，$y$ の式の最大値，最小値を求めるとき，$x$，$y$ の式を $k$ とおき，図形を使って考える。

**18** 2点から等距離にある点　19 軌跡

2点 $\mathrm{A}(-2,\ 1)$，$\mathrm{B}(3,\ 4)$ からの距離が等しい点Pの軌跡を求めよ。

点 $\mathrm{P}(x,\ y)$ とおくと，Pの満たす条件は　$\mathrm{AP}=\mathrm{BP}$
両辺は負でないので，両辺を2乗して　$\mathrm{AP}^2=\mathrm{BP}^2$
$(x+2)^2+(y-1)^2=(x-3)^2+(y-4)^2$
整理して，$10x+6y=20$ より　$5x+3y=10$
求める軌跡は　**直線 $5x+3y=10$**　…答

**19** 2点からの距離の比が一定である点　19 軌跡

原点Oと点 $\mathrm{A}(6,\ 0)$ に対して，$\mathrm{OP}:\mathrm{AP}=2:1$ となる点Pの軌跡を求めよ。

点 $\mathrm{P}(x,\ y)$ とおく。
$\mathrm{OP}:\mathrm{AP}=2:1$ より　$2\mathrm{AP}=\mathrm{OP}$
両辺は負でないので，両辺を2乗して　$4\mathrm{AP}^2=\mathrm{OP}^2$
$4\{(x-6)^2+y^2\}=x^2+y^2$
整理して　$x^2-16x+y^2+48=0$
よって　$(x-8)^2+y^2=16$
したがって，求める軌跡は
**点 $(8,\ 0)$ を中心とする半径4の円**　…答

**ヒラメキ**
軌跡→条件に適する $x$，$y$ の方程式を求める。

**なにをする？**
- $\mathrm{P}(x,\ y)$ とおく。
- 与えられた条件を $x$，$y$ で表す。
- 式を整理して，表す図形を読み取る。
- 移動条件は $\mathrm{AP}=\mathrm{BP}$

**なにをする？**
- 与えられた条件より $\mathrm{OP}:\mathrm{AP}=2:1$

## 20 領域の図示① 20 領域

次の不等式の表す領域を図示せよ。

(1) $y<-\dfrac{1}{2}x+1$

下の図の斜線部分。
境界線は含まない。

(2) $(x-1)^2+(y+1)^2\geqq 2$

下の図の斜線部分。
境界線を含む。

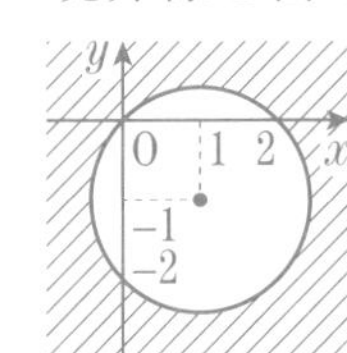

(3) $\begin{cases} x+y\geqq 0 & \cdots① \\ x^2+y^2\leqq 4 & \cdots② \end{cases}$

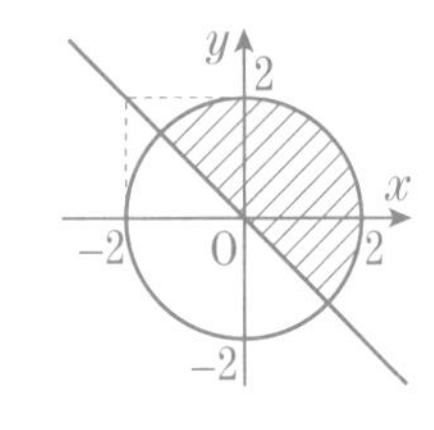

①は $y\geqq -x$ だから直線 $y=-x$ の上側。②は $x^2+y^2\leqq 4$ だから円 $x^2+y^2=4$ の周および内部。

2つの領域の共通部分だから，右の図の斜線部分で境界線を含む。

## 21 領域と最大・最小① 21 領域のいろいろな問題

$x$，$y$ が不等式 $x\geqq 0$，$y\geqq 0$，$2x+y\leqq 12$，$x+2y\leqq 12$ を満たすとき，$3x+4y$ の最大値，最小値と，そのときの $x$，$y$ の値を求めよ。

4つの不等式を満たす領域 $D$ を図示する。

$x\geqq 0$ より，$y$ 軸の右側。$y\geqq 0$ より，$x$ 軸の上側。

$y\leqq -2x+12$ より，直線 $y=-2x+12$ の下側。

$y\leqq -\dfrac{1}{2}x+6$ より，直線 $y=-\dfrac{1}{2}x+6$ の下側。

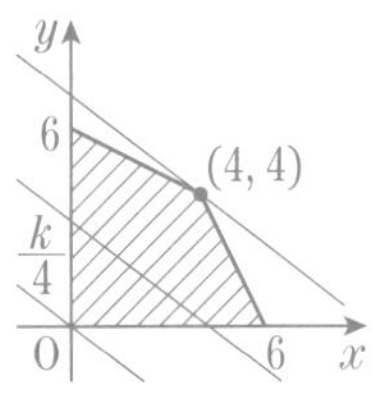

よって，領域 $D$ は右の図の斜線部分で境界線を含む。$3x+4y=k$ とおくと，$y=-\dfrac{3}{4}x+\dfrac{k}{4}$ となり，傾き $-\dfrac{3}{4}$，$y$ 切片 $\dfrac{k}{4}$ の直線を表す。この直線を，領域 $D$ と共有点をもつように平行移動する。

$k$ が最大となるのは点 $(4,\ 4)$ を通るときで

$k=3\cdot 4+4\cdot 4=28$

$k$ が最小となるのは点 $(0,\ 0)$ を通るときで

$k=3\cdot 0+4\cdot 0=0$

答 $\begin{cases} \textbf{最大値 28 } (x=4,\ y=4 \textbf{ のとき}) \\ \textbf{最小値 0 } (x=0,\ y=0 \textbf{ のとき}) \end{cases}$

**ガイド**

**ヒラメキ**

領域→不等式を満たす点 P$(x,\ y)$ を図示する。境界については記述する。

**なにをする？**

次の点に注意して領域を考える。
$y>ax+b$
→直線 $y=ax+b$ の上側
$y<ax+b$
→直線 $y=ax+b$ の下側
$x^2+y^2>r^2$
→円 $x^2+y^2=r^2$ の外部
$x^2+y^2<r^2$
→円 $x^2+y^2=r^2$ の内部
連立不等式の表す領域
→各領域の共通部分

**ヒラメキ**

領域と最大・最小
→$y=-\dfrac{3}{4}x+\dfrac{k}{4}$ を領域内で平行移動させる。

**なにをする？**

① 領域（各領域の共通部分）を図示する。
② $3x+4y=k$ とおくと
$y=-\dfrac{3}{4}x+\dfrac{k}{4}$
③ ②の直線を平行移動する。
$y$ 切片 $\dfrac{k}{4}$ が大きいほど，$k$ は大きくなり，小さいほど $k$ は小さくなる。

第2章 図形と方程式

# ガイドなしでやってみよう！

## 22 軌跡

2点A$(-1,\ -2)$，B$(3,\ 2)$に対して，$AP^2-BP^2=8$を満たす点Pの軌跡を求めよ。

点P$(x,\ y)$とする。$AP^2-BP^2=8$だから，

$\{(x+1)^2+(y+2)^2\}-\{(x-3)^2+(y-2)^2\}=8$を整理して

$x^2+2x+1+y^2+4y+4-(x^2-6x+9+y^2-4y+4)=8$

$8x+8y=16$より　$x+y=2$

したがって，点Pの軌跡は　**直線 $x+y=2$**　…答

## 23 中点の軌跡

円$x^2+y^2=4$と点P$(4,\ 0)$がある。点Qがこの円周上を動くとき，線分PQの中点Mの軌跡を求めよ。

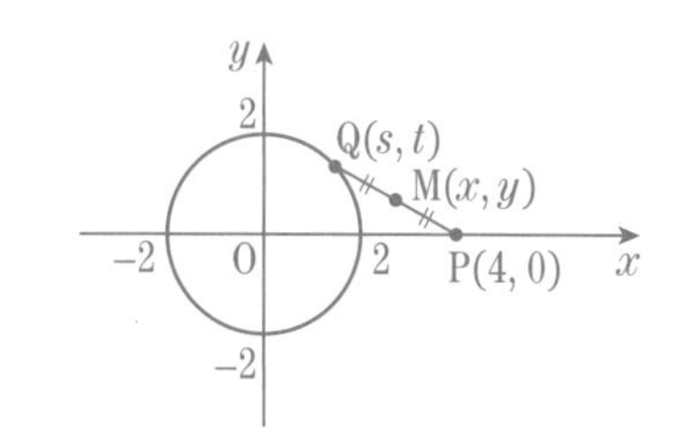


点Q$(s,\ t)$とする。点Qは円周上の点だから

$s^2+t^2=4$　…①

点M$(x,\ y)$とする。点Mは線分PQの中点だから

$x=\dfrac{4+s}{2}$，$y=\dfrac{t}{2}$

より　$s=2x-4$　…②　　$t=2y$　…③

②，③を①に代入して　$(2x-4)^2+(2y)^2=4$

両辺を4で割って　$(x-2)^2+y^2=1$

したがって，点Mの軌跡は　**中心が$(2,\ 0)$，半径1の円**　…答

## 24 領域の図示②

次の不等式の表す領域を図示せよ。

(1) $x>2$

下の図の斜線部分。

境界線は含まない。

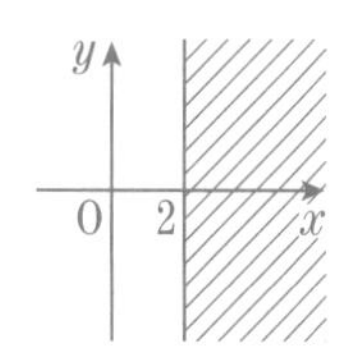


(2) $y>x^2-1$

下の図の斜線部分。

境界線は含まない。

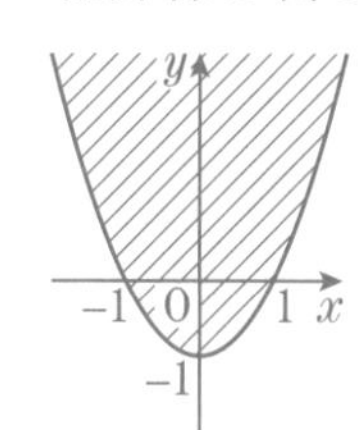


(3) $\begin{cases} 2x+y-1\leqq 0 & \cdots① \\ x^2-2x+y^2\leqq 0 & \cdots② \end{cases}$

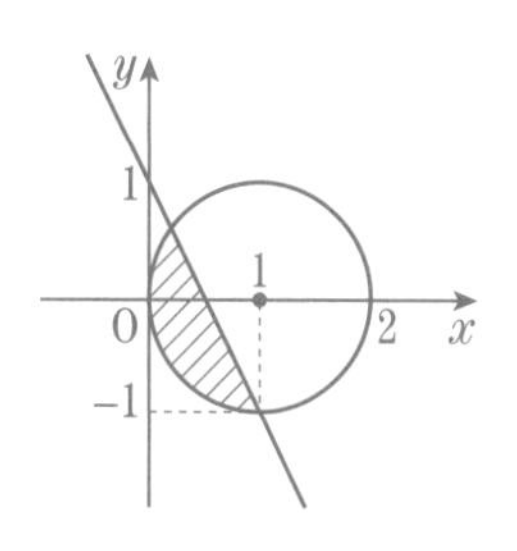


①は$y\leqq -2x+1$だから，直線$y=-2x+1$の下側。

②は$(x-1)^2+y^2\leqq 1$だから，円$(x-1)^2+y^2=1$の周および内部。

2つの領域の共通部分だから右の図の斜線部分。

ただし，境界線を含む。

## 25 領域の図示③

不等式 $(x+y)(2x-y-3)>0$ の表す領域を図示せよ。

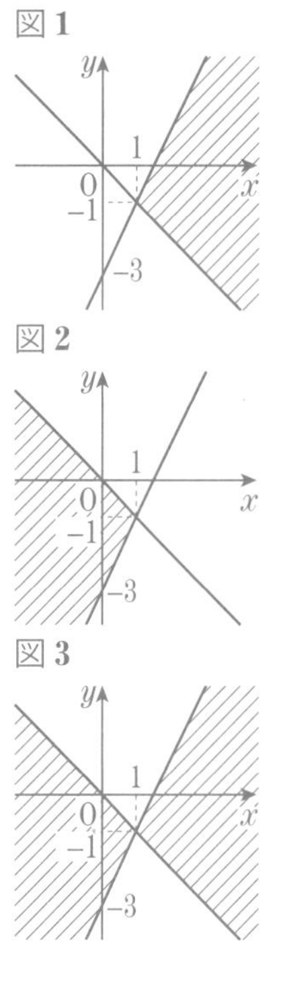


積が正だから，2 式は同符号である。 ⟵ $AB>0$ のとき $A>0$，$B>0$ または $A<0$，$B<0$

(i) $\begin{cases} x+y>0 & \cdots① \\ 2x-y-3>0 & \cdots② \end{cases}$ のとき

①は $y>-x$ と変形できるので，直線 $y=-x$ の上側を表す。
②は $y<2x-3$ と変形できるので，直線 $y=2x-3$ の下側を表す。よって，(i)が表す領域は右の図**1**の斜線部分。ただし，境界線は含まない。

(ii) $\begin{cases} x+y<0 & \cdots③ \\ 2x-y-3<0 & \cdots④ \end{cases}$ のとき

③は $y<-x$ と変形できるので，直線 $y=-x$ の下側を表す。
④は $y>2x-3$ と変形できるので，直線 $y=2x-3$ の上側を表す。よって，(ii)が表す領域は右の図**2**の斜線部分。ただし，境界線は含まない。

したがって，求める領域は，(i)，(ii)の和集合で，右の図**3**の斜線部分。ただし，境界線は含まない。

## 26 領域と最大・最小②

3 つの不等式 $x-2y\leqq 0$，$2x-y\geqq 0$，$y\leqq 2$ で表される領域を $D$ とする。

(1) $D$ を図示せよ。

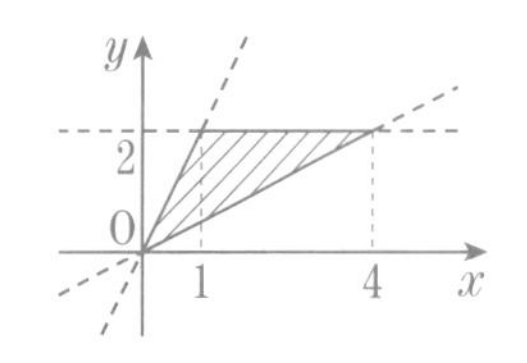

$x-2y\leqq 0$ より，$y\geqq \frac{1}{2}x$ で，直線 $y=\frac{1}{2}x$ の上側。
$2x-y\geqq 0$ より，$y\leqq 2x$ で，直線 $y=2x$ の下側。
$y\leqq 2$ より，直線 $y=2$ の下側。
したがって，領域 $D$ は右の図の斜線部分で境界線を含む。

(2) $D$ 内の点 $(x,\ y)$ について，$x+y$ の最大値，最小値とそのときの $x$，$y$ を求めよ。

$x+y=k$ とおくと，$y=-x+k$ となり，傾き $-1$ の直線を表す。この直線を，領域 $D$ と共有点をもつように平行移動する。$y$ 切片が $k$ だから切片が上に上がるほど，$k$ の値が大きくなる。よって，$k$ が最大となるのは点 A$(4,\ 2)$ を通るときで，最小となるのは点 O$(0,\ 0)$ を通るときであるから，
**最大値 6（$x=4$，$y=2$），最小値 0（$x=0$，$y=0$）** …答

(3) $D$ 内の点 $(x,\ y)$ について，$x-y$ の最大値，最小値とそのときの $x$，$y$ を求めよ。

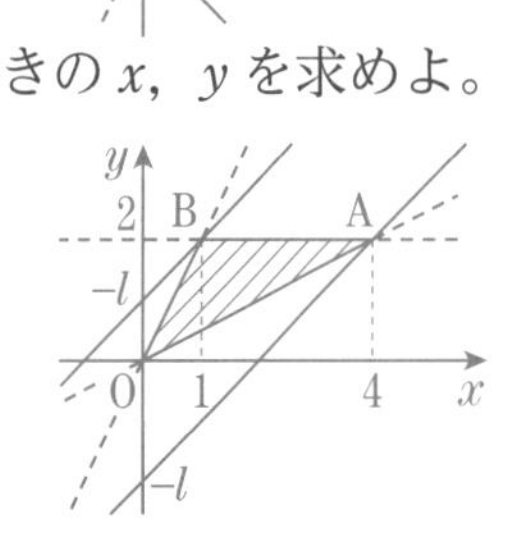

$x-y=l$ とおくと，$y=x-l$ となり，傾き 1 の直線を表す。この直線を，領域 $D$ と共有点をもつように平行移動する。$y$ 切片が $-l$ だから $y$ 切片が上に上がるほど，$l$ の値が小さくなる。よって，$l$ が最大となるのは点 A$(4,\ 2)$ を通るときで，最小となるのは点 B$(1,\ 2)$ を通るときであるから，
**最大値 2（$x=4$，$y=2$），最小値 $-1$（$x=1$，$y=2$）** …答

# 定期テスト対策問題

目標点 60点
制限時間 50分

点

**1** 2点 A$(-2,\ -3)$，B$(3,\ 7)$ について，次の点の座標を求めよ。 ➡ 1 4 5

（各8点 計16点）

(1) 線分 AB を 3：2 に内分する点 P

P$(x_1,\ y_1)$ とすると

$$x_1=\frac{2\cdot(-2)+3\cdot3}{3+2}=1$$

$$y_1=\frac{2\cdot(-3)+3\cdot7}{3+2}=3$$

したがって **P(1, 3)** …答

(2) 線分 AB を 3：2 に外分する点 Q

Q$(x_2,\ y_2)$ とすると

$$x_2=\frac{(-2)\cdot(-2)+3\cdot3}{3-2}=13$$

$$y_2=\frac{(-2)\cdot(-3)+3\cdot7}{3-2}=27$$

したがって **Q(13, 27)** …答

**2** 座標平面上の3点 A$(-3,\ -1)$，B$(2,\ 9)$，C$(3,\ 6)$ について，次のものを求めよ。

➡ 2 3 7 8

（各8点 計32点）

(1) 直線 AB の方程式

$$y+1=\frac{9-(-1)}{2-(-3)}(x+3) \text{ より}$$

$\boldsymbol{y=2x+5}$ …答

(2) 点 C を通り AB に垂直な直線の方程式

$$y-6=-\frac{1}{2}(x-3) \text{ より}$$

← AB に垂直なので傾きは $-\frac{1}{2}$

$$\boldsymbol{y=-\frac{1}{2}x+\frac{15}{2}}$$ …答

(3) (1), (2)で求めた2直線の交点 H の座標

連立方程式 $\begin{cases} y=2x+5 \\ y=-\dfrac{1}{2}x+\dfrac{15}{2} \end{cases}$

を解く。

$$2x+5=-\frac{1}{2}x+\frac{15}{2}$$

$4x+10=-x+15$ より $x=1,\ y=7$

よって **H(1, 7)** …答

(4) 直線 AB に関する点 C の対称点 D の座標

D$(x_1,\ y_1)$ とする。

線分 CD の中点が H なので

$$\left(\frac{3+x_1}{2},\ \frac{6+y_1}{2}\right)=(1,\ 7)$$

より，$x_1=-1,\ y_1=8$ だから

**D(−1, 8)** …答

**3** 3点 A$(1,\ 2)$，B$(2,\ 3)$，C$(5,\ 3)$ を通る円の方程式を求めよ。 ➡ 13 （10点）

求める円の方程式を $x^2+y^2+lx+my+n=0$ とおく。

点 A を通るから，$1^2+2^2+l+2m+n=0$ より $l+2m+n=-5$ …①

点 B を通るから，$2^2+3^2+2l+3m+n=0$ より $2l+3m+n=-13$ …②

点 C を通るから，$5^2+3^2+5l+3m+n=0$ より $5l+3m+n=-34$ …③

③−②より，$3l=-21$ だから $l=-7$

②−①より，$l+m=-8$ だから $m=-1$

①に代入して，$-7-2+n=-5$ より $n=4$

したがって $\boldsymbol{x^2+y^2-7x-y+4=0}$ …答

**4** 点 (4, 2) から円 $x^2+y^2=4$ に引いた接線の方程式を求めよ。 ⮌ 11 15 (12 点)

接点の座標を $P(x_0,\ y_0)$ とおく。これは円上の点なので

$x_0{}^2+y_0{}^2=4$ …①

点 P における接線の方程式は $x_0x+y_0y=4$

これが点 (4, 2) を通るので，$4x_0+2y_0=4$ より

$y_0=2-2x_0$ …②

②を①に代入して $x_0{}^2+(2-2x_0)^2=4$ 整理して $5x_0{}^2-8x_0=0$

$x_0(5x_0-8)=0$ より $x_0=0,\ \dfrac{8}{5}$

よって，接点の座標は $(x_0,\ y_0)=(0,\ 2),\ \left(\dfrac{8}{5},\ -\dfrac{6}{5}\right)$

接線の方程式は $0\cdot x+2y=4,\ \dfrac{8}{5}x-\dfrac{6}{5}y=4$ より $\boldsymbol{y=2,\ 4x-3y=10}$ …答

**5** 2 点 A(2, 5)，B(4, 1) がある。円 $x^2+y^2=9$ の周上の動点 P に対して，△ABP の重心 G の軌跡を求めよ。 ⮌ 18 19 22 23 (15 点)

点 $P(s,\ t)$ とおくと，$s^2+t^2=9$ …①であり，$G(x,\ y)$ とおくと，△ABP の重心が G であるので

$x=\dfrac{2+4+s}{3},\ y=\dfrac{5+1+t}{3}$

より $s=3x-6,\ t=3y-6$

これを①に代入して $(3x-6)^2+(3y-6)^2=9$

これより $\{3(x-2)\}^2+\{3(y-2)\}^2=9$

$9(x-2)^2+9(y-2)^2=9$ の両辺を 9 で割って $(x-2)^2+(y-2)^2=1$

よって，求める軌跡は **点 (2, 2) を中心とする半径 1 の円** …答

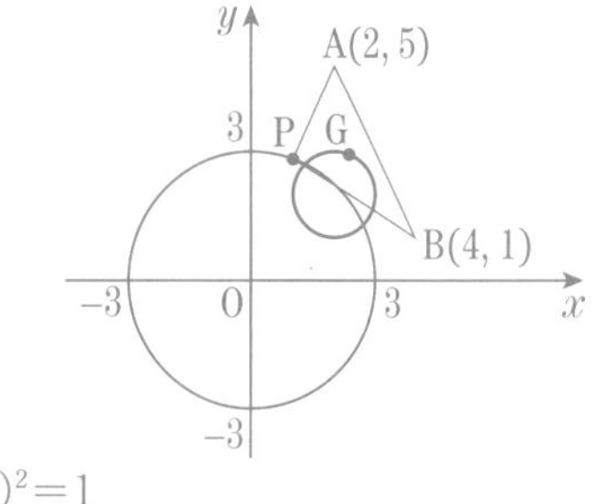


**6** 2 種類の薬品 P，Q がある。これら 1 g あたりの A 成分の含有量，B 成分の含有量，価格は右の表の通りである。いま，A 成分を 10 mg 以上，B 成分を 15 mg 以上とる必要があるとき，その費用を最小にするためには，P，Q をそれぞれ何 g とればよいか。 ⮌ 21 26 (15 点)

| | A 成分 (mg) | B 成分 (mg) | 価格 (円) |
|---|---|---|---|
| P | 2 | 1 | 5 |
| Q | 1 | 3 | 6 |

薬品 P を $x$ g，薬品 Q を $y$ g とるとすると

$x\geqq 0,\ y\geqq 0$ …①

このとき，A 成分は $(2x+y)$ mg，B 成分は $(x+3y)$ mg

必要量から $2x+y\geqq 10$ …② $x+3y\geqq 15$ …③

費用は $(5x+6y)$ 円となる。不等式①，②，③を満たす領域 $D$ で $5x+6y=k$ の最小値を求めればよい。領域 $D$ は右の図のようになる。

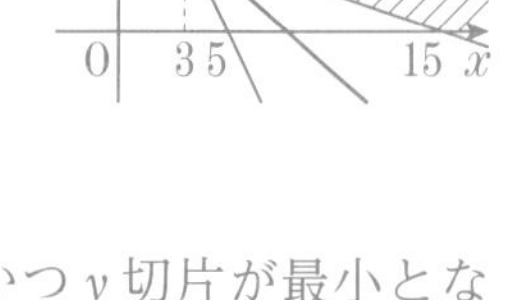


$y=-\dfrac{5}{6}x+\dfrac{k}{6}$ より，傾き $-\dfrac{5}{6}$ の直線が領域 $D$ と共有点をもち，かつ $y$ 切片が最小となるのは，点 (3, 4) を通るときである。

したがって，**薬品 P を 3 g，薬品 Q を 4 g** とればよい。 …答

# 第3章　三角関数

## 1　三角関数

### 22 一般角と弧度法

**動径の回転**

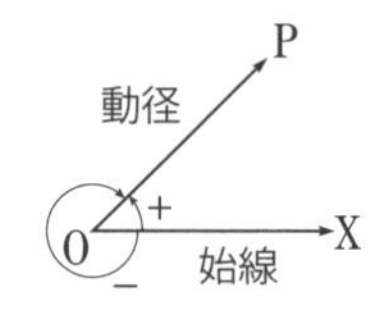


半直線OXは固定されているものとする。点Oのまわりを回転する半直線OPが，OXの位置から回転した角度を考える。
このとき，OXを始線，OPを動径という。

**一般角**

動径の角度は，回転の向きで正と負の角を考えることができる。また，正の向きにも負の向きにも360°を超える回転を考えることができる。このように，角の大きさの範囲を拡げて考える角のことを一般角という。動径と始線のなす角の1つを$\alpha$とすると，一般角は$\alpha+360°\times n$（$n$は整数）と表される。

**弧度法**

定義 $\theta=\dfrac{l}{r}$（扇形の半径を$r$，弧の長さを$l$としたときの中心角が$\theta$）

単位はラジアンで，省略することが多い。
半円では，$l=\pi r$ だから　$180°=\pi$（ラジアン）

**扇形の弧の長さと面積**

弧度法を使うと，半径$r$，中心角$\theta$の扇形の弧の長さ$l$，面積$S$は

$$l=r\theta,\quad S=\frac{1}{2}r^2\theta=\frac{1}{2}lr$$

### 23 三角関数

**三角関数の定義**

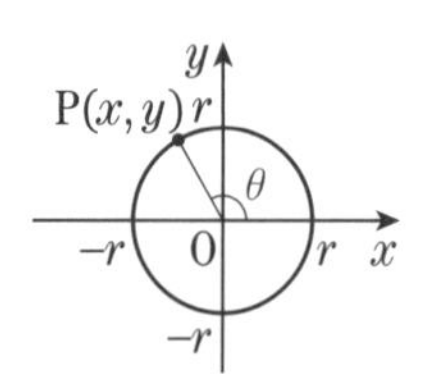


$xy$平面上で原点を中心とする半径$r$の円Oを考える。$x$軸の正の部分を始線とし，角$\theta$の定める動径と円Oとの交点をPとする。点Pの座標を$(x,\ y)$とおくとき，角$\theta$の三角関数を次のように定める。

$$\sin\theta=\frac{y}{r},\quad \cos\theta=\frac{x}{r},\quad \tan\theta=\frac{y}{x}$$

（正弦）　（余弦）　（正接）

**三角関数の値域**

$-1\leqq\sin\theta\leqq1$，$-1\leqq\cos\theta\leqq1$，$\tan\theta$の値域は実数全体。

### 24 三角関数の相互関係

**三角関数と単位円**

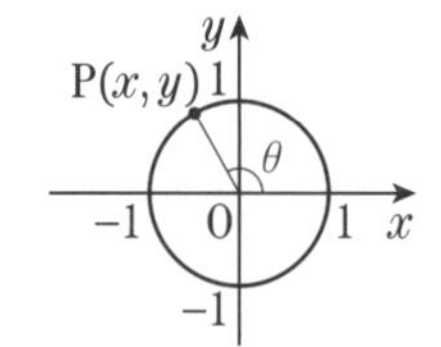


$xy$平面上で原点を中心とする半径1の円を単位円という。
$r=1$のときの三角関数の定義は

$$\sin\theta=y,\quad \cos\theta=x,\quad \tan\theta=\frac{y}{x}$$

**三角関数の相互関係**

① $\sin^2\theta+\cos^2\theta=1$　② $\tan\theta=\dfrac{\sin\theta}{\cos\theta}$　③ $1+\tan^2\theta=\dfrac{1}{\cos^2\theta}$

## 25 三角関数の性質

**三角関数の性質**

① $\sin(\theta+2n\pi)=\sin\theta$, $\cos(\theta+2n\pi)=\cos\theta$, $\tan(\theta+2n\pi)=\tan\theta$ （$n$ は整数）

② $\sin(-\theta)=-\sin\theta$, $\cos(-\theta)=\cos\theta$, $\tan(-\theta)=-\tan\theta$

③ $\sin(\theta+\pi)=-\sin\theta$, $\cos(\theta+\pi)=-\cos\theta$, $\tan(\theta+\pi)=\tan\theta$

④ $\sin(\pi-\theta)=\sin\theta$, $\cos(\pi-\theta)=-\cos\theta$, $\tan(\pi-\theta)=-\tan\theta$

⑤ $\sin\left(\frac{\pi}{2}-\theta\right)=\cos\theta$, $\cos\left(\frac{\pi}{2}-\theta\right)=\sin\theta$, $\tan\left(\frac{\pi}{2}-\theta\right)=\frac{1}{\tan\theta}$

### 1 扇形の弧の長さと面積① 22 一般角と弧度法

半径 4，中心角 60° の扇形の弧の長さ $l$ と面積 $S$ を求めよ。

中心角 60° は $\frac{\pi}{3}$ ラジアンだから

$l=4\cdot\frac{\pi}{3}=\frac{4}{3}\pi$ …答　　$S=\frac{1}{2}\cdot\frac{4}{3}\pi\cdot4=\frac{8}{3}\pi$ …答

### 2 三角関数の定義 23 三角関数

$\theta$ は第 3 象限の角で $\cos\theta=-\frac{1}{3}$ のとき，定義に従って，$\sin\theta$，$\tan\theta$ の値を求めよ。

半径 3 の円を考える。右の図より

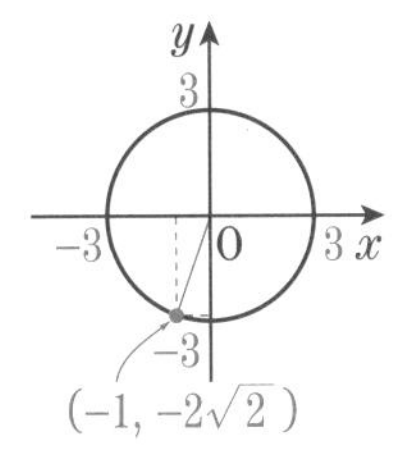


$\sin\theta=-\frac{2\sqrt{2}}{3}$ …答

$\tan\theta=\frac{-2\sqrt{2}}{-1}=2\sqrt{2}$ …答

### 3 三角関数の値の決定① 24 三角関数の相互関係

$\theta$ は第 3 象限の角で，$\cos\theta=-\frac{1}{2}$ のとき，$\sin\theta$, $\tan\theta$ の値を求めよ。

$\sin^2\theta+\cos^2\theta=1$ より　$\sin^2\theta=1-\cos^2\theta=\frac{3}{4}$

$\theta$ は第 3 象限の角だから　$\sin\theta=-\frac{\sqrt{3}}{2}$ …答

$\tan\theta=\frac{\sin\theta}{\cos\theta}$ より　$\tan\theta=\sqrt{3}$ …答

### 4 三角関数の計算① 25 三角関数の性質

次の式を簡単にせよ。

$\sin\left(\frac{\pi}{2}-\theta\right)+\sin(\pi-\theta)+\sin(\pi+\theta)$

$=\cos\theta+\sin\theta-\sin\theta=\cos\theta$ …答

**ガイド**

**ヒラメキ**
中心角→ラジアンで表す。

**なにをする？**
$l=r\theta$, $S=\frac{1}{2}r^2\theta=\frac{1}{2}lr$

**ヒラメキ**
三角関数の値→図をかく。

**なにをする？**
定義を考えることにより，円の半径として適当な値をとる。

**ヒラメキ**
三角関数の値が 1 つわかる。
→他の三角関数の値もわかる。

**なにをする？**
三角関数の相互関係
$\sin^2\theta+\cos^2\theta=1$
などを使う。

**ヒラメキ**
三角関数の性質→公式を使う。

**なにをする？**
公式の覚え方→いつでも図から作れるように。

# ガイドなしでやってみよう！

**5** **弧度法と度数法**

次の角を，弧度法は度数法で，度数法は弧度法で表せ。

(1) $\frac{3}{2}\pi$ ⟵ $\frac{180^\circ}{\pi}$ を掛ける。

$\frac{3}{2}\pi\times\frac{180^\circ}{\pi}=\mathbf{270^\circ}$ …答

(2) $\frac{11}{6}\pi$ ⟵ $\frac{180^\circ}{\pi}$ を掛ける。

$\frac{11}{6}\pi\times\frac{180^\circ}{\pi}=\mathbf{330^\circ}$ …答

(3) $150^\circ$ ⟵ $\frac{\pi}{180^\circ}$ を掛ける。

$150^\circ\times\frac{\pi}{180^\circ}=\mathbf{\frac{5}{6}}\pi$ …答

(4) $135^\circ$ ⟵ $\frac{\pi}{180^\circ}$ を掛ける。

$135^\circ\times\frac{\pi}{180^\circ}=\mathbf{\frac{3}{4}}\pi$ …答

**6** **扇形の弧の長さと面積②**

半径 3，中心角 90° の扇形の弧の長さ $l$ と面積 $S$ を求めよ。

中心角 90° は $\frac{\pi}{2}$ ラジアンだから

$l=r\theta=3\cdot\frac{\pi}{2}=\mathbf{\frac{3}{2}}\pi$ …答　　$S=\frac{1}{2}lr=\frac{1}{2}\cdot\frac{3}{2}\pi\cdot3=\mathbf{\frac{9}{4}}\pi$ …答

**7** **三角関数の値**

次の角 $\theta$ に対応する $\sin\theta$，$\cos\theta$，$\tan\theta$ の値を求めよ。

| $\theta$ | $0$ | $\frac{\pi}{6}$ | $\frac{\pi}{4}$ | $\frac{\pi}{3}$ | $\frac{\pi}{2}$ | $\frac{2}{3}\pi$ | $\frac{3}{4}\pi$ | $\frac{5}{6}\pi$ | $\pi$ |
|---|---|---|---|---|---|---|---|---|---|
| $\sin\theta$ | $0$ | $\frac{1}{2}$ | $\frac{\sqrt{2}}{2}$ | $\frac{\sqrt{3}}{2}$ | $1$ | $\frac{\sqrt{3}}{2}$ | $\frac{\sqrt{2}}{2}$ | $\frac{1}{2}$ | $0$ |
| $\cos\theta$ | $1$ | $\frac{\sqrt{3}}{2}$ | $\frac{\sqrt{2}}{2}$ | $\frac{1}{2}$ | $0$ | $-\frac{1}{2}$ | $-\frac{\sqrt{2}}{2}$ | $-\frac{\sqrt{3}}{2}$ | $-1$ |
| $\tan\theta$ | $0$ | $\frac{\sqrt{3}}{3}$ | $1$ | $\sqrt{3}$ |  | $-\sqrt{3}$ | $-1$ | $-\frac{\sqrt{3}}{3}$ | $0$ |

| $\theta$ | $\pi$ | $\frac{7}{6}\pi$ | $\frac{5}{4}\pi$ | $\frac{4}{3}\pi$ | $\frac{3}{2}\pi$ | $\frac{5}{3}\pi$ | $\frac{7}{4}\pi$ | $\frac{11}{6}\pi$ | $2\pi$ |
|---|---|---|---|---|---|---|---|---|---|
| $\sin\theta$ | $0$ | $-\frac{1}{2}$ | $-\frac{\sqrt{2}}{2}$ | $-\frac{\sqrt{3}}{2}$ | $-1$ | $-\frac{\sqrt{3}}{2}$ | $-\frac{\sqrt{2}}{2}$ | $-\frac{1}{2}$ | $0$ |
| $\cos\theta$ | $-1$ | $-\frac{\sqrt{3}}{2}$ | $-\frac{\sqrt{2}}{2}$ | $-\frac{1}{2}$ | $0$ | $\frac{1}{2}$ | $\frac{\sqrt{2}}{2}$ | $\frac{\sqrt{3}}{2}$ | $1$ |
| $\tan\theta$ | $0$ | $\frac{\sqrt{3}}{3}$ | $1$ | $\sqrt{3}$ |  | $-\sqrt{3}$ | $-1$ | $-\frac{\sqrt{3}}{3}$ | $0$ |

## 8 三角関数の値の決定②

$\theta$は第3象限の角で，$\tan\theta=2$のとき，$\sin\theta$，$\cos\theta$の値を求めよ。

$1+\tan^2\theta=\dfrac{1}{\cos^2\theta}$ だから　$\cos^2\theta=\dfrac{1}{5}$

よって　$\cos\theta=\pm\dfrac{\sqrt{5}}{5}$

$\theta$は第3象限の角だから　$\cos\theta<0$

よって　$\boldsymbol{\cos\theta=-\dfrac{\sqrt{5}}{5}}$ …答

次に，$\tan\theta=\dfrac{\sin\theta}{\cos\theta}$ より　$\boldsymbol{\sin\theta}=\tan\theta\cdot\cos\theta=2\cdot\left(-\dfrac{\sqrt{5}}{5}\right)=\boldsymbol{-\dfrac{2\sqrt{5}}{5}}$ …答

## 9 等式の証明

次の等式を証明せよ。

$$\frac{1+\cos\theta}{1-\sin\theta}-\frac{1-\cos\theta}{1+\sin\theta}=\frac{2(1+\tan\theta)}{\cos\theta}$$

[証明]

$$(\text{左辺})=\frac{1+\cos\theta}{1-\sin\theta}-\frac{1-\cos\theta}{1+\sin\theta}=\frac{(1+\cos\theta)(1+\sin\theta)-(1-\cos\theta)(1-\sin\theta)}{1-\sin^2\theta}$$

$$=\frac{(1+\sin\theta+\cos\theta+\cos\theta\sin\theta)-(1-\sin\theta-\cos\theta+\cos\theta\sin\theta)}{\cos^2\theta}$$

分子，分母を $\cos\theta$ で割る。

$$=\frac{2(\cos\theta+\sin\theta)}{\cos^2\theta}=\frac{2(1+\tan\theta)}{\cos\theta}=(\text{右辺})$$

したがって　$\dfrac{1+\cos\theta}{1-\sin\theta}-\dfrac{1-\cos\theta}{1+\sin\theta}=\dfrac{2(1+\tan\theta)}{\cos\theta}$　[証明終わり]

**[参考]**　$(\text{左辺})=\dfrac{2(\cos\theta+\sin\theta)}{\cos^2\theta}$ まで変形した後，右辺を次のように変形して(左辺)=(右辺)を証明してもよい。

$$(\text{右辺})=\frac{2(1+\tan\theta)}{\cos\theta}=\frac{2\cos\theta(1+\tan\theta)}{\cos^2\theta}=\frac{2\left(\cos\theta+\cos\theta\cdot\dfrac{\sin\theta}{\cos\theta}\right)}{\cos^2\theta}=\frac{2(\cos\theta+\sin\theta)}{\cos^2\theta}$$

## 10 三角関数の計算②

次の式を簡単にせよ。

$$\cos\left(\frac{\pi}{2}+\theta\right)+\cos(\pi+\theta)+\cos\left(\frac{3}{2}\pi+\theta\right)+\cos(2\pi+\theta)\quad\cdots①$$

公式より

$\cos(\pi+\theta)=-\cos\theta$，$\cos(2\pi+\theta)=\cos\theta$

右の単位円より

$\cos\left(\dfrac{\pi}{2}+\theta\right)=-\sin\theta$，$\cos\left(\dfrac{3}{2}\pi+\theta\right)=\sin\theta$

よって，①は　$-\sin\theta-\cos\theta+\sin\theta+\cos\theta=\boldsymbol{0}$ …答

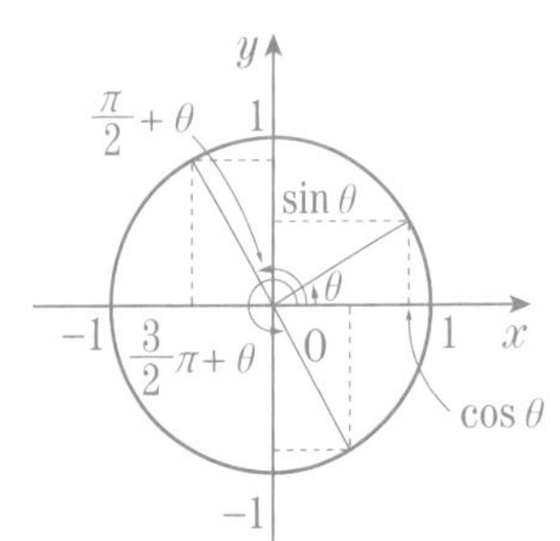




第3章　三角関数

# 2 三角関数のグラフ

## 26 三角関数のグラフ

**$y=\sin\theta$, $y=\cos\theta$ のグラフ**

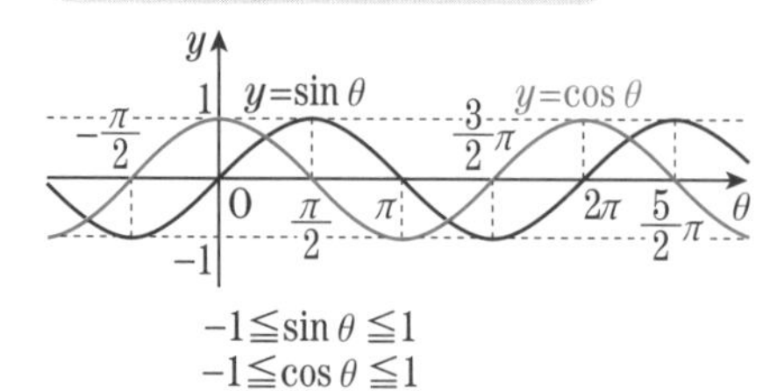


$-1\leqq\sin\theta\leqq1$
$-1\leqq\cos\theta\leqq1$

**$y=\tan\theta$ のグラフ**

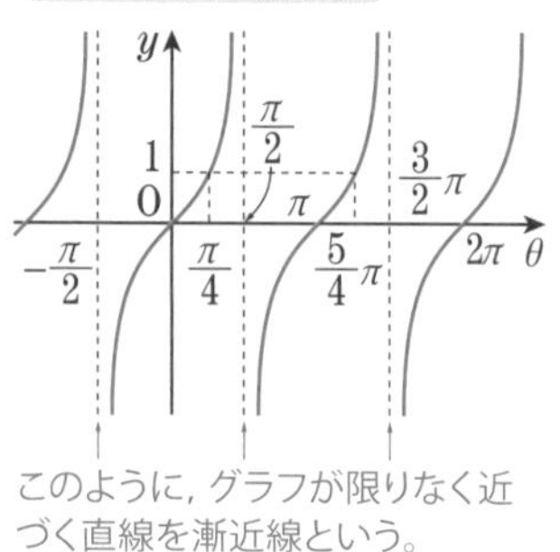


このように，グラフが限りなく近づく直線を漸近線という。

**周期**

関数 $f(\theta)$ において，すべての実数 $\theta$ に対して，$f(\theta+p)=f(\theta)$ を満たす 0 でない実数 $p$ が存在するとき，関数 $f(\theta)$ を周期関数，$p$ を周期という。
周期は普通，正で最小のものをいう。
$\sin\theta$，$\cos\theta$ の周期は $2\pi$，$\tan\theta$ の周期は $\pi$ である。

## 27 三角方程式

**三角方程式を単位円を使って解く方法**

(1) $\sin\theta=a$ $(-1\leqq a\leqq1)$ の解法
単位円と直線 $y=a$ の交点から得られる動径の角を読む。

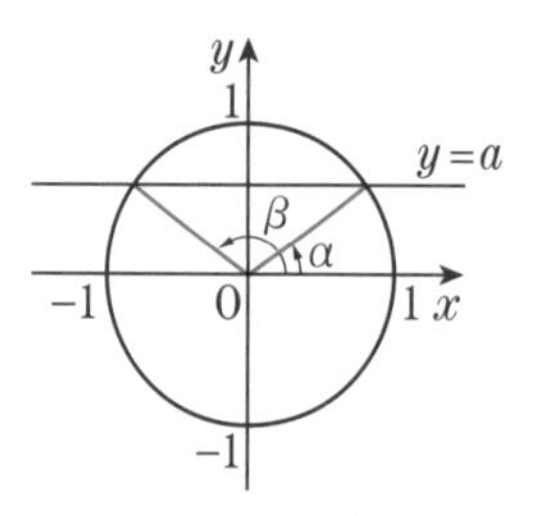


$0\leqq\theta<2\pi$ での解　$\theta=\alpha,\ \beta$
一般解　$\theta=\alpha+2n\pi$
　　　　$\theta=\beta+2n\pi$　($n$ は整数)
↑
$\theta$ を $0\leqq\theta<2\pi$ の範囲に制限しないときの解

(2) $\cos\theta=b$ $(-1\leqq b\leqq1)$ の解法
単位円と直線 $x=b$ の交点から得られる動径の角を読む。

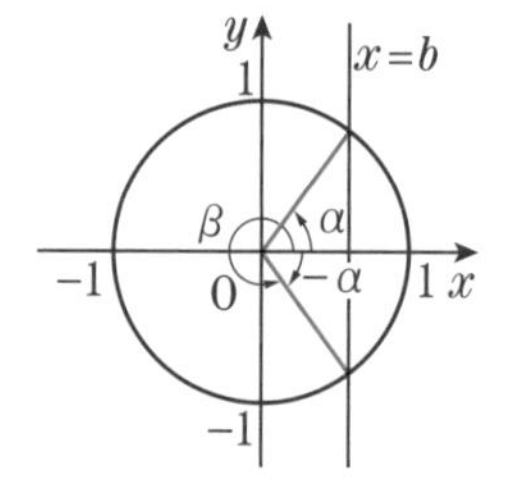


$0\leqq\theta<2\pi$ での解　$\theta=\alpha,\ \beta$
一般解　$\theta=\alpha+2n\pi$
　　　　$\theta=\beta+2n\pi$　($n$ は整数)

## 28 三角不等式

**$\sin\theta\geqq a$ $(-1\leqq a\leqq1)$ の解法**

三角方程式と同じ図をかいて，$y\geqq a$ の部分の動径の角の範囲を答える。
$0\leqq\theta<2\pi$ での解　$\alpha\leqq\theta\leqq\beta$
一般解　$\alpha+2n\pi\leqq\theta\leqq\beta+2n\pi$ ($n$ は整数)

## 11 グラフの平行移動① 26 三角関数のグラフ

関数 $y=\cos\left(\theta-\frac{\pi}{4}\right)$ のグラフをかけ。

$y=\cos\theta$ のグラフを $\theta$ 軸の方向に $\frac{\pi}{4}$ だけ平行移動したグラフで，下の図の実線のようになる。

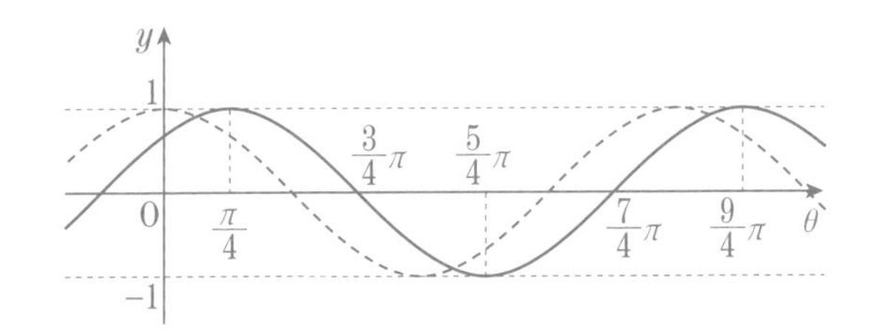

## 12 三角方程式① 27 三角方程式

次の三角方程式を( )内の範囲で解け。

$\tan\theta=\sqrt{3}$ $(0\leqq\theta<2\pi)$

単位円と原点を通る傾き $\sqrt{3}$ の直線との交点の動径の角を $0\leqq\theta<2\pi$ の範囲で読む。

右の図より

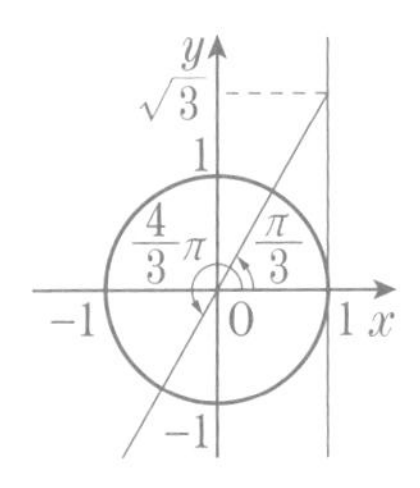

$\theta=\frac{\pi}{3},\ \frac{4}{3}\pi$ …答

## 13 三角不等式① 28 三角不等式

次の三角不等式を( )内の範囲で解け。

$\sin\theta\geqq\frac{\sqrt{2}}{2}$ $(0\leqq\theta<2\pi)$

単位円と $y\geqq\frac{\sqrt{2}}{2}$ の共通部分の動径の範囲を $0\leqq\theta<2\pi$ の範囲で読む。

右の図より

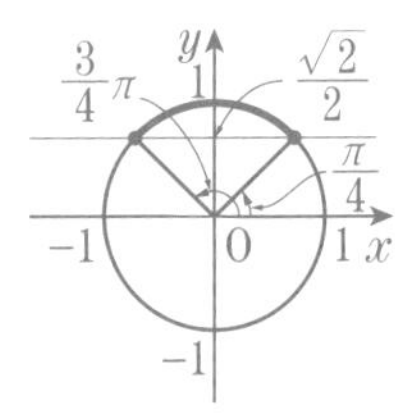

$\frac{\pi}{4}\leqq\theta\leqq\frac{3}{4}\pi$ …答

ガイド

**ヒラメキ**

関数 $y=\cos\theta$ のグラフ
→周期 $2\pi$，まず $-1\leqq y\leqq1$ の基本形をかく。

**なにをする？**

$\theta-\frac{\pi}{4}$ だから，$\theta$ 軸の方向に $\frac{\pi}{4}$ だけ平行移動する。

**ヒラメキ**

$\tan\theta$→傾き

**なにをする？**

$\tan\theta=\sqrt{3}$ の方程式では，原点と点 $(1,\ \sqrt{3})$ を結ぶ直線と単位円の交点の動径の角を読む。

**ヒラメキ**

$\sin\theta=a$ の方程式をまず解く。
→単位円と直線 $y=a$ の交点の動径の角を読む。

**なにをする？**

$\sin\theta\geqq a$ の不等式では，単位円と $y\geqq a$ の共通部分の動径の範囲を読む。

**[参考]**

$\sin\theta<a$ の不等式では，単位円と $y<a$ の共通部分の動径の範囲を読む。

第3章 三角関数

## ガイドなしでやってみよう！

**14 グラフの平行移動②**

次の関数のグラフをかけ。

(1) $y=\sin\dfrac{\theta}{2}-1$

$y=\sin\theta$ のグラフを $\theta$ 軸方向に 2 倍にし，$y$ 軸方向に $-1$ だけ平行移動したグラフで，右の図のようになる。(周期は $4\pi$)

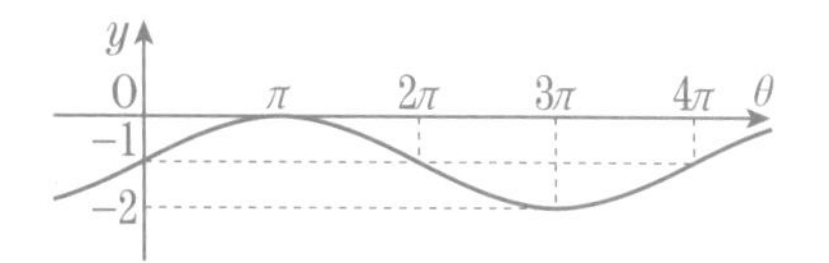


(2) $y=\tan\left(\theta-\dfrac{\pi}{4}\right)$

$y=\tan\theta$ のグラフを $\theta$ 軸の方向に $\dfrac{\pi}{4}$ だけ平行移動したグラフで，右の図のようになる。(周期は $\pi$)

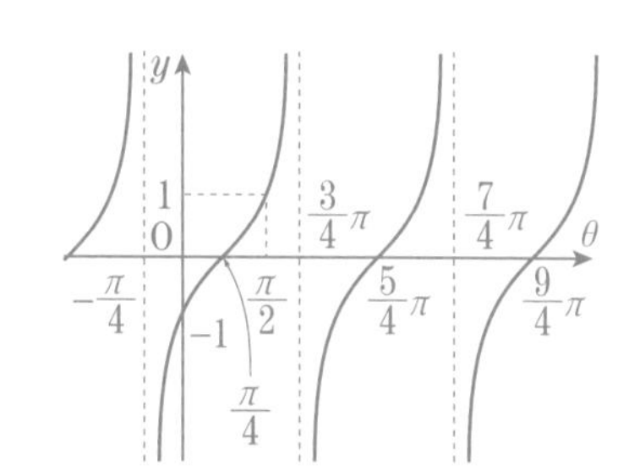


(3) $y=3\cos\left(\theta+\dfrac{\pi}{3}\right)$

$y=\cos\theta$ のグラフを $y$ 軸方向に 3 倍にし，$\theta$ 軸方向に $-\dfrac{\pi}{3}$ だけ平行移動したグラフで，右の図のようになる。(周期は $2\pi$)

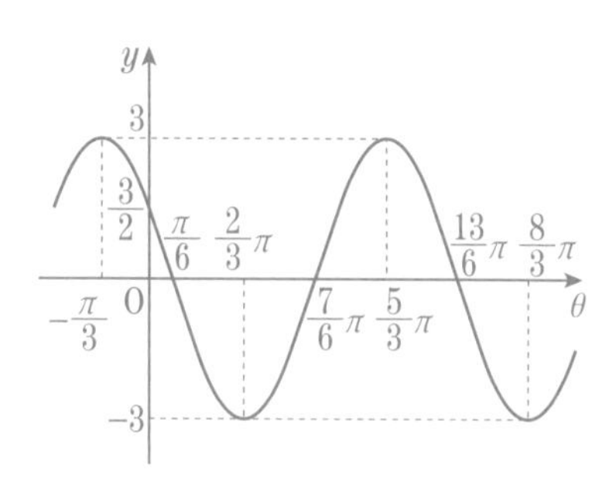


**15 三角方程式②**

$0\leqq\theta<2\pi$ のとき，次の方程式を解け。

(1) $2\sin^2\theta-\cos\theta-1=0$

$\sin^2\theta=1-\cos^2\theta$ を代入して

$2(1-\cos^2\theta)-\cos\theta-1=0$

整理して　$2\cos^2\theta+\cos\theta-1=0$

左辺を因数分解すると

$(2\cos\theta-1)(\cos\theta+1)=0$

したがって　$\cos\theta=\dfrac{1}{2},\ -1$

$0\leqq\theta<2\pi$ の範囲であるから

$\boldsymbol{\theta=\dfrac{\pi}{3},\ \pi,\ \dfrac{5}{3}\pi}$ …答

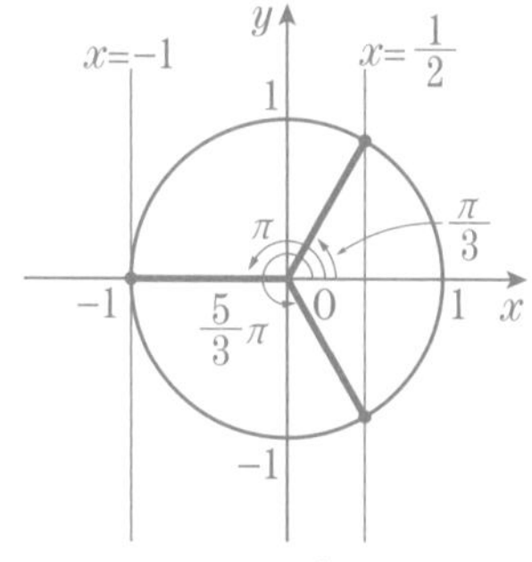


単位円と直線 $x=\dfrac{1}{2}$，$x=-1$ の交点と原点を結んでできる動径の表す角を見る。

(2) $2\sin\left(\theta-\frac{\pi}{6}\right)+\sqrt{2}=0$

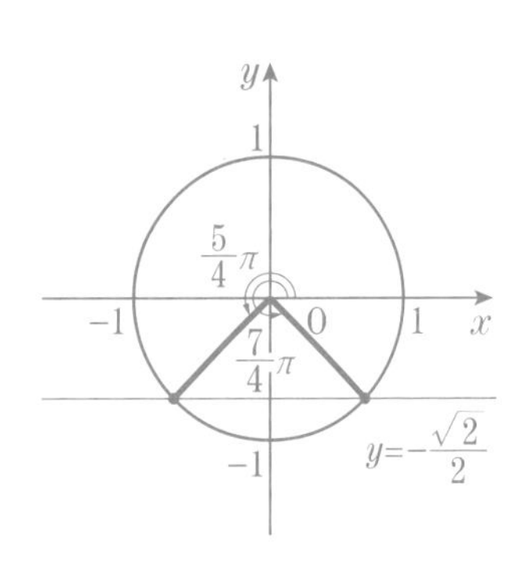


$\theta-\frac{\pi}{6}=\alpha$ とおくと，$0\leqq\theta<2\pi$ だから，

$-\frac{\pi}{6}\leqq\theta-\frac{\pi}{6}<2\pi-\frac{\pi}{6}$ より　$-\frac{\pi}{6}\leqq\alpha<\frac{11}{6}\pi$

$\sin\alpha=-\frac{\sqrt{2}}{2}$ を満たす $\alpha$ の値を，$-\frac{\pi}{6}\leqq\alpha<\frac{11}{6}\pi$ の

範囲で調べる。右の図より，$\alpha=\frac{5}{4}\pi,\ \frac{7}{4}\pi$ だから，

$\theta-\frac{\pi}{6}=\frac{5}{4}\pi,\ \frac{7}{4}\pi$ より　$\boldsymbol{\theta=\frac{17}{12}\pi,\ \frac{23}{12}\pi}$ …答

**16** **三角方程式③**

次の方程式の一般解を求めよ。

(1) $\sin\theta=-\frac{1}{2}$

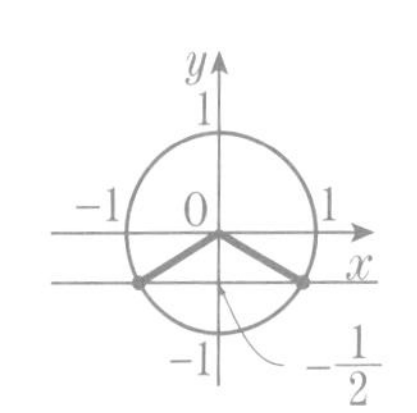


$0\leqq\theta<2\pi$ の範囲の解は　$\theta=\frac{7}{6}\pi,\ \frac{11}{6}\pi$

したがって　$\boldsymbol{\theta=\frac{7}{6}\pi+2n\pi,\ \frac{11}{6}\pi+2n\pi}$（$\boldsymbol{n}$ **は整数**）…答

(2) $\tan\theta=-1$

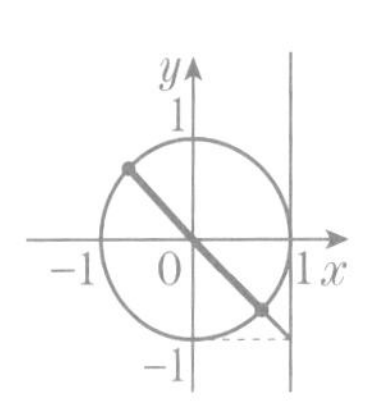


$0\leqq\theta<\pi$ の範囲の解は　$\theta=\frac{3}{4}\pi$

したがって　$\boldsymbol{\theta=\frac{3}{4}\pi+n\pi}$（$\boldsymbol{n}$ **は整数**）…答 ←── $\tan\theta$ **の周期は** $\pi$

**17** **三角不等式②**

不等式 $4\sin^2\theta<1$ の解のうち，次のものを求めよ。

(1) $0\leqq\theta<2\pi$ の範囲の解

$\sin\theta=y$ とおくと，$4y^2-1<0$ より　$(2y-1)(2y+1)<0$

よって，$-\frac{1}{2}<y<\frac{1}{2}$ だから　$-\frac{1}{2}<\sin\theta<\frac{1}{2}$

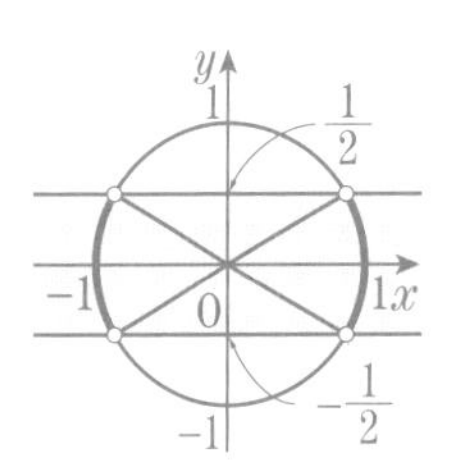


単位円と領域 $-\frac{1}{2}<y<\frac{1}{2}$ との共通部分の動径の角の範囲を求める。

したがって　$\boldsymbol{0\leqq\theta<\frac{\pi}{6},\ \frac{5}{6}\pi<\theta<\frac{7}{6}\pi,\ \frac{11}{6}\pi<\theta<2\pi}$ …答

(2) 一般解

$\theta$ の範囲にこだわらずに，答えを簡潔に表現すると，$-\frac{\pi}{6}<\theta<\frac{\pi}{6}$,

$-\frac{\pi}{6}+\pi<\theta<\frac{\pi}{6}+\pi$ のように，$\pi$ おきに出てくることがわかる。

したがって，一般解は　$\boldsymbol{-\frac{\pi}{6}+n\pi<\theta<\frac{\pi}{6}+n\pi}$（$\boldsymbol{n}$ **は整数**）…答

# 3 加法定理

## 29 加法定理

**加法定理**

$\sin(\alpha+\beta)=\sin\alpha\cos\beta+\cos\alpha\sin\beta$　　$\sin(\alpha-\beta)=\sin\alpha\cos\beta-\cos\alpha\sin\beta$

$\cos(\alpha+\beta)=\cos\alpha\cos\beta-\sin\alpha\sin\beta$　　$\cos(\alpha-\beta)=\cos\alpha\cos\beta+\sin\alpha\sin\beta$

$\tan(\alpha+\beta)=\dfrac{\tan\alpha+\tan\beta}{1-\tan\alpha\tan\beta}$　　$\tan(\alpha-\beta)=\dfrac{\tan\alpha-\tan\beta}{1+\tan\alpha\tan\beta}$

**2倍角の公式**

$\sin2\theta=2\sin\theta\cos\theta$　…①

$\cos2\theta=\cos^2\theta-\sin^2\theta=2\cos^2\theta-1=1-2\sin^2\theta$　…②

$\tan2\theta=\dfrac{2\tan\theta}{1-\tan^2\theta}$

**半角の公式**

$\sin^2\dfrac{\theta}{2}=\dfrac{1-\cos\theta}{2}$，$\cos^2\dfrac{\theta}{2}=\dfrac{1+\cos\theta}{2}$

## 30 三角関数の合成

**三角関数の合成公式**

$a\sin\theta+b\cos\theta=r\sin(\theta+\alpha)$

ただし　$r=\sqrt{a^2+b^2}$，$\sin\alpha=\dfrac{b}{r}$，$\cos\alpha=\dfrac{a}{r}$

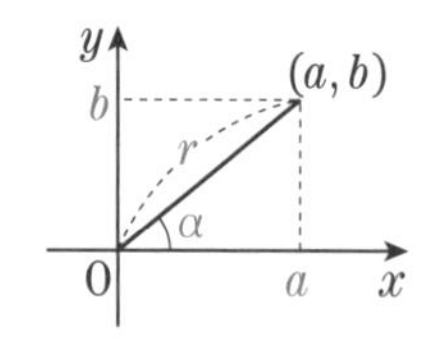


## 31 三角関数の応用 ①

**2倍角の公式・半角の公式**

上の①，②を変形してできる次の公式を利用することも多い。

$\sin\theta=2\sin\dfrac{\theta}{2}\cos\dfrac{\theta}{2}$

$\sin^2\theta=\dfrac{1-\cos2\theta}{2}$，$\cos^2\theta=\dfrac{1+\cos2\theta}{2}$

## 32 三角関数の応用 ②

**積和公式**

$\sin\alpha\cos\beta=\dfrac{1}{2}\{\sin(\alpha+\beta)+\sin(\alpha-\beta)\}$，$\cos\alpha\sin\beta=\dfrac{1}{2}\{\sin(\alpha+\beta)-\sin(\alpha-\beta)\}$

$\cos\alpha\cos\beta=\dfrac{1}{2}\{\cos(\alpha+\beta)+\cos(\alpha-\beta)\}$，$\sin\alpha\sin\beta=-\dfrac{1}{2}\{\cos(\alpha+\beta)-\cos(\alpha-\beta)\}$

**和積公式**

$\sin A+\sin B=2\sin\dfrac{A+B}{2}\cos\dfrac{A-B}{2}$，$\sin A-\sin B=2\cos\dfrac{A+B}{2}\sin\dfrac{A-B}{2}$

$\cos A+\cos B=2\cos\dfrac{A+B}{2}\cos\dfrac{A-B}{2}$，$\cos A-\cos B=-2\sin\dfrac{A+B}{2}\sin\dfrac{A-B}{2}$

## 18 加法定理の利用① 29 加法定理

次の値を求めよ。

(1) $\sin 105^\circ = \sin(60^\circ + 45^\circ)$

$$= \sin 60^\circ \cos 45^\circ + \cos 60^\circ \sin 45^\circ$$

$$= \frac{\sqrt{3}}{2} \cdot \frac{\sqrt{2}}{2} + \frac{1}{2} \cdot \frac{\sqrt{2}}{2} = \frac{\sqrt{6}+\sqrt{2}}{4} \quad \cdots \text{答}$$

(2) $\tan 75^\circ = \tan(45^\circ + 30^\circ) = \dfrac{\tan 45^\circ + \tan 30^\circ}{1 - \tan 45^\circ \tan 30^\circ}$

$$= \frac{1 + \frac{1}{\sqrt{3}}}{1 - 1 \cdot \frac{1}{\sqrt{3}}} = \frac{\sqrt{3}+1}{\sqrt{3}-1} \times \frac{\sqrt{3}+1}{\sqrt{3}+1}$$

← 分母，分子に $\sqrt{3}$ を掛ける。

← 分母の有理化。

$$= \frac{3 + 2\sqrt{3} + 1}{3 - 1} = \frac{4 + 2\sqrt{3}}{2} = 2 + \sqrt{3} \quad \cdots \text{答}$$

**ガイド**

**ヒラメキ**
加法定理
→三角関数の公式。

**なにをする？**
$105^\circ = 60^\circ + 45^\circ$
$75^\circ = 45^\circ + 30^\circ$
として加法定理を使う。
(1) $\sin(\alpha + \beta)$
$= \sin\alpha\cos\beta + \cos\alpha\sin\beta$
(2) $\tan(\alpha + \beta)$
$= \dfrac{\tan\alpha + \tan\beta}{1 - \tan\alpha\tan\beta}$

## 19 三角方程式④ 30 三角関数の合成

$0 \leqq \theta < 2\pi$ のとき，$\sqrt{3}\sin\theta + \cos\theta = 1$ を解け。

$$2\left(\frac{\sqrt{3}}{2}\sin\theta + \frac{1}{2}\cos\theta\right) = 1$$

$$2\left(\sin\theta\cos\frac{\pi}{6} + \cos\theta\sin\frac{\pi}{6}\right) = 1$$

$$\sin\left(\theta + \frac{\pi}{6}\right) = \frac{1}{2}$$

$\theta + \dfrac{\pi}{6} = \alpha$ とおくと，$\dfrac{\pi}{6} \leqq \alpha < \dfrac{13}{6}\pi$ で　$\sin\alpha = \dfrac{1}{2}$

右の図より　$\alpha = \dfrac{\pi}{6}$，$\dfrac{5}{6}\pi$

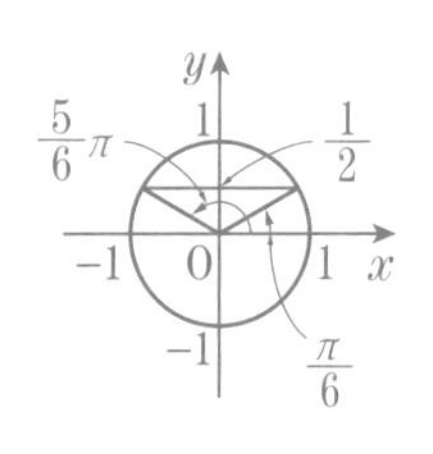


$\theta + \dfrac{\pi}{6} = \dfrac{\pi}{6}$，$\dfrac{5}{6}\pi$ より

$\boldsymbol{\theta = 0}$，$\boldsymbol{\dfrac{2}{3}\pi}$ …答

**ヒラメキ**
$a\sin\theta + b\cos\theta$
→1 つの三角関数に直す。
→角が同じ。
→合成。

**なにをする？**
図をかいて $r$ と $\alpha$ を求め変形する。
$a\sin\theta + b\cos\theta$
$= r\sin(\theta + \alpha)$

## 20 三角方程式⑤ 32 三角関数の応用②

$0 \leqq \theta < 2\pi$ のとき，$\sin 3\theta + \sin\theta = 0$ を解け。

和積公式より　$2\sin 2\theta\cos\theta = 0$

$0 \leqq 2\theta < 4\pi$ より，$\sin 2\theta = 0$ の解は

$2\theta = 0$，$\pi$，$2\pi$，$3\pi$ より

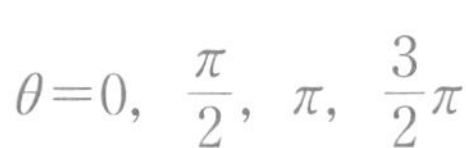

$\theta = 0$，$\dfrac{\pi}{2}$，$\pi$，$\dfrac{3}{2}\pi$

$\cos\theta = 0$ の解は　$\theta = \dfrac{\pi}{2}$，$\dfrac{3}{2}\pi$

したがって　$\boldsymbol{\theta = 0}$，$\boldsymbol{\dfrac{\pi}{2}}$，$\boldsymbol{\pi}$，$\boldsymbol{\dfrac{3}{2}\pi}$ …答

**ヒラメキ**
$\sin k\theta + \sin l\theta$
→係数は同じ，角が違う。
→和積公式。

**なにをする？**
$\sin A + \sin B$
$= 2\sin\dfrac{A+B}{2}\cos\dfrac{A-B}{2}$

第3章 三角関数

# ガイドなしでやってみよう！

**21** 加法定理の利用②

$0<\alpha<\frac{\pi}{2}$，$\frac{\pi}{2}<\beta<\pi$ で，$\sin\alpha=\frac{3}{5}$，$\cos\beta=-\frac{\sqrt{5}}{3}$ とするとき，次の値を求めよ。

(1) $\sin(\alpha+\beta)$

まず，$\cos\alpha$，$\sin\beta$ を求める。 ← 公式 $\sin^2\theta+\cos^2\theta=1$ を使う。

$\cos^2\alpha=1-\sin^2\alpha=1-\left(\frac{3}{5}\right)^2=\frac{16}{25}$ で，$0<\alpha<\frac{\pi}{2}$ より　$\cos\alpha=\frac{4}{5}$ ← $\cos\alpha>0$

$\sin^2\beta=1-\cos^2\beta=1-\left(-\frac{\sqrt{5}}{3}\right)^2=\frac{4}{9}$ で，$\frac{\pi}{2}<\beta<\pi$ より　$\sin\beta=\frac{2}{3}$ ← $\sin\beta>0$

$$\sin(\alpha+\beta)=\sin\alpha\cos\beta+\cos\alpha\sin\beta=\frac{3}{5}\cdot\left(-\frac{\sqrt{5}}{3}\right)+\frac{4}{5}\cdot\frac{2}{3}=\mathbf{\frac{8-3\sqrt{5}}{15}}$$ …答

(2) $\sin 2\alpha$

$$=2\sin\alpha\cos\alpha=2\cdot\frac{3}{5}\cdot\frac{4}{5}=\mathbf{\frac{24}{25}}$$ …答

(3) $\sin\frac{\alpha}{2}$

$\sin^2\frac{\alpha}{2}=\frac{1-\cos\alpha}{2}=\frac{1-\frac{4}{5}}{2}=\frac{1}{10}$ で，$0<\frac{\alpha}{2}<\frac{\pi}{4}$ より　$\sin\frac{\alpha}{2}=\sqrt{\frac{1}{10}}=\mathbf{\frac{\sqrt{10}}{10}}$ …答 （$\sin\frac{\alpha}{2}>0$）

**22** 2直線のなす角

2直線 $y=3x-4$，$y=-2x+3$ のなす角を求めよ。

2直線 $y=3x-4$，$y=-2x+3$ について，$x$ 軸の正の向きとなす角をそれぞれ $\theta_1$，$\theta_2$ とする。$\tan\theta_1=3$，$\tan\theta_2=-2$ だから

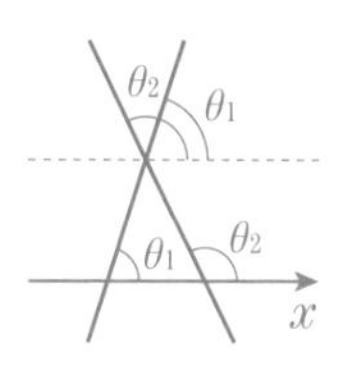

$$\tan(\theta_2-\theta_1)=\frac{\tan\theta_2-\tan\theta_1}{1+\tan\theta_2\tan\theta_1}=\frac{-2-3}{1+(-2)\cdot 3}=\frac{-5}{-5}=1$$

より　$\theta_2-\theta_1=\frac{\pi}{4}$　　したがって，2直線のなす角は $\mathbf{\frac{\pi}{4}}$ …答

**23** 三角方程式⑥

$0\leqq\theta<2\pi$ のとき，方程式 $\sin\theta-\cos\theta=\sqrt{2}$ を解け。

合成すると，$\sin\theta-\cos\theta=\sqrt{2}\sin\left(\theta-\frac{\pi}{4}\right)$ だから

$\sin\left(\theta-\frac{\pi}{4}\right)=1$　　$-\frac{\pi}{4}\leqq\theta-\frac{\pi}{4}<\frac{7}{4}\pi$

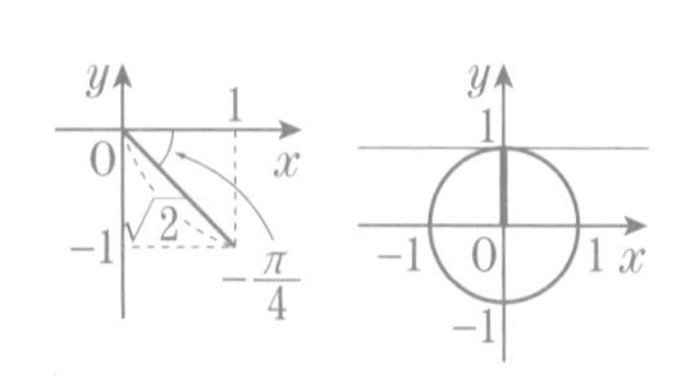

よって，$\theta-\frac{\pi}{4}=\frac{\pi}{2}$ より　$\boldsymbol{\theta=\frac{3}{4}\pi}$ …答

## 24 三角不等式③

$0 \leqq \theta < 2\pi$ のとき，不等式 $\sin\theta + \sqrt{3}\cos\theta > 1$ を解け。

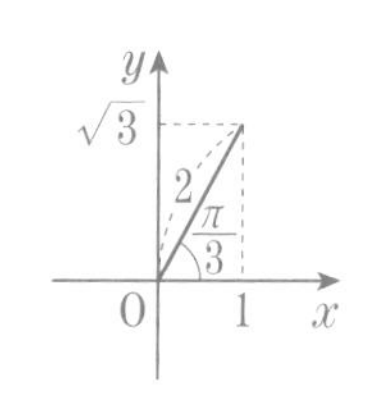


$\sin\theta + \sqrt{3}\cos\theta = 2\sin\left(\theta + \dfrac{\pi}{3}\right)$ より　$\sin\left(\theta + \dfrac{\pi}{3}\right) > \dfrac{1}{2}$

$\theta + \dfrac{\pi}{3} = \alpha$ とおくと　$\sin\alpha > \dfrac{1}{2}$　…①

$0 \leqq \theta < 2\pi$ より，$\dfrac{\pi}{3} \leqq \theta + \dfrac{\pi}{3} < \dfrac{7}{3}\pi$ で　$\dfrac{\pi}{3} \leqq \alpha < \dfrac{7}{3}\pi$

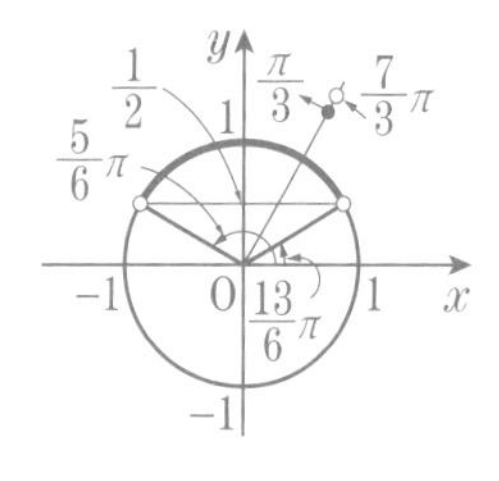


①を満たすのは　$\dfrac{\pi}{3} \leqq \alpha < \dfrac{5}{6}\pi$，$\dfrac{13}{6}\pi < \alpha < \dfrac{7}{3}\pi$

よって　$\dfrac{\pi}{3} \leqq \theta + \dfrac{\pi}{3} < \dfrac{5}{6}\pi$，$\dfrac{13}{6}\pi < \theta + \dfrac{\pi}{3} < \dfrac{7}{3}\pi$

ゆえに　$\boldsymbol{0 \leqq \theta < \dfrac{\pi}{2}}$，$\boldsymbol{\dfrac{11}{6}\pi < \theta < 2\pi}$　…答

## 25 三角関数の最大・最小

$0 \leqq \theta < 2\pi$ のとき，次の関数の最大値，最小値とそのときの $\theta$ の値を求めよ。

(1) $y = \cos\theta + \cos\left(\dfrac{2}{3}\pi - \theta\right)$

和積公式を用いる。

$$y = 2\cos\frac{\theta + \left(\frac{2}{3}\pi - \theta\right)}{2}\cos\frac{\theta - \left(\frac{2}{3}\pi - \theta\right)}{2} = 2\cos\frac{\pi}{3}\cos\left(\theta - \frac{\pi}{3}\right) = \cos\left(\theta - \frac{\pi}{3}\right)$$

$-\dfrac{\pi}{3} \leqq \theta - \dfrac{\pi}{3} < \dfrac{5}{3}\pi$ だから，$\theta - \dfrac{\pi}{3} = 0$ のとき最大値 1，

$\theta - \dfrac{\pi}{3} = \pi$ のとき最小値 $-1$ をとる。

よって，**最大値 1** $\left(\boldsymbol{\theta = \dfrac{\pi}{3}}\right)$，**最小値 −1** $\left(\boldsymbol{\theta = \dfrac{4}{3}\pi}\right)$　…答

**[参考]**　$\cos\left(\dfrac{2}{3}\pi - \theta\right)$ を加法定理で展開してから整理，合成して解く方法もある。

(2) $y = \cos 2\theta + 2\sin\theta + 1$

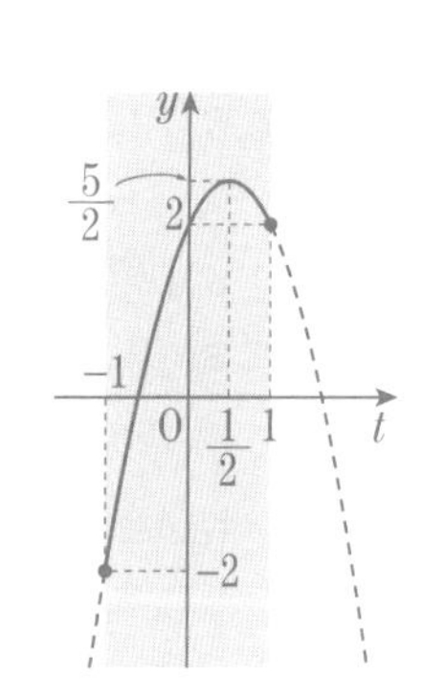


$y = \cos 2\theta + 2\sin\theta + 1 = 1 - 2\sin^2\theta + 2\sin\theta + 1$
$\quad = -2\sin^2\theta + 2\sin\theta + 2$

$\sin\theta = t$ とおくと　$-1 \leqq t \leqq 1$　←おき換えたら範囲を確認。

$y = -2t^2 + 2t + 2 = -2\left(t - \dfrac{1}{2}\right)^2 + \dfrac{5}{2}$

グラフより，最大値 $\dfrac{5}{2}$ $\left(t = \dfrac{1}{2}\right)$，最小値 $-2$ $(t = -1)$

$0 \leqq \theta < 2\pi$ より，$\sin\theta = \dfrac{1}{2}$ のとき　$\theta = \dfrac{\pi}{6}$，$\dfrac{5}{6}\pi$

$\sin\theta = -1$ のとき　$\theta = \dfrac{3}{2}\pi$

したがって，**最大値** $\boldsymbol{\dfrac{5}{2}}$ $\left(\boldsymbol{\theta = \dfrac{\pi}{6}},\ \boldsymbol{\dfrac{5}{6}\pi}\right)$，**最小値 −2** $\left(\boldsymbol{\theta = \dfrac{3}{2}\pi}\right)$　…答

# 定期テスト対策問題

目標点　60点
制限時間　50分

点

**1** 半径 $r$ が 6，弧の長さ $l$ が $4\pi$ の扇形の中心角 $\theta$（ラジアン）と面積 $S$ を求めよ。
⮌ 1 6
（各8点　計16点）

$l=r\theta$ より，$4\pi=6\theta$ だから　$\boldsymbol{\theta=\frac{2}{3}\pi}$（ラジアン）…答

$S=\frac{1}{2}lr=\frac{1}{2}\cdot4\pi\cdot6=\boldsymbol{12\pi}$ …答

**2** $\theta$ は第2象限の角で，$\sin\theta=\frac{1}{2}$ のとき，$\cos\theta$，$\tan\theta$ の値を求めよ。 ⮌ 3 8
（各8点　計16点）

$\sin^2\theta+\cos^2\theta=1$ より　$\cos^2\theta=1-\left(\frac{1}{2}\right)^2=\frac{3}{4}$　　$\cos\theta=\pm\frac{\sqrt{3}}{2}$

$\theta$ は第2象限の角だから　$\boldsymbol{\cos\theta=-\frac{\sqrt{3}}{2}}$ …答

$\tan\theta=\frac{\sin\theta}{\cos\theta}$ より　$\boldsymbol{\tan\theta}=\frac{1}{2}\div\left(-\frac{\sqrt{3}}{2}\right)=-\frac{1}{\sqrt{3}}=\boldsymbol{-\frac{\sqrt{3}}{3}}$ …答

**3** 関数 $y=3\sin2\theta$ のグラフをかけ。 ⮌ 11 14　（12点）

関数 $y=\sin\theta$ のグラフを $\theta$ 軸方向に $\frac{1}{2}$ に縮小し，$y$ 軸方向に3倍に拡大したグラフで，右の図の実線のようになる。

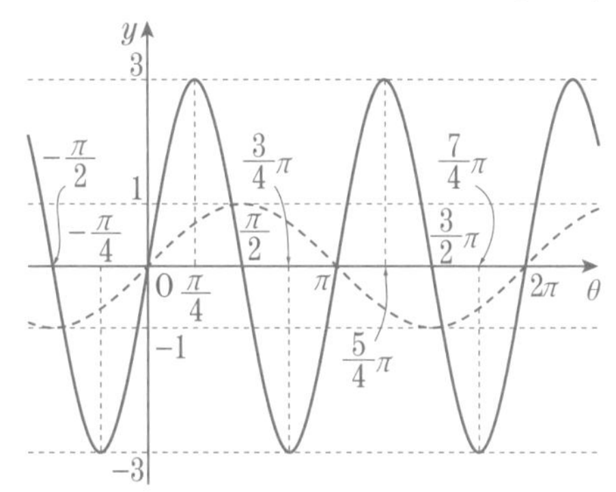


**4** $0\leqq\theta<2\pi$ のとき，次の方程式，不等式を解け。 ⮌ 12 13 15 16 17 19 20 23 24
（各10点　計20点）

(1) $\sin2\theta-\cos\theta=0$

$2\sin\theta\cos\theta-\cos\theta=0$ より

$(2\sin\theta-1)\cos\theta=0$

$\sin\theta=\frac{1}{2}$ の解は　$\theta=\frac{\pi}{6}$，$\frac{5}{6}\pi$

$\cos\theta=0$ の解は　$\theta=\frac{\pi}{2}$，$\frac{3}{2}\pi$

したがって　$\boldsymbol{\theta=\frac{\pi}{6}，\frac{\pi}{2}，\frac{5}{6}\pi，\frac{3}{2}\pi}$ …答

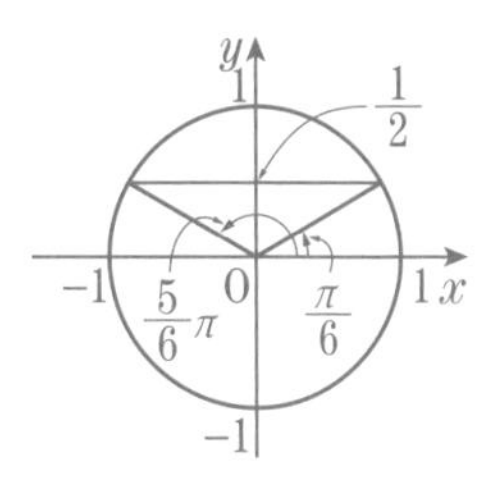


単位円と直線 $y=\frac{1}{2}$，$x=0$ との交点の動径の角を読む。

(2) $\sin\theta-\cos\theta>1$

合成して，$\sqrt{2}\sin\left(\theta-\dfrac{\pi}{4}\right)>1$ より

$\sin\left(\theta-\dfrac{\pi}{4}\right)>\dfrac{\sqrt{2}}{2}$

$\theta-\dfrac{\pi}{4}=\alpha$ とおくと　$-\dfrac{\pi}{4}\leqq\alpha<\dfrac{7}{4}\pi$

$\sin\alpha>\dfrac{\sqrt{2}}{2}$ の解は　$\dfrac{\pi}{4}<\alpha<\dfrac{3}{4}\pi$

$\dfrac{\pi}{4}<\theta-\dfrac{\pi}{4}<\dfrac{3}{4}\pi$ より　$\boldsymbol{\dfrac{\pi}{2}<\theta<\pi}$ …答

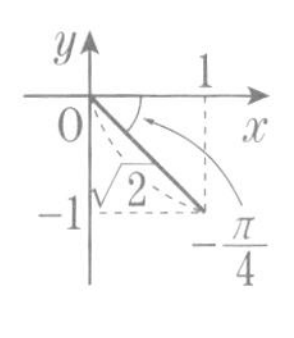


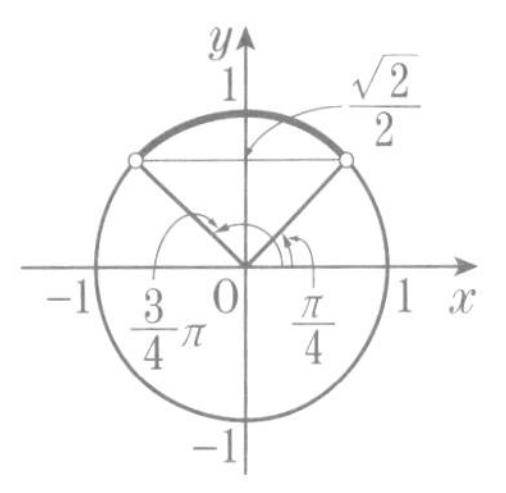


単位円と $y>\dfrac{\sqrt{2}}{2}$ の共通部分の動径の範囲。

**5** $0<\alpha<\dfrac{\pi}{2}$，$\dfrac{\pi}{2}<\beta<\pi$ のとき，$\cos\alpha=\dfrac{2}{3}$，$\sin\beta=\dfrac{1}{3}$ とする。このとき，次の値を求めよ。

⮌ 18 21

(各 8 点　計 24 点)

(1) $\cos(\alpha+\beta)$

まず，$\sin\alpha$，$\cos\beta$ を求める。 ⟵ $\sin^2\theta+\cos^2\theta=1$ を使う。

$\sin^2\alpha=1-\left(\dfrac{2}{3}\right)^2=\dfrac{5}{9}$ で，$0<\alpha<\dfrac{\pi}{2}$ だから　$\sin\alpha=\dfrac{\sqrt{5}}{3}$ ⟵ $\sin\alpha>0$

$\cos^2\beta=1-\left(\dfrac{1}{3}\right)^2=\dfrac{8}{9}$ で，$\dfrac{\pi}{2}<\beta<\pi$ だから　$\cos\beta=-\dfrac{2\sqrt{2}}{3}$ ⟵ $\cos\beta<0$

よって　$\cos(\alpha+\beta)=\cos\alpha\cos\beta-\sin\alpha\sin\beta$

$=\dfrac{2}{3}\cdot\left(-\dfrac{2\sqrt{2}}{3}\right)-\dfrac{\sqrt{5}}{3}\cdot\dfrac{1}{3}=\boldsymbol{-\dfrac{4\sqrt{2}+\sqrt{5}}{9}}$ …答

(2) $\sin 2\alpha$

$=2\sin\alpha\cos\alpha=2\cdot\dfrac{\sqrt{5}}{3}\cdot\dfrac{2}{3}=\boldsymbol{\dfrac{4\sqrt{5}}{9}}$ …答

(3) $\cos\dfrac{\alpha}{2}$

$\cos^2\dfrac{\alpha}{2}=\dfrac{1+\cos\alpha}{2}=\dfrac{1+\dfrac{2}{3}}{2}=\dfrac{5}{6}$　　$0<\dfrac{\alpha}{2}<\dfrac{\pi}{4}$ だから　$\cos\dfrac{\alpha}{2}>0$

したがって　$\cos\dfrac{\alpha}{2}=\sqrt{\dfrac{5}{6}}=\boldsymbol{\dfrac{\sqrt{30}}{6}}$ …答

**6** $0\leqq\theta<2\pi$ のとき，関数 $y=\cos 2\theta-2\cos\theta$ の最大値，最小値とそのときの $\theta$ の値を求めよ。

⮌ 25

(12 点)

$y=(2\cos^2\theta-1)-2\cos\theta=2\cos^2\theta-2\cos\theta-1$

$\cos\theta=t$ とおくと　$-1\leqq t\leqq 1$ ⟵ おき換えたときは範囲を確認。

$y=2t^2-2t-1=2\left(t-\dfrac{1}{2}\right)^2-\dfrac{3}{2}$

グラフより，最大値 3 $(t=-1)$，最小値 $-\dfrac{3}{2}$ $\left(t=\dfrac{1}{2}\right)$

したがって　**最大値 3** $(\boldsymbol{\theta=\pi})$，**最小値** $\boldsymbol{-\dfrac{3}{2}}$ $\left(\boldsymbol{\theta=\dfrac{\pi}{3},\ \dfrac{5}{3}\pi}\right)$ …答

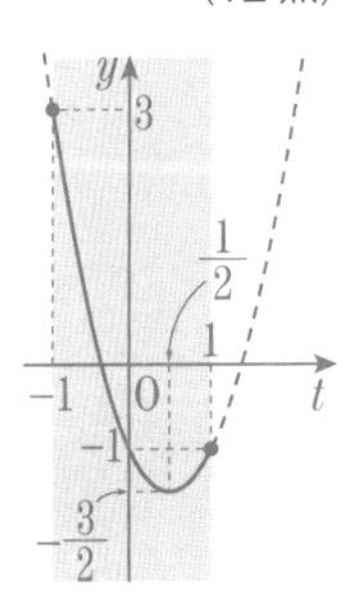

# 第4章　指数関数・対数関数

## 1　指数関数

### 33 累乗根

**累乗根**

正の整数 $n$ に対して，$x^n=a$ を満たす $x$ を $a$ の $n$ 乗根という。2乗根，3乗根，4乗根，…をまとめて累乗根という。

**実数の範囲での $n$ 乗根**　（$x^n=a$ を満たす実数 $x$ について）

・$n$ が偶数のとき

$a>0$ のとき，2つあり，$\sqrt[n]{a}$（正の方），$-\sqrt[n]{a}$（負の方）と表す。

$a=0$ のとき，$\sqrt[n]{0}=0$ の1つ。

$a<0$ のとき，$x^n=a$ を満たす実数 $x$ は存在しない。

・$n$ が奇数のとき

$a$ の符号によらず，常にただ1つ存在し，$\sqrt[n]{a}$ で表す。

**正の数 $a$ の $n$ 乗根**　（$a>0$，$n$：任意の正の整数）

$x=\sqrt[n]{a} \iff x^n=a$ かつ $x>0 \iff x$ は $a$ の正の $n$ 乗根

**累乗根の公式**

$a>0$，$b>0$ かつ $m$，$n$ を正の整数とするとき

① $\sqrt[n]{a}\sqrt[n]{b}=\sqrt[n]{ab}$　② $\dfrac{\sqrt[n]{a}}{\sqrt[n]{b}}=\sqrt[n]{\dfrac{a}{b}}$　③ $\sqrt[n]{a^m}=(\sqrt[n]{a})^m$　④ $\sqrt[m]{\sqrt[n]{a}}=\sqrt[mn]{a}$

### 34 指数の拡張

**0や負の整数の指数**

$a\neq0$ で，$n$ が正の整数のとき，$a^0=1$，$a^{-n}=\dfrac{1}{a^n}$ と定義する。

$a\neq0$，$b\neq0$ のとき，任意の整数 $m$，$n$ に対して，次の等式が成り立つ。

① $a^ma^n=a^{m+n}$　② $a^m\div a^n=a^{m-n}$　③ $(a^m)^n=a^{mn}$

④ $(ab)^n=a^nb^n$　⑤ $\left(\dfrac{a}{b}\right)^n=\dfrac{a^n}{b^n}$

**有理数の指数**

$a>0$ で，$m$ が任意の整数，$n$ が正の整数のとき，$a^{\frac{m}{n}}=\sqrt[n]{a^m}$ と定義する。

※無理数の指数にも指数法則を拡張することができる。

### 35 指数関数とそのグラフ

**指数関数**

関数 $y=a^x$（$a>0$，$a\neq1$）を $a$ を底とする $x$ の指数関数という。

**指数関数 $y=a^x$ の特徴**

・定義域は実数全体，値域は正の実数全体。

・グラフは2点 $(0,\ 1)$，$(1,\ a)$ を通り，$x$ 軸が漸近線になる。

$a>1$ のとき

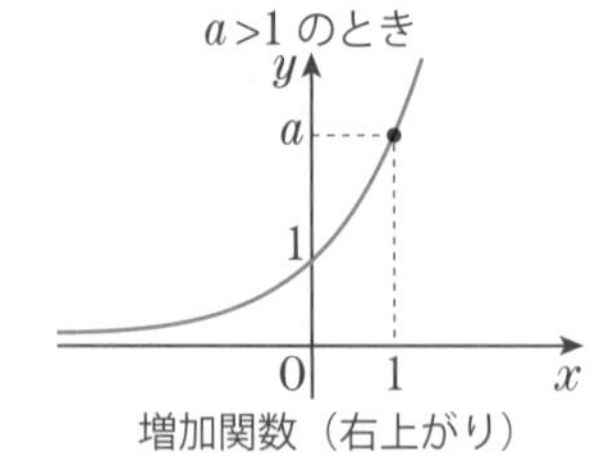


増加関数（右上がり）

$0<a<1$ のとき

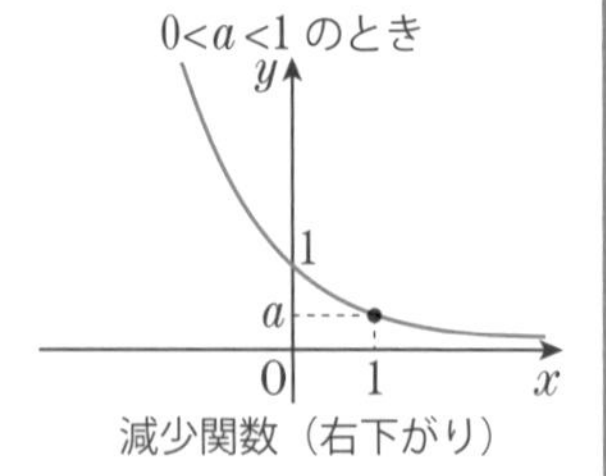


減少関数（右下がり）

## 36 指数関数の応用

**指数方程式・指数不等式**

指数に未知数を含む方程式，不等式をそれぞれ指数方程式，指数不等式という。

**1** **累乗根の計算①** 33 累乗根

次の式を簡単にせよ。

(1) $\sqrt[3]{36}\sqrt[3]{48}$

$=\sqrt[3]{2^2\cdot 3^2}\cdot\sqrt[3]{2^4\cdot 3}$

$=\sqrt[3]{2^6\cdot 3^3}=\sqrt[3]{(2^2\cdot 3)^3}$

$=2^2\cdot 3=\mathbf{12}$ …答

(2) $\sqrt{\sqrt[4]{256}}$

$=\sqrt{\sqrt[4]{2^8}}=\sqrt{\sqrt[4]{(2^2)^4}}$

$=\sqrt{2^2}=\mathbf{2}$ …答

**2** **指数の計算①** 34 指数の拡張

次の計算をせよ。

(1) $7^{\frac{2}{3}}\times 7^{\frac{1}{2}}\div 7^{\frac{1}{6}}$

$=7^{\frac{2}{3}+\frac{1}{2}-\frac{1}{6}}$

$=7^{\frac{4+3-1}{6}}$

$=7^1=\mathbf{7}$ …答

(2) $\sqrt[3]{5^4}\times\sqrt[6]{5}\div\sqrt{5}$

$=5^{\frac{4}{3}}\times 5^{\frac{1}{6}}\div 5^{\frac{1}{2}}$

$=5^{\frac{4}{3}+\frac{1}{6}-\frac{1}{2}}$

$=5^1=\mathbf{5}$ …答

**3** **大小の比較①** 35 指数関数とそのグラフ

$\sqrt[3]{9}$，$\sqrt[4]{27}$，$\sqrt[5]{81}$ の大小を比較せよ。

$\sqrt[3]{9}=3^{\frac{2}{3}}$，$\sqrt[4]{27}=3^{\frac{3}{4}}$，$\sqrt[5]{81}=3^{\frac{4}{5}}$ であり　$\frac{2}{3}<\frac{3}{4}<\frac{4}{5}$

底 3 は 1 より大きいから　$\mathbf{\sqrt[3]{9}<\sqrt[4]{27}<\sqrt[5]{81}}$ …答

**4** **指数方程式・指数不等式①** 36 指数関数の応用

次の方程式，不等式を解け。

(1) $2^x=2\sqrt{2}$ ⟵ $\sqrt{2}=2^{\frac{1}{2}}$

$2^x=2^{\frac{3}{2}}$ より

$\boldsymbol{x=\frac{3}{2}}$ …答

(2) $3^{2x-1}<27$

$3^{2x-1}<3^3$

底 3 は 1 より大きいので，$2x-1<3$ より

$\boldsymbol{x<2}$ …答

**ガイド**

**ヒラメキ**
指数計算
→$\sqrt[n]{a^n}=a$ $(a>0)$

**なにをする？**
数学Ⅰの「平方根の計算」を確認する。

**ヒラメキ**
分数の指数
→$\sqrt[n]{a^m}=a^{\frac{m}{n}}$

**なにをする？**
(2) 分数の指数に直して計算する。

**なにをする？**
底をそろえて，大小を比較する。

**ヒラメキ**
・$a^x=a^p \to x=p$
・不等式 $a^x>a^p$
　$a>1 \to x>p$
　$0<a<1 \to x<p$

## ガイドなしでやってみよう！

**5** 累乗根の計算②

次の式を簡単にせよ。

(1) $\sqrt{\sqrt[3]{729}}$ ← 729 を素因数分解する。

$729=3^6$ だから　$\sqrt{\sqrt[3]{729}}=\sqrt{\sqrt[3]{3^6}}=\sqrt{\sqrt[3]{(3^2)^3}}=\sqrt{3^2}=\mathbf{3}$ …答

[別解]　$\sqrt{\sqrt[3]{729}}=\{(3^6)^{\frac{1}{3}}\}^{\frac{1}{2}}=3^{6\cdot\frac{1}{3}\cdot\frac{1}{2}}=3^1=\mathbf{3}$

(2) $\sqrt[3]{-16}\sqrt[3]{4}$ ← $\sqrt[3]{-1}=\sqrt[3]{(-1)^3}=-1$

$=-\sqrt[3]{2^4}\cdot\sqrt[3]{2^2}=-\sqrt[3]{2^6}=-\sqrt[3]{(2^2)^3}=-2^2=\mathbf{-4}$ …答

(3) $\dfrac{\sqrt[3]{250}}{\sqrt[3]{2}}=\sqrt[3]{\dfrac{250}{2}}=\sqrt[3]{125}=\sqrt[3]{5^3}=\mathbf{5}$ …答

**6** 指数の計算②

$a>0$ のとき，次の問いに答えよ。

(1) 次の式を $a^r$ の形で表せ。

① $\sqrt[5]{a^3}$

$=\boldsymbol{a^{\frac{3}{5}}}$ …答

② $\left(\dfrac{1}{\sqrt[3]{a}}\right)^2=\left(\dfrac{1}{a^{\frac{1}{3}}}\right)^2$

$=(a^{-\frac{1}{3}})^2=\boldsymbol{a^{-\frac{2}{3}}}$ …答

③ $\sqrt{a\sqrt{a}}=(a\cdot a^{\frac{1}{2}})^{\frac{1}{2}}$

$=(a^{\frac{3}{2}})^{\frac{1}{2}}=\boldsymbol{a^{\frac{3}{4}}}$ …答

(2) 次の $a^r$ の形で表された式を根号の形で表せ。

① $a^{\frac{2}{3}}$

$=\boldsymbol{\sqrt[3]{a^2}}$ …答

② $a^{-\frac{5}{3}}$

$=\dfrac{1}{a^{\frac{5}{3}}}=\boldsymbol{\dfrac{1}{\sqrt[3]{a^5}}}$ …答

③ $a^{0.4}$

$=a^{\frac{2}{5}}=\boldsymbol{\sqrt[5]{a^2}}$ …答

**7** 指数の計算③

次の計算をせよ。　分数の指数に直して計算する。

(1) $\sqrt[3]{4^2}\div\sqrt[3]{18}\times\sqrt[3]{72}$

$=(2^2)^{\frac{2}{3}}\div(2\cdot3^2)^{\frac{1}{3}}\times(2^3\cdot3^2)^{\frac{1}{3}}$

$=2^{\frac{4}{3}-\frac{1}{3}+1}\cdot3^{-\frac{2}{3}+\frac{2}{3}}$

$=2^2\cdot3^0=\mathbf{4}$ …答

(2) $\sqrt[3]{-12}\times\sqrt[3]{18^2}\div\sqrt[3]{2}\div\sqrt[3]{9}$

$=-(2^2\cdot3)^{\frac{1}{3}}\times(2\cdot3^2)^{\frac{2}{3}}\div2^{\frac{1}{3}}\div(3^2)^{\frac{1}{3}}$

$=-2^{\frac{2}{3}}\cdot3^{\frac{1}{3}}\times2^{\frac{2}{3}}\cdot3^{\frac{4}{3}}\times2^{-\frac{1}{3}}\times3^{-\frac{2}{3}}$

$=-2^{\frac{2}{3}+\frac{2}{3}-\frac{1}{3}}\cdot3^{\frac{1}{3}+\frac{4}{3}-\frac{2}{3}}$

$=-2^1\cdot3^1=\mathbf{-6}$ …答

**8** 式の値

$a>0$ で，$a^{\frac{1}{3}}+a^{-\frac{1}{3}}=5$ のとき，$a+a^{-1}$ および $a^{\frac{1}{2}}+a^{-\frac{1}{2}}$ の値を求めよ。

$a^{\frac{1}{3}}=x$，$a^{-\frac{1}{3}}=y$ とおくと，$x+y=5$，$xy=a^{\frac{1}{3}}\times a^{-\frac{1}{3}}=a^{\frac{1}{3}-\frac{1}{3}}=a^0=1$ である。

$\boldsymbol{a+a^{-1}}=x^3+y^3=(x+y)^3-3xy(x+y)=5^3-3\cdot1\cdot5=\mathbf{110}$ …答

$(a^{\frac{1}{2}}+a^{-\frac{1}{2}})^2=a+2+a^{-1}=110+2=112$ で，$a^{\frac{1}{2}}+a^{-\frac{1}{2}}>0$ だから

← $(\alpha+\beta)^2=\alpha^2+2\alpha\beta+\beta^2$ を利用。

$\boldsymbol{a^{\frac{1}{2}}+a^{-\frac{1}{2}}}=\sqrt{112}=\mathbf{4\sqrt{7}}$ …答

## 9 指数関数のグラフ

関数 $y=3^x$ のグラフをもとに，次の関数のグラフをかけ。

(1) $y=3^x+2$

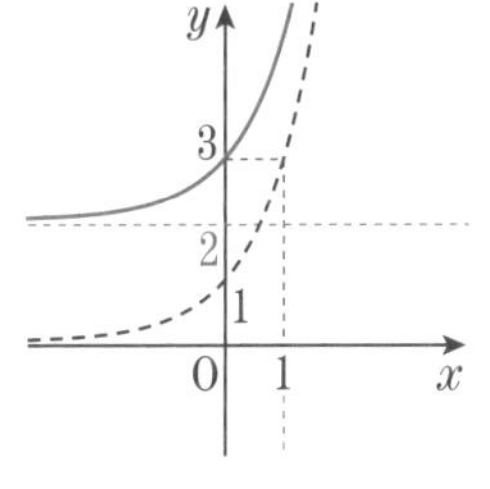


関数 $y=3^x$ のグラフを，$y$ 軸方向に2だけ平行移動したグラフ。

よって，右上の図の実線のようになる。

(2) $y=-\dfrac{1}{3^x}$

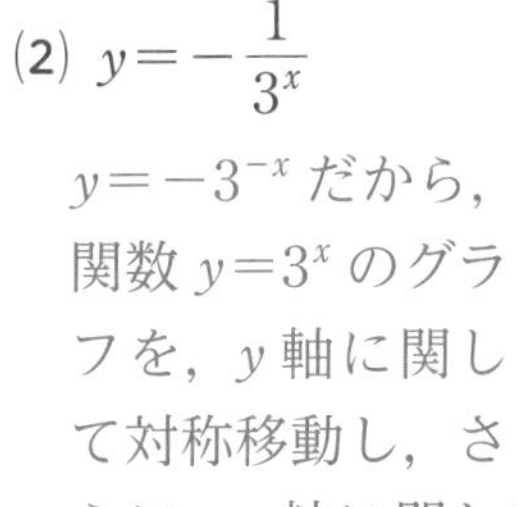

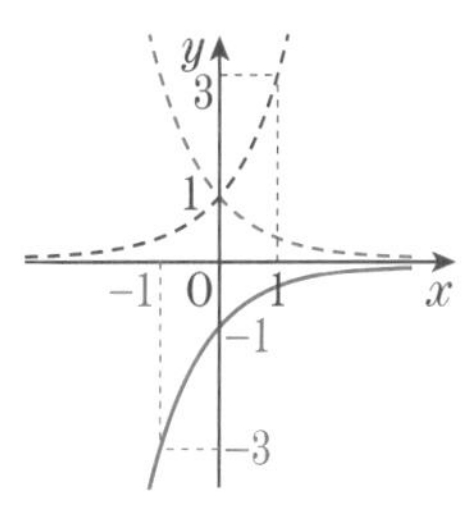


$y=-3^{-x}$ だから，関数 $y=3^x$ のグラフを，$y$ 軸に関して対称移動し，さらに，$x$ 軸に関して対称移動したグラフ。

よって，右上の図の実線のようになる。

## 10 大小の比較②

次の各組の数の大小を比較せよ。

(1) $\sqrt{2}$，$\sqrt[5]{4}$，$\sqrt[9]{8}$

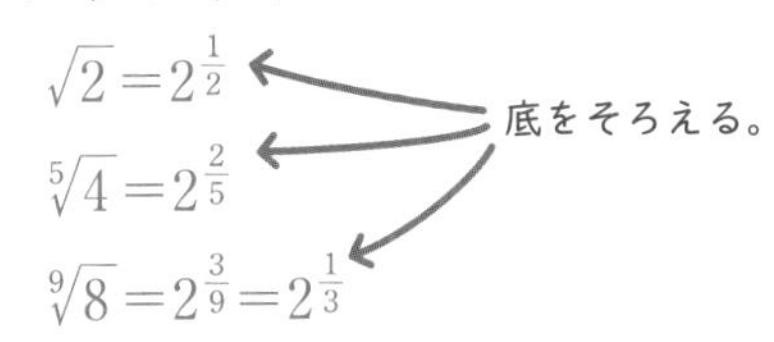


$\sqrt{2}=2^{\frac{1}{2}}$

$\sqrt[5]{4}=2^{\frac{2}{5}}$

$\sqrt[9]{8}=2^{\frac{3}{9}}=2^{\frac{1}{3}}$

$\dfrac{1}{3}<\dfrac{2}{5}<\dfrac{1}{2}$ で，底2は1より大きいので　$\boldsymbol{\sqrt[9]{8}<\sqrt[5]{4}<\sqrt{2}}$ …答

(2) $\sqrt{3}$，$\sqrt[3]{4}$，$\sqrt[4]{5}$

指数をそろえる。

$\sqrt{3}=3^{\frac{1}{2}}=3^{\frac{6}{12}}=(3^6)^{\frac{1}{12}}=729^{\frac{1}{12}}$

$\sqrt[3]{4}=2^{\frac{2}{3}}=2^{\frac{8}{12}}=(2^8)^{\frac{1}{12}}=256^{\frac{1}{12}}$

$\sqrt[4]{5}=5^{\frac{1}{4}}=5^{\frac{3}{12}}=(5^3)^{\frac{1}{12}}=125^{\frac{1}{12}}$

$125<256<729$ だから

$\boldsymbol{\sqrt[4]{5}<\sqrt[3]{4}<\sqrt{3}}$ …答

## 11 指数方程式・指数不等式②

次の方程式，不等式を解け。

(1) $8^{3-x}=4^{x+2}$

$(2^3)^{3-x}=(2^2)^{x+2}$

$2^{9-3x}=2^{2x+4}$

よって　$9-3x=2x+4$

$5x=5$ より

$\boldsymbol{x=1}$ …答

(2) $9^x-6\cdot3^x-27=0$

$3^x=X$ $(X>0)$ とおく。 ← おき換えたときは，範囲を考えておくこと。

$X^2-6X-27=0$

$(X-9)(X+3)=0$

$X>0$ より　$X=9$

$3^x=9$ だから　$\boldsymbol{x=2}$ …答

(3) $\left(\dfrac{1}{9}\right)^{x-2}<\left(\dfrac{1}{3}\right)^x$

$\left(\dfrac{1}{3}\right)^{2x-4}<\left(\dfrac{1}{3}\right)^x$

底 $\dfrac{1}{3}$ は1より小さいから

$2x-4>x$

$\boldsymbol{x>4}$ …答

(4) $4^x-5\cdot2^x+4\leqq0$

$2^x=X$ $(X>0)$ とおく。

$X^2-5X+4\leqq0$　　$(X-1)(X-4)\leqq0$

$1\leqq X\leqq4$ より　$1\leqq2^x\leqq4$

$2^0\leqq2^x\leqq2^2$

底2は1より大きいから

$\boldsymbol{0\leqq x\leqq2}$ …答

第4章 指数関数・対数関数

# 定期テスト対策問題

目標点　60点
制限時間　50分
　　　　点

**1** 次の式を $a^r$ の形で表せ。ただし，$a>0$ とする。 ⊃ 6　（各７点　計 14 点）

(1) $\sqrt{a}\times\dfrac{1}{\sqrt[3]{a^2}}$

$=a^{\frac{1}{2}}\times a^{-\frac{2}{3}}=a^{\frac{1}{2}-\frac{2}{3}}$

$=\boldsymbol{a^{-\frac{1}{6}}}$ …答

(2) $\sqrt[4]{a^3\times\sqrt{a}}$

$=(a^3\times a^{\frac{1}{2}})^{\frac{1}{4}}=(a^{\frac{7}{2}})^{\frac{1}{4}}$

$=\boldsymbol{a^{\frac{7}{8}}}$ …答

**2** 次の計算をせよ。 ⊃ 2 7　（各７点　計 14 点）

(1) $\sqrt[4]{9}\times\sqrt[3]{9}\div\sqrt[12]{9}$

$=9^{\frac{1}{4}}\times9^{\frac{1}{3}}\div9^{\frac{1}{12}}$

$=9^{\frac{1}{4}+\frac{1}{3}-\frac{1}{12}}$

$=9^{\frac{6}{12}}=9^{\frac{1}{2}}=\mathbf{3}$ …答

(2) $81^{-\frac{3}{4}}\times8^{\frac{2}{3}}$

$=(3^4)^{-\frac{3}{4}}\times(2^3)^{\frac{2}{3}}$

$=3^{-3}\times2^2=\boldsymbol{\dfrac{4}{27}}$ …答

**3** 次の各組の数の大小を比較せよ。 ⊃ 3 10　（各７点　計 14 点）

(1) $\sqrt[4]{125}$，$\sqrt[3]{25}$，$5^{0.5}$ ←底をそろえる。

$\sqrt[4]{125}=\sqrt[4]{5^3}=5^{\frac{3}{4}}$

$\sqrt[3]{25}=\sqrt[3]{5^2}=5^{\frac{2}{3}}$

$5^{0.5}=5^{\frac{1}{2}}$

$\dfrac{1}{2}<\dfrac{2}{3}<\dfrac{3}{4}$ で，底 5 は 1 より大きいので

$\boldsymbol{5^{0.5}<\sqrt[3]{25}<\sqrt[4]{125}}$ …答

(2) $\sqrt{2}$，$\sqrt[3]{3}$，$\sqrt[6]{6}$ ←指数をそろえる。

$\sqrt{2}=2^{\frac{1}{2}}=(2^3)^{\frac{1}{6}}=8^{\frac{1}{6}}$

$\sqrt[3]{3}=3^{\frac{1}{3}}=(3^2)^{\frac{1}{6}}=9^{\frac{1}{6}}$

$\sqrt[6]{6}=6^{\frac{1}{6}}$

$6<8<9$ より

$\boldsymbol{\sqrt[6]{6}<\sqrt{2}<\sqrt[3]{3}}$ …答

**4** $a>0$，$a^{\frac{1}{2}}-a^{-\frac{1}{2}}=2$ のとき，次の式の値を求めよ。 ⊃ 8　（各８点　計 16 点）

(1) $a+a^{-1}$

$a^{\frac{1}{2}}=x$，$a^{-\frac{1}{2}}=y$ とおくと，

$x-y=2$，$xy=1$ だから

$a+a^{-1}=x^2+y^2=(x-y)^2+2xy$

$=2^2+2\times1=\mathbf{6}$ …答

**[別解]** $a^{\frac{1}{2}}-a^{-\frac{1}{2}}=2$ の両辺を 2 乗して

$(a^{\frac{1}{2}}-a^{-\frac{1}{2}})^2=2^2$

$(a^{\frac{1}{2}})^2-2a^{\frac{1}{2}}\cdot a^{-\frac{1}{2}}+(a^{-\frac{1}{2}})^2=4$

$a-2a^0+a^{-1}=4$

$a-2+a^{-1}=4$

よって　$a+a^{-1}=\mathbf{6}$

(2) $a^{\frac{1}{2}}+a^{-\frac{1}{2}}$

$a^{\frac{1}{2}}+a^{-\frac{1}{2}}=x+y$

$x>0$，$y>0$ より　$x+y>0$

$x+y=\sqrt{(x+y)^2}=\sqrt{x^2+y^2+2xy}$

$=\sqrt{6+2\times1}=\boldsymbol{2\sqrt{2}}$ …答

**[別解]** $(a^{\frac{1}{2}}+a^{-\frac{1}{2}})^2$

$=(a^{\frac{1}{2}})^2+2a^{\frac{1}{2}}\cdot a^{-\frac{1}{2}}+(a^{-\frac{1}{2}})^2$

$=a+2a^0+a^{-1}$

$=a+2+a^{-1}$

$=8$

$a^{\frac{1}{2}}+a^{-\frac{1}{2}}>0$ だから　$a^{\frac{1}{2}}+a^{-\frac{1}{2}}=\boldsymbol{2\sqrt{2}}$

**5** 次の方程式を解け。 ⊃ 4 11　　(各 8 点　計 16 点)

(1) $9^{x-1}=81\cdot3^{-x}$ ⟵ 底をそろえる。

$(3^2)^{x-1}=3^4\cdot3^{-x}$ より

$3^{2x-2}=3^{4-x}$

よって，$2x-2=4-x$ となり

$3x=6$

ゆえに　$\boldsymbol{x=2}$ …答

(2) $4^x+2^{x+2}-12=0$

$(2^x)^2+4\cdot2^x-12=0$ となるので，

$2^x=t$ $(t>0)$ とおくと

$t^2+4t-12=0$　　$(t+6)(t-2)=0$

$t>0$ より　$t=2$

$2^x=2$ だから　$\boldsymbol{x=1}$ …答

**6** 次の不等式を解け。 ⊃ 4 11　　(各 8 点　計 16 点)

(1) $0.5^x<4\sqrt{2}$

$(2^{-1})^x<2^2\cdot2^{\frac{1}{2}}$ より

$2^{-x}<2^{\frac{5}{2}}$

底 2 は 1 より大きいから

$-x<\dfrac{5}{2}$

よって　$\boldsymbol{x>-\dfrac{5}{2}}$ …答

(2) $16^x-3\cdot4^x-4<0$

$16^x=(4^2)^x=4^{2x}=(4^x)^2$ だから，

$4^x=t$ $(t>0)$ とおく。

$t^2-3t-4<0$ より　$(t+1)(t-4)<0$

よって　$-1<t<4$

$t>0$ なので，$0<t<4$ より　$0<4^x<4$

底 4 は 1 より大きいから　$\boldsymbol{x<1}$ …答

**7** $0\leqq x\leqq3$ のとき，関数 $y=4^x-2^{x+2}-6$ の最大値と最小値，およびそのときの $x$ の値を求めよ。 ⊃ 4 11　　(10 点)

$2^x=t$ とおくと，$0\leqq x\leqq3$ であるから，
右のグラフより

$1\leqq t\leqq8$

このとき　$y=4^x-2^{x+2}-6$

$=(2^x)^2-2^2\cdot2^x-6$

$=t^2-4t-6$

$=(t-2)^2-10$

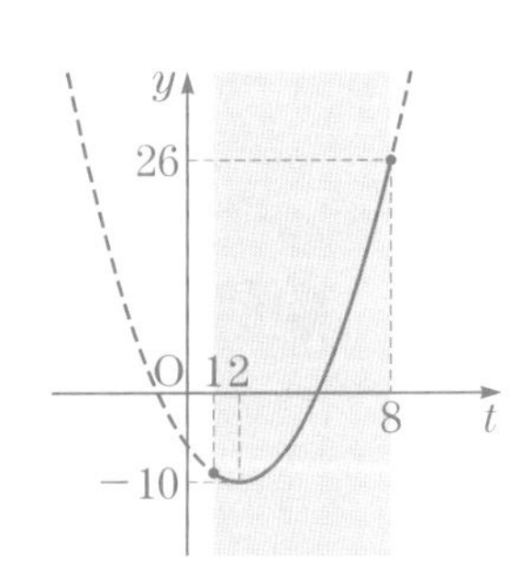


右のグラフより，最大値 26 $(t=8)$，最小値 $-10$ $(t=2)$

したがって，**最大値 26 $(x=3)$，最小値 $-10$ $(x=1)$** …答

# 2 対数関数

## 37 対数とその性質

**対数の定義**

$p=a^q \iff q=\log_a p$ $(a>0,\ a\neq 1,\ p>0)$　$q$ を $a$ を底とする $p$ の対数という。

底　真数

**対数の性質**　$a>0,\ a\neq 1,\ M>0,\ N>0$ のとき

① $\log_a 1=0,\ \log_a a=1$　② $\log_a MN=\log_a M+\log_a N$

③ $\log_a \frac{M}{N}=\log_a M-\log_a N$　④ $\log_a M^r=r\log_a M$

**底の変換公式**

$$\log_a b=\frac{\log_c b}{\log_c a}\quad (a>0,\ a\neq 1,\ c>0,\ c\neq 1,\ b>0)$$

## 38 対数関数とそのグラフ

**対数関数**

関数 $y=\log_a x$ を $a$ を底とする $x$ の対数関数という。

**対数関数 $y=\log_a x$ の特徴**

- 定義域は正の実数全体，値域は実数全体。
- グラフは 2 点 $(1,\ 0)$，$(a,\ 1)$ を通り，$y$ 軸が漸近線になる。
- グラフは，指数関数 $y=a^x$ のグラフと直線 $y=x$ に関して対称。

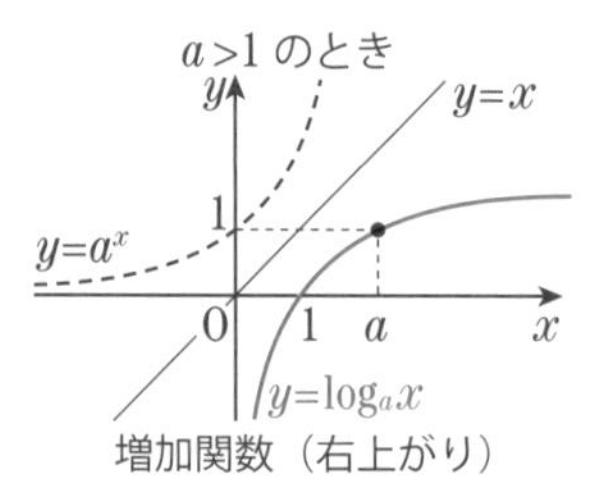

増加関数（右上がり）

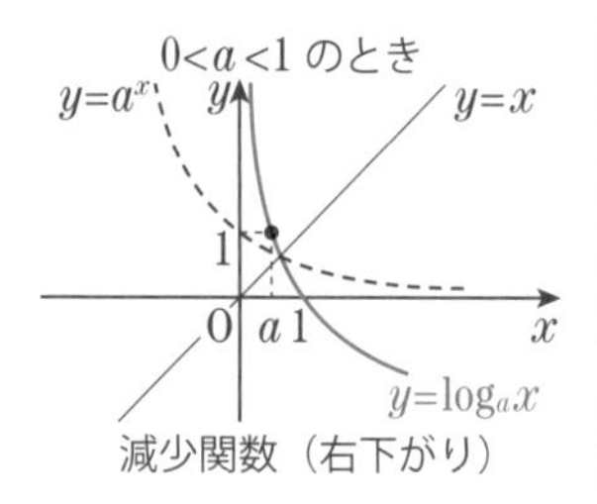

減少関数（右下がり）

## 39 対数関数の応用

**対数方程式とその解き方**　$(a>0,\ a\neq 1)$

対数の真数または底に未知数を含む方程式を**対数方程式**という。

- $\log_a f(x)=b \iff f(x)=a^b$（真数は正）
- $\log_a f(x)=\log_a g(x) \iff f(x)=g(x)$（真数は正）
- $\log_{f(x)} a=b \iff a=\{f(x)\}^b$（底：$f(x)>0,\ f(x)\neq 1$）

**対数不等式とその解き方**

対数の真数または底に未知数を含む不等式を，**対数不等式**という。

- $a>1$ のとき　$\log_a f(x)>\log_a g(x) \iff f(x)>g(x)$（真数は正）
- $0<a<1$ のとき　$\log_a f(x)>\log_a g(x) \iff f(x)<g(x)$（真数は正）

## 40 常用対数

**常用対数**

底が 10 の対数を常用対数という。

**常用対数の性質**

与えられた実数 $x$ について，整数 $n$ を用いて $n\leqq \log_{10} x<n+1$ と表されたとき，$10^n\leqq x<10^{n+1}$ となるので，次のことが成り立つ。

① $n\geqq 0$ ならば，$x$ の整数部分は，$(n+1)$ 桁。

② $n<0$ ならば，$x$ の小数第 $(-n)$ 位に初めて 0 でない数字が現れる。

## 12 対数の計算① 37 対数とその性質

次の式を簡単にせよ。

$\log_2 3+\log_2 20-\log_2 15$

$=\log_2 \dfrac{3\times 20}{15}=\log_2 2^2=2\log_2 2=\mathbf{2}$ …答

（$\log_a a=1$）

**なにをする？**
公式を正確に使おう。

## 13 対数関数のグラフ① 38 対数関数とそのグラフ

関数 $y=\log_3 x$ のグラフをもとに関数 $y=\log_3(-x)$ のグラフをかけ。

$y=\log_3 x$ のグラフと
$y=\log_3(-x)$ のグラフは
$y$ 軸に関して対称である。
したがって，右の図の実線
のようになる。

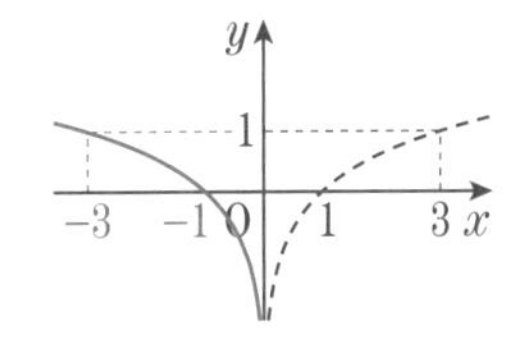


**ヒラメキ**
$x\to -x$ だから $y$ 軸に関して対称に移動。

**なにをする？**
関数 $y=\log_3 x$ のグラフ
・定義域は正の実数全体。
・値域は実数全体。
・2 点 (1，0)，(3，1) を通る。
・増加関数（右上がり）。
このグラフを $y$ 軸に関して対称に移動する。

## 14 対数方程式 39 対数関数の応用

方程式 $\log_2(x-1)+\log_2(x-2)=1$ を解け。

$\log_2(x-1)(x-2)=\log_2 2$ より　$(x-1)(x-2)=2$
よって　$x^2-3x=0$
$x(x-3)=0$ より　$x=0,\ 3$
また，真数は正だから，$x-1>0$，$x-2>0$ より
　$x>2$　　よって　$\boldsymbol{x=3}$ …答

**ヒラメキ**
対数関数→真数は正。

**なにをする？**
$\log_2 A=\log_2 B$ より，$A=B$ となる。

## 15 常用対数の応用① 40 常用対数

$2^{30}$ は何桁の数か。ただし，$\log_{10}2=0.3010$ とする。

$x=2^{30}$ とおく。両辺の常用対数をとって
　$\log_{10}x=\log_{10}2^{30}=30\log_{10}2=30\times 0.3010=9.03$
よって　$9<\log_{10}x<10$
$10^9<x<10^{10}$ だから，$2^{30}$ は **10** 桁の数。 …答

**ヒラメキ**
桁数の問題→底を 10 にとる。

**なにをする？**
$\log_{10}x$ の整数部分が $n$ のとき
$n\geqq 0$ なら，$x$ の整数部分は
$(n+1)$ 桁。

第4章 指数関数・対数関数

# ガイドなしでやってみよう！

## 16 対数の計算②

次の式を簡単にせよ。

(1) $\frac{1}{2}\log_2\frac{3}{2}-\log_2\sqrt{3}+\log_2 4$　← 底がそろっている。

$=\log_2\sqrt{\frac{3}{2}}-\log_2\sqrt{3}+\log_2 4$

$=\log_2\frac{\sqrt{3}\times 4}{\sqrt{2}\times\sqrt{3}}$

$=\log_2 2\sqrt{2}$

$=\log_2 2^{\frac{3}{2}}=\frac{3}{2}\log_2 2$

$=\boldsymbol{\frac{3}{2}}$ …答

(2) $\log_3 2+\log_9\frac{27}{4}$　← 底をそろえる。

$\log_9\frac{27}{4}=\frac{\log_3\frac{27}{4}}{\log_3 9}=\frac{1}{2}\log_3\frac{27}{4}=\log_3\frac{3\sqrt{3}}{2}$

よって　$\log_3 2+\log_3\frac{3\sqrt{3}}{2}$

$=\log_3\left(2\times\frac{3\sqrt{3}}{2}\right)=\log_3 3\sqrt{3}$

$=\log_3 3^{\frac{3}{2}}=\frac{3}{2}\log_3 3=\boldsymbol{\frac{3}{2}}$ …答

## 17 対数の性質

$\log_{10}2=a$，$\log_{10}3=b$ とするとき，次の値を $a$，$b$ で表せ。

(1) $\log_{10}180$　← $180=2\times 3^2\times 10$

$=\log_{10}(2\times 3^2\times 10)$

$=\log_{10}2+\log_{10}3^2+\log_{10}10$

$=\log_{10}2+2\log_{10}3+1$

$=\boldsymbol{a+2b+1}$ …答

(2) $\log_{10}0.12$　← $0.12=\frac{2^2\times 3}{10^2}$

$=\log_{10}\frac{2^2\times 3}{10^2}$

$=\log_{10}2^2+\log_{10}3-\log_{10}10^2$

$=2\log_{10}2+\log_{10}3-2\log_{10}10$

$=\boldsymbol{2a+b-2}$ …答

## 18 対数関数のグラフ②

関数 $y=\log_2 x$ のグラフをもとに，次の関数のグラフをかけ。

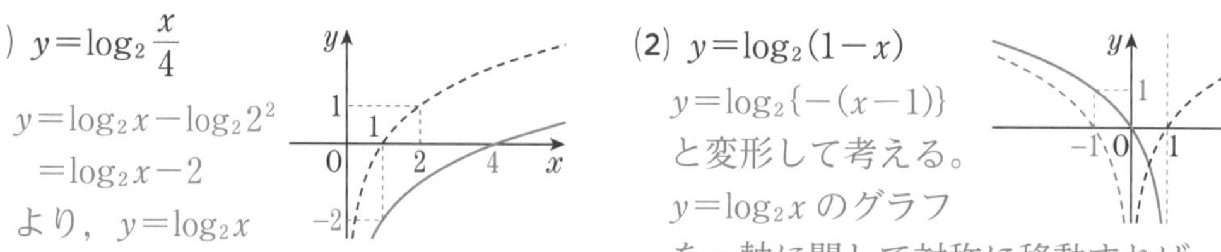


(1) $y=\log_2\frac{x}{4}$

$y=\log_2 x-\log_2 2^2$

$\quad=\log_2 x-2$

より，$y=\log_2 x$ のグラフを $y$ 軸方向に $-2$ だけ平行移動したグラフ。

ゆえに，右上の図の実線のようになる。

(2) $y=\log_2(1-x)$

$y=\log_2\{-(x-1)\}$ と変形して考える。

$y=\log_2 x$ のグラフを $y$ 軸に関して対称に移動すれば $y=\log_2(-x)$ のグラフになる。

このグラフを $x$ 軸方向に 1 だけ平行移動したグラフ。

ゆえに，右上の図の実線のようになる。

## 19 大小の比較③

$\log_3 7$，$6\log_9 2$，2 の大小を比較せよ。

$6\log_9 2=6\times\frac{\log_3 2}{\log_3 9}=6\times\frac{\log_3 2}{2}=3\log_3 2=\log_3 2^3=\log_3 8$

$2=2\cdot\log_3 3=\log_3 3^2=\log_3 9$ で，底 3 は 1 より大きいので　$\boldsymbol{\log_3 7<6\log_9 2<2}$ …答

## 20 対数方程式・対数不等式

次の方程式，不等式を解け。

(1) $\log_2(x-2)=2-\log_2(x+1)$

$\log_2(x-2)+\log_2(x+1)=2\log_2 2$

$\log_2(x-2)(x+1)=\log_2 2^2$

よって　$(x-2)(x+1)=4$

$x^2-x-6=0$

$(x-3)(x+2)=0$ より　$x=3,\ -2$

真数は正より，$x>2$ だから

$\boldsymbol{x=3}$ …答

(2) $(\log_3 x)^2-3\log_3 x+2=0$

$\log_3 x=t$ とおく。

$t^2-3t+2=0$

$(t-1)(t-2)=0$

$t=1,\ 2$

$\log_3 x=1,\ 2$ より

$\boldsymbol{x=3,\ 9}$ …答

(3) $\log_{\frac{1}{2}} x+\log_{\frac{1}{2}}(6-x)>-3$

$\log_{\frac{1}{2}} x(6-x)>-3\log_{\frac{1}{2}}\dfrac{1}{2}$

$\log_{\frac{1}{2}} x(6-x)>\log_{\frac{1}{2}}\left(\dfrac{1}{2}\right)^{-3}=\log_{\frac{1}{2}} 8$

底 $\dfrac{1}{2}$ は1より小さいから

$x(6-x)<8$　　$x^2-6x+8>0$

$(x-2)(x-4)>0$

$x<2,\ 4<x$　…①

真数は正だから　$x>0,\ 6-x>0$

よって　$0<x<6$　…②

①，②より　$\boldsymbol{0<x<2,\ 4<x<6}$ …答

(4) $(\log_2 x)^2-\log_2 x-2\leqq 0$

$\log_2 x=t$ とおく。

$t^2-t-2\leqq 0$

$(t-2)(t+1)\leqq 0$

$-1\leqq t\leqq 2$

$-1\leqq\log_2 x\leqq 2$ だから

$-1\cdot\log_2 2\leqq\log_2 x\leqq 2\log_2 2$

$\log_2 2^{-1}\leqq\log_2 x\leqq\log_2 2^2$

底2は1より大きいから

$2^{-1}\leqq x\leqq 2^2$

すなわち　$\boldsymbol{\dfrac{1}{2}\leqq x\leqq 4}$ …答

## 21 常用対数の応用②

次の問いに答えよ。ただし，$\log_{10}2=0.3010$，$\log_{10}3=0.4771$ とする。

(1) $6^{30}$ は何桁の数か。

$x=6^{30}$ とおくと

$\log_{10}x=\log_{10}6^{30}=30\log_{10}6=30(\log_{10}2+\log_{10}3)=30(0.3010+0.4771)=23.343$

$23<\log_{10}x<24$ なので，$10^{23}<x<10^{24}$ より，$6^{30}$ は **24 桁の数**。…答

(2) $\left(\dfrac{1}{6}\right)^{30}$ は小数第何位に初めて0でない数字が現れるか。

$y=\left(\dfrac{1}{6}\right)^{30}$ とおくと　$\log_{10}y=\log_{10}\left(\dfrac{1}{6}\right)^{30}=\log_{10}(6^{-1})^{30}=-30\log_{10}6=-23.343$

$-24<\log_{10}y<-23$ なので，$10^{-24}<y<10^{-23}$ より，$\left(\dfrac{1}{6}\right)^{30}$ は**小数第 24 位**に初めて0でない数字が現れる。…答

第4章 指数関数・対数関数

# 定期 テスト対策問題

目標点　60点
制限時間　50分
　　点

**1** 次の式を計算せよ。 ⮌ 12 16 （各8点　計16点）

(1) $\frac{1}{3}\log_5\frac{8}{27}+\log_5\frac{6}{5}-\frac{1}{2}\log_5\frac{16}{25}$

$=\frac{1}{3}\log_5\left(\frac{2}{3}\right)^3+\log_5\frac{6}{5}-\frac{1}{2}\log_5\left(\frac{4}{5}\right)^2$

$=\log_5\frac{2}{3}+\log_5\frac{6}{5}-\log_5\frac{4}{5}$

$=\log_5\frac{2\times6\times5}{3\times5\times4}=\log_5 1=\mathbf{0}$ …答

(2) $\log_2 3\cdot\log_3 5\cdot\log_5 8$

$=\log_2 3\cdot\frac{\log_2 5}{\log_2 3}\cdot\frac{\log_2 8}{\log_2 5}$

$=\log_2 8=\log_2 2^3$

$=3\log_2 2=\mathbf{3}$ …答

**2** 次の各組の数の大小を比較せよ。 ⮌ 19 （各8点　計16点）

(1) $4\log_5 3$，$2\log_5 7$，$3$

$4\log_5 3=\log_5 3^4=\log_5 81$

$2\log_5 7=\log_5 7^2=\log_5 49$

$3=3\log_5 5=\log_5 5^3=\log_5 125$

$49<81<125$ であり，底5は1より大きいので

$\mathbf{2\log_5 7<4\log_5 3<3}$ …答

(2) $\log_2 6$，$\log_4 30$，$\log_8 125$ ← 底をそろえる。

$\log_4 30=\frac{\log_2 30}{\log_2 4}=\frac{1}{2}\log_2 30=\log_2\sqrt{30}$

$\log_8 125=\frac{\log_2 125}{\log_2 8}=\frac{1}{3}\log_2 5^3=\log_2 5$

$5<\sqrt{30}<6$ であり，底2は1より大きいので

$\mathbf{\log_8 125<\log_4 30<\log_2 6}$ …答

**3** $\log_{10}2=a$，$\log_{10}3=b$ とするとき，次の値を $a$，$b$ で表せ。 ⮌ 17 （各8点　計16点）

(1) $\log_{10}5$

$\log_{10}5=\log_{10}\frac{10}{2}$

$=\log_{10}10-\log_{10}2$

$=\mathbf{1-a}$ …答

(2) $\log_{10}60$

$60=2\times3\times10$ だから

$\log_{10}60=\log_{10}(2\times3\times10)$

$=\log_{10}2+\log_{10}3+\log_{10}10$

$=\mathbf{a+b+1}$ …答

**4** 次の方程式を解け。 ⮌ 14 20 （各8点　計16点）

(1) $\log_3(x-2)+\log_3(2x-1)=2$

$\log_3(x-2)(2x-1)=\log_3 3^2$

よって　$(x-2)(2x-1)=9$

$2x^2-5x-7=0$

$(x+1)(2x-7)=0$ より　$x=-1,\ \frac{7}{2}$

真数は正より，$x>2$ だから

$\mathbf{x=\frac{7}{2}}$ …答

(2) $(\log_2 x)^2+2\log_2 x-3=0$

$\log_2 x=t$ とおく。

$t^2+2t-3=0$

$(t+3)(t-1)=0$

$t=-3,\ 1$

$\log_2 x=-3,\ 1$ より　$x=2^{-3},\ 2^1$

$\mathbf{x=\frac{1}{8},\ 2}$ …答

**5** 次の不等式を解け。 ⊃ 20 (各8点 計16点)

(1) $2\log_{0.3}(x+1) \leqq \log_{0.3}(5-x)$

$\log_{0.3}(x+1)^2 \leqq \log_{0.3}(5-x)$

底 0.3 は 1 より小さいので $(x+1)^2 \geqq 5-x$　$x^2+3x-4 \geqq 0$

$(x+4)(x-1) \geqq 0$ より　$x \leqq -4,\ 1 \leqq x$　…①

真数は正だから　$x+1>0,\ 5-x>0$　よって　$-1<x<5$　…②

①，②より　$\boldsymbol{1 \leqq x < 5}$　…答

(2) $(\log_2 x)^2 - \log_4 x - 3 \geqq 0$ ⟵ 底をそろえる。

$(\log_2 x)^2 - \dfrac{\log_2 x}{\log_2 4} - 3 \geqq 0$ となるので，両辺を 2 倍して　$2(\log_2 x)^2 - \log_2 x - 6 \geqq 0$

$\log_2 x = t$ とおくと　$2t^2 - t - 6 \geqq 0$　$(2t+3)(t-2) \geqq 0$　よって　$t \leqq -\dfrac{3}{2},\ 2 \leqq t$

$\log_2 x \leqq -\dfrac{3}{2},\ \log_2 x \geqq 2$ で，底 2 は 1 より大きいので

$x \leqq 2^{-\frac{3}{2}} = \dfrac{1}{2\sqrt{2}} = \dfrac{\sqrt{2}}{4},\ x \geqq 2^2 = 4$

真数は正なので　$x>0$　したがって　$\boldsymbol{0 < x \leqq \dfrac{\sqrt{2}}{4},\ 4 \leqq x}$　…答

**6** $1 \leqq x \leqq 8$ のとき，関数 $y=(\log_2 x)^2 - 4\log_2 x + 5$ の最大値，最小値を求めよ。 ⊃ 20

(10点)

$\log_2 x = t$ とおく。

$1 \leqq x \leqq 8$ であるから，右のグラフより　$0 \leqq t \leqq 3$

このとき　$y = t^2 - 4t + 5$

$= (t-2)^2 + 1$

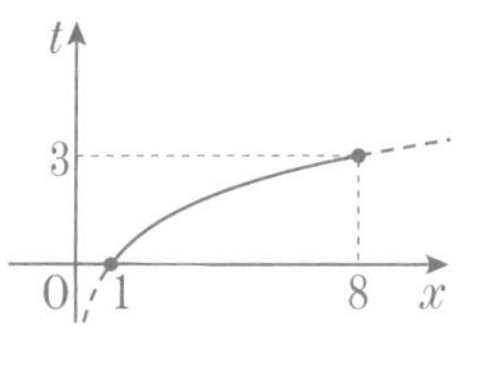


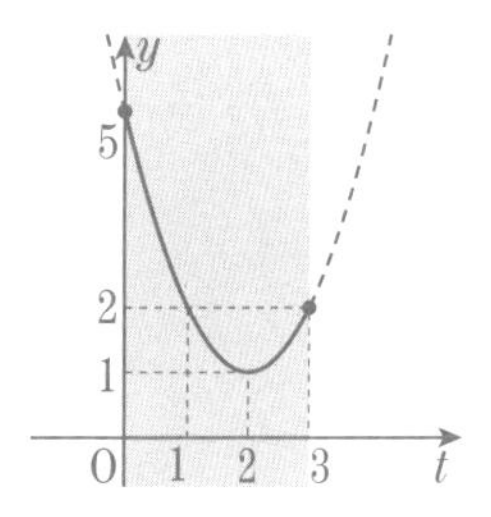


右のグラフより，最大値 5（$t=0$），最小値 1（$t=2$）

したがって，**最大値 5（$x=1$），最小値 1（$x=4$）**　…答

**7** $5^{20}$ は何桁の数か。ただし，$\log_{10} 2 = 0.3010$ とする。 ⊃ 15 21 (10点)

$x = 5^{20}$ とおく。

$\log_{10} x = \log_{10} 5^{20} = 20\log_{10} 5 = 20\log_{10} \dfrac{10}{2} = 20(\log_{10} 10 - \log_{10} 2)$

$= 20(1-0.3010) = 20 \times 0.6990 = 13.98$

$13 < \log_{10} x < 14$ より，$10^{13} < x < 10^{14}$ だから，$5^{20}$ は **14 桁**の数。　…答

# 第5章　微分と積分

## 1　微分係数と導関数(1)

### 41 関数の極限

**関数の極限の定義**

$\lim_{x \to a} f(x) = b$　（$x$ が $a$ と異なる値をとりながら限りなく $a$ に近づくとき，$f(x)$ が限りなく $b$ に近づく。）

**$x$ の多項式 $f(x)$ の極限**　$f(x)$ が $x$ の多項式のときは　$\lim_{x \to a} f(x) = f(a)$

**分数関数 $\dfrac{f(x)}{g(x)}$ の極限**　（$f(x)$，$g(x)$ は $x$ の多項式）

① $x$ が $g(x)$ を $0$ にしない値 $a$ に限りなく近づくとき，$\lim_{x \to a} \dfrac{f(x)}{g(x)} = \dfrac{f(a)}{g(a)}$ である。

② $x$ が $g(x)$ を $0$ にする値に限りなく近づくときは，極限値があるとは限らない。ただ，いろいろな工夫をすると，極限のようすを知ることができる場合がある。（「不定形の極限」）

### 42 平均変化率

**平均変化率**

関数 $y=f(x)$ において，$x$ の値が $a$ から $b$ まで変わるとき，$y$ の値の変化 $f(b)-f(a)$ と $x$ の値の変化 $b-a$ との比

$$H = \frac{f(b)-f(a)}{b-a}$$

を $x=a$ から $x=b$ までの関数 $y=f(x)$ の平均変化率という。右の図で，$H$ は**直線 AB の傾き**を表す。

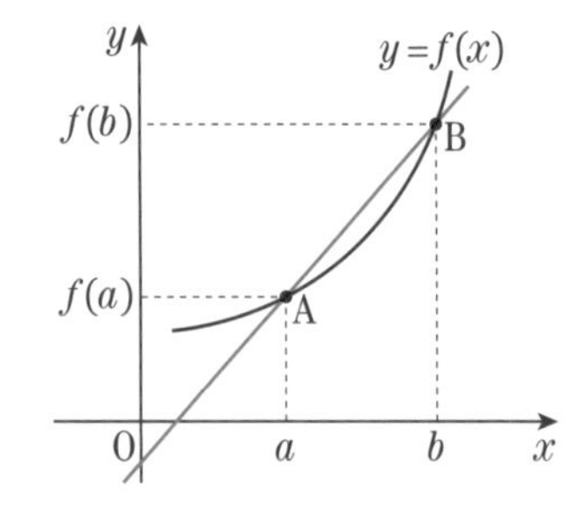


### 43 微分係数

**微分係数**

$\lim_{b \to a} \dfrac{f(b)-f(a)}{b-a}$ が存在するとき，これを関数 $y=f(x)$ の $x=a$ における微分係数といい $f'(a)$ で表す。

$$f'(a) = \lim_{h \to 0} \frac{f(a+h)-f(a)}{h} \quad (b-a=h \text{ のとき})$$

右の図で，微分係数 $f'(a)$ は点 $(a,\ f(a))$ における曲線 $y=f(x)$ の**接線の傾き**を表す。

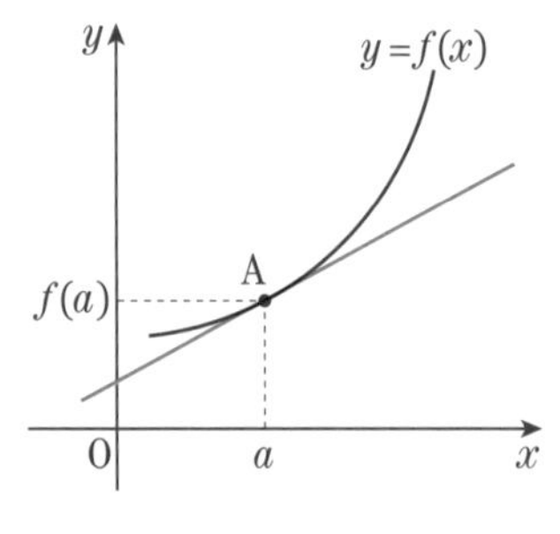


### 44 導関数

**導関数の定義**

関数 $y=f(x)$ の $x=a$ における微分係数 $f'(a)$ について，$a$ を定数と見るのではなく変数と見られるよう，定数 $a$ を変数 $x$ でおき換えた $f'(x)$ を $f(x)$ の導関数という。したがって，導関数の定義は　$f'(x) = \lim_{h \to 0} \dfrac{f(x+h)-f(x)}{h}$

**導関数を表す記号**　$f'(x)$，$y'$，$\dfrac{dy}{dx}$，$\dfrac{d}{dx}f(x)$（状況に応じて使い分ける）

## 1 分数関数の極限 41 関数の極限

次の極限値を求めよ。

(1) $\lim_{x\to 2}\frac{x^2+1}{x+1}$

$=\frac{2^2+1}{2+1}$

$=\frac{5}{3}$ …答

(2) $\lim_{x\to 2}\frac{x^2+x-6}{x-2}$

$=\lim_{x\to 2}\frac{(x-2)(x+3)}{x-2}$

$=\lim_{x\to 2}(x+3)=5$ …答

ガイド

ヒラメキ

$\lim_{x\to a}f(x)$→まず $f(a)$

なにをする？

(1) (分母)≠0 である。

(2) (分母)=0 だから，変形を試みる。

## 2 平均変化率と微分係数① 42 平均変化率，43 微分係数

関数 $f(x)=x^2+2x$ について，$x=2$ から $x=4$ までの平均変化率 $H$ と $x=a$ における微分係数 $f'(a)$ が等しくなるように，定数 $a$ の値を定めよ。

$$H=\frac{f(4)-f(2)}{4-2}=\frac{(16+8)-(4+4)}{2}=8$$

また

$$f'(a)=\lim_{h\to 0}\frac{f(a+h)-f(a)}{h}$$
$$=\lim_{h\to 0}\frac{\{(a+h)^2+2(a+h)\}-(a^2+2a)}{h}$$
$$=\lim_{h\to 0}\frac{(2a+2)h+h^2}{h}=\lim_{h\to 0}(2a+2+h)$$
$$=2a+2$$

$f'(a)=H$ となるとき，$2a+2=8$ より

$a=3$ …答

ヒラメキ

平均変化率の定義

$\to H=\frac{f(b)-f(a)}{b-a}$

微分係数の定義

$\to f'(a)=\lim_{h\to 0}\frac{f(a+h)-f(a)}{h}$

なにをする？

定義に従って求める。

## 3 定義に従う導関数の計算① 44 導関数

定義に従って，関数 $f(x)=x^2+3x$ の導関数を求めよ。

$$f'(x)=\lim_{h\to 0}\frac{f(x+h)-f(x)}{h}$$
$$=\lim_{h\to 0}\frac{\{(x+h)^2+3(x+h)\}-(x^2+3x)}{h}$$
$$=\lim_{h\to 0}\frac{(2x+3)h+h^2}{h}=\lim_{h\to 0}(2x+3+h)$$
$$=2x+3$$ …答

ヒラメキ

導関数の定義

$\to f'(x)=\lim_{h\to 0}\frac{f(x+h)-f(x)}{h}$

なにをする？

定義に従って求める。

## ガイドなしでやってみよう！

**4** **関数の極限**

次の極限値を求めよ。

(1) $\lim_{x\to 1}(x^3-2x+3)$

$=1-2+3=\mathbf{2}$ …答

(2) $\lim_{x\to 2}\dfrac{x^2-x-2}{x^2+x-6}$

$x\to 2$ のとき（分母）$\to 0$ なので分母，分子を因数分解し，$x-2$ で約分する。

$=\lim_{x\to 2}\dfrac{(x-2)(x+1)}{(x-2)(x+3)}$

$=\lim_{x\to 2}\dfrac{x+1}{x+3}=\dfrac{2+1}{2+3}=\mathbf{\dfrac{3}{5}}$ …答

(3) $\lim_{x\to 0}\dfrac{1}{x}\left(1+\dfrac{1}{x-1}\right)$

$=\lim_{x\to 0}\dfrac{1}{x}\left(\dfrac{x-1}{x-1}+\dfrac{1}{x-1}\right)$

$=\lim_{x\to 0}\dfrac{1}{x}\cdot\dfrac{x}{x-1}$

$=\lim_{x\to 0}\dfrac{1}{x-1}=\mathbf{-1}$ …答

(4) $\lim_{h\to 0}\dfrac{(2+h)^3-8}{h}$

$=\lim_{h\to 0}\dfrac{2^3+3\cdot 2^2h+3\cdot 2h^2+h^3-8}{h}$

$=\lim_{h\to 0}\dfrac{8+12h+6h^2+h^3-8}{h}$

$=\lim_{h\to 0}(12+6h+h^2)=\mathbf{12}$ …答

**5** **定数の決定と極限値**

次の問いに答えよ。

(1) 極限値 $\lim_{x\to 2}\dfrac{x^2+ax+2}{x-2}$ が存在するとき，定数 $a$ の値とその極限値を求めよ。

極限値 $\lim_{x\to 2}\dfrac{x^2+ax+2}{x-2}$ が存在し，$x\to 2$ のとき（分母）$\to 0$ であるから　（分子）$\to 0$

よって，$\lim_{x\to 2}(x^2+ax+2)=4+2a+2=0$ より　$a=-3$

このとき　$\lim_{x\to 2}\dfrac{x^2-3x+2}{x-2}=\lim_{x\to 2}\dfrac{(x-2)(x-1)}{x-2}=\lim_{x\to 2}(x-1)=1$

よって　$\boldsymbol{a=-3}$，**極限値は 1** …答

(2) 等式 $\lim_{x\to -1}\dfrac{x^2+ax+b}{x^2-2x-3}=-1$ が成り立つように，定数 $a$，$b$ の値を定めよ。

$\lim_{x\to -1}\dfrac{x^2+ax+b}{x^2-2x-3}=-1$ で，$x\to -1$ のとき（分母）$\to 0$ であるから　（分子）$\to 0$

よって，$\lim_{x\to -1}(x^2+ax+b)=1-a+b=0$ より　$b=a-1$　…①

このとき　（分子）$=x^2+ax+a-1=(x-1)(x+1)+a(x+1)=(x+1)(x-1+a)$

$\lim_{x\to -1}\dfrac{x^2+ax+a-1}{x^2-2x-3}=\lim_{x\to -1}\dfrac{(x+1)(x+a-1)}{(x+1)(x-3)}=\lim_{x\to -1}\dfrac{x+a-1}{x-3}=\dfrac{a-2}{-4}$

$\dfrac{a-2}{-4}=-1$ より，$a-2=4$ だから　$a=6$　　①より　$b=5$

したがって　$\boldsymbol{a=6}$，$\boldsymbol{b=5}$ …答

## 6 平均変化率と微分係数②

関数 $f(x)=x^3+2x$ について，$x=-1$ から $x=2$ までの平均変化率 $H$ と $x=a$ における微分係数 $f'(a)$ が等しくなるように，定数 $a$ の値を定めよ。

$H=\dfrac{f(2)-f(-1)}{2-(-1)}=\dfrac{(2^3+2\cdot 2)-\{(-1)^3+2(-1)\}}{3}=\dfrac{15}{3}=5$ である。

また　$f'(a)=\lim\limits_{h\to 0}\dfrac{f(a+h)-f(a)}{h}=\lim\limits_{h\to 0}\dfrac{\{(a+h)^3+2(a+h)\}-(a^3+2a)}{h}$

$=\lim\limits_{h\to 0}\dfrac{(a^3+3a^2h+3ah^2+h^3)+2a+2h-(a^3+2a)}{h}$

$=\lim\limits_{h\to 0}\dfrac{(3a^2+2)h+3ah^2+h^3}{h}=\lim\limits_{h\to 0}(3a^2+2+3ah+h^2)=3a^2+2$

$f'(a)=H$ だから，$3a^2+2=5$ より　$\boldsymbol{a=\pm 1}$ …答

## 7 定義に従う導関数の計算②

極限値 $\lim\limits_{h\to 0}\dfrac{f(a+3h)-f(a)}{h}$ を $f'(a)$ で表せ。

$\dfrac{f(a+3h)-f(a)}{h}=3\times\dfrac{f(a+3h)-f(a)}{3h}$ となり，$3h=k$ とおくと，

$h\to 0$ のとき $k\to 0$ となるので　← $3h$ と $h$ では $0$ に近づく速さがちがう。

$\lim\limits_{h\to 0}\dfrac{f(a+3h)-f(a)}{h}=\lim\limits_{h\to 0}3\cdot\dfrac{f(a+3h)-f(a)}{3h}$

$=\lim\limits_{k\to 0}3\cdot\dfrac{f(a+k)-f(a)}{k}=\boldsymbol{3f'(a)}$ …答　← $f'(a)=\lim\limits_{k\to 0}\dfrac{f(a+k)-f(a)}{k}$

## 8 定義に従う導関数の計算③

定義に従って，次の関数の導関数を求めよ。

(1) $f(x)=2x+1$

（定義）

$\boldsymbol{f'(x)}=\lim\limits_{h\to 0}\dfrac{f(x+h)-f(x)}{h}=\lim\limits_{h\to 0}\dfrac{\{2(x+h)+1\}-(2x+1)}{h}=\lim\limits_{h\to 0}\dfrac{2h}{h}$

$=\lim\limits_{h\to 0}2=\boldsymbol{2}$ …答

(2) $f(x)=(x+2)^2$

$\boldsymbol{f'(x)}=\lim\limits_{h\to 0}\dfrac{f(x+h)-f(x)}{h}=\lim\limits_{h\to 0}\dfrac{(x+h+2)^2-(x+2)^2}{h}$

$=\lim\limits_{h\to 0}\dfrac{\{(x+2)+h\}^2-(x+2)^2}{h}=\lim\limits_{h\to 0}\dfrac{\{(x+2)^2+2(x+2)h+h^2\}-(x+2)^2}{h}$

$=\lim\limits_{h\to 0}\dfrac{2(x+2)h+h^2}{h}$

$=\lim\limits_{h\to 0}\{2(x+2)+h\}=\boldsymbol{2(x+2)}$ …答

# 2　微分係数と導関数(2)

## 45 微分

**微分**

関数 $f(x)$ の導関数を求めることを，$f(x)$ を**微分する**という。

**微分の計算公式**

① $y=x^n \longrightarrow y'=nx^{n-1}$　② $y=c \longrightarrow y'=0$（$c$ は定数）

③ $y=kf(x) \longrightarrow y'=kf'(x)$（$k$ は定数）　④ $y=f(x)+g(x) \longrightarrow y'=f'(x)+g'(x)$

⑤ $y=f(x)-g(x) \longrightarrow y'=f'(x)-g'(x)$

⑥ $y=(ax+b)^n \longrightarrow y'=an(ax+b)^{n-1}$（$a$，$b$ は定数）

## 46 接線の方程式

**傾き $m$ の直線の方程式**

$y-b=m(x-a)$……傾き $m$，点 $(a,\ b)$ を通る直線の方程式。

**接線の方程式**

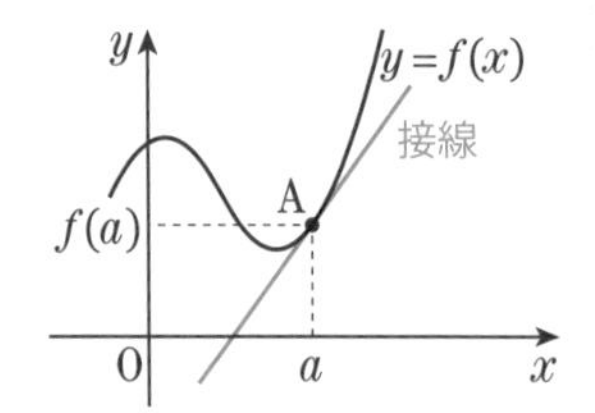


曲線 $y=f(x)$ 上の点 $\mathrm{A}(a,\ f(a))$ における接線の傾きは，$x=a$ における $f(x)$ の微分係数 $f'(a)$ に等しいので，接線の方程式は

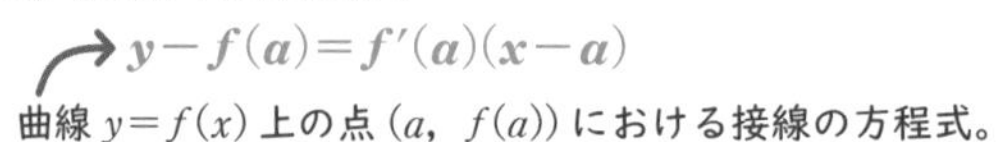

$y-f(a)=f'(a)(x-a)$
曲線 $y=f(x)$ 上の点 $(a,\ f(a))$ における接線の方程式。


**法線の方程式**

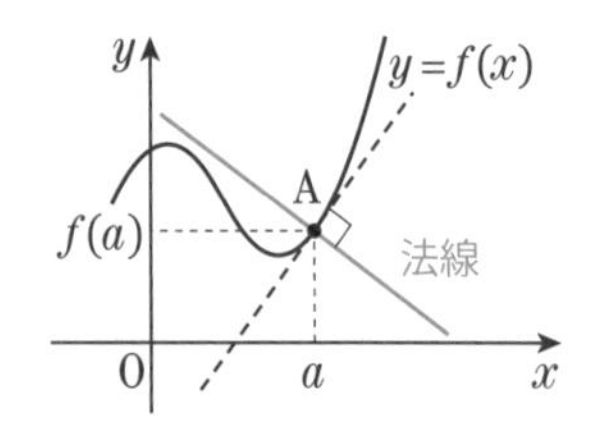


曲線 $y=f(x)$ 上の点 $\mathrm{A}(a,\ f(a))$ を通り，その点における接線と直交する直線を**法線**という。直交することから，法線の傾きは $-\dfrac{1}{f'(a)}$ であり，法線の方程式は

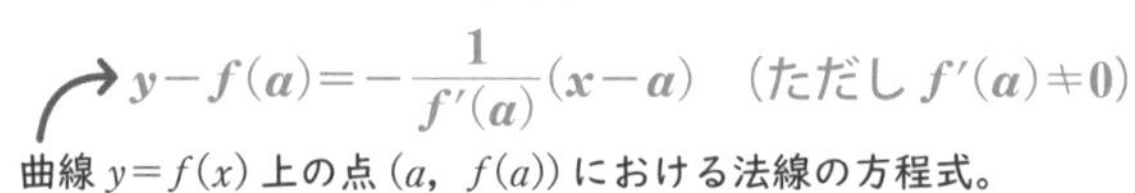

$y-f(a)=-\dfrac{1}{f'(a)}(x-a)$　（ただし $f'(a)\neq 0$）
曲線 $y=f(x)$ 上の点 $(a,\ f(a))$ における法線の方程式。


## 47 接線の応用

**2曲線が接する条件**

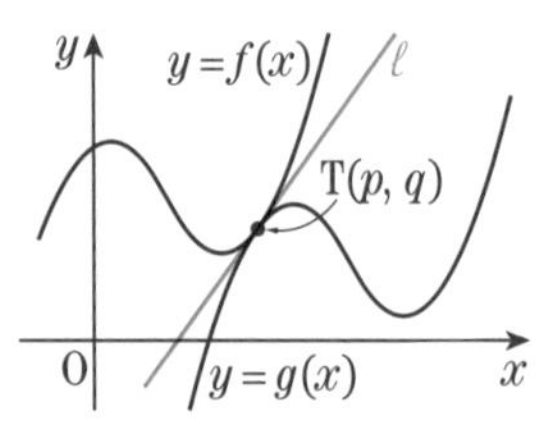


2曲線 $y=f(x)$ と $y=g(x)$ が点 $\mathrm{T}(p,\ q)$ で接する。

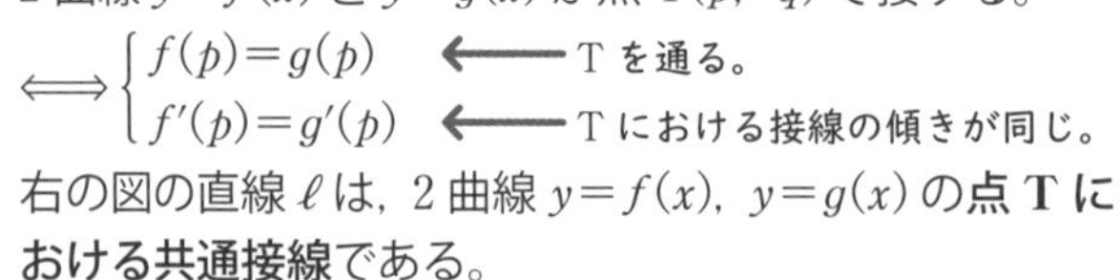

$\Longleftrightarrow \begin{cases} f(p)=g(p) \\ f'(p)=g'(p) \end{cases}$
T を通る。
T における接線の傾きが同じ。


右の図の直線 $\ell$ は，2曲線 $y=f(x)$，$y=g(x)$ の**点 T における共通接線**である。

**2曲線の共通接線**

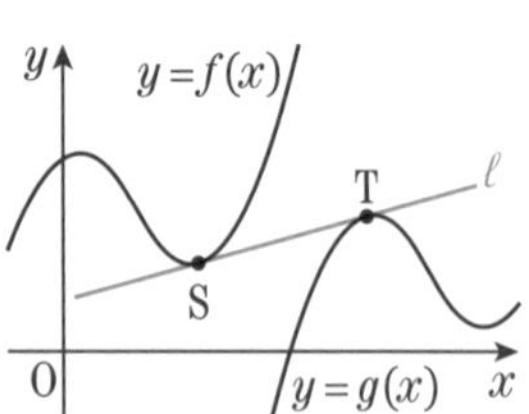


曲線 $y=f(x)$ 上の点 S における接線と，曲線 $y=g(x)$ 上の点 T における接線が一致しているとき，この直線を2曲線 $y=f(x)$，$y=g(x)$ の**共通接線**という。

接点を $\mathrm{S}(s,\ f(s))$，$\mathrm{T}(t,\ g(t))$ とする。

$y-f(s)=f'(s)(x-s)$ より　$y=f'(s)x+\underline{f(s)-sf'(s)}$

傾きが等しい。 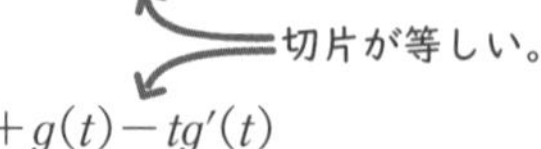 切片が等しい。

$y-g(t)=g'(t)(x-t)$ より　$y=g'(t)x+\underline{g(t)-tg'(t)}$

## 9 関数の微分① 45 微分

次の関数を微分せよ。

(1) $y=3x^2-2x+1$

$y'=3\cdot 2x-2\cdot 1=\mathbf{6x-2}$ …答

(2) $y=(2x-1)^3=8x^3-12x^2+6x-1$

$y'=\mathbf{24x^2-24x+6}$ …答

［別解］ $y'=2\cdot 3(2x-1)^2=\mathbf{6(2x-1)^2}$ ⟵ 微分の計算公式⑥を使う。

## 10 3次関数の係数の決定 45 微分

関数 $f(x)=x^3+ax^2+bx+c$ が $f(0)=-4$, $f(1)=-2$, $f'(1)=2$ を満たすとき，定数 $a$, $b$, $c$ の値を求めよ。

$f'(x)=3x^2+2ax+b$ である。

$f(0)=c=-4$ …①

$f(1)=1+a+b+c=-2$ …②

$f'(1)=3+2a+b=2$ …③

①，②，③を解いて $\mathbf{a=-2,\ b=3,\ c=-4}$ …答

## 11 曲線上の点における接線 46 接線の方程式

曲線 $y=x^3-3x^2$ 上の点 A(1, −2) における接線の方程式と法線の方程式を求めよ。

$f(x)=x^3-3x^2$ とおくと $f'(x)=3x^2-6x$

点 A における接線の傾きは $f'(1)=-3$

よって，接線の方程式は，$y+2=-3(x-1)$ より

$\mathbf{y=-3x+1}$ …答

一方，法線の傾きは $\frac{1}{3}$ だから，法線の方程式は

$y+2=\frac{1}{3}(x-1)$ より $\mathbf{y=\frac{1}{3}x-\frac{7}{3}}$ …答

## 12 共通接線① 47 接線の応用

2曲線 $y=f(x)=x^3-6x+a$, $y=g(x)=-x^2+bx+c$ が点 T(2, 1) で接しているとき，定数 $a$, $b$, $c$ の値を求めよ。

$f'(x)=3x^2-6$, $g'(x)=-2x+b$ である。

$f(2)=1$ より $2^3-6\cdot 2+a=1$ …①

$g(2)=1$ より $-2^2+b\cdot 2+c=1$ …②

$f'(2)=g'(2)$ より $3\cdot 2^2-6=-2\cdot 2+b$ …③

①より $a=5$ ③より $b=10$

②より $c=-15$

したがって $\mathbf{a=5,\ b=10,\ c=-15}$ …答

ガイド

**ヒラメキ**
微分せよ。→$(x^n)'=nx^{n-1}$

**なにをする？**
(2) 展開して微分する。

**ヒラメキ**
未知数が $a$, $b$, $c$ の3つ。
→等式が3つ必要。

**なにをする？**
$f(0)=-4$, $f(1)=-2$, $f'(1)=2$ の3つの等式による連立方程式を解く。

**ヒラメキ**
直線の方程式
→$y-b=m(x-a)$

**なにをする？**
接線の傾きは
$m=f'(1)$
法線の傾きは
$m=-\frac{1}{f'(1)}$
であることを用いる。

**ヒラメキ**
未知数が $a$, $b$, $c$ の3つ。
→等式が3つ必要。

**なにをする？**
曲線 $y=f(x)$, $y=g(x)$ が点 T(2, 1) を通る条件から
$\begin{cases} f(2)=1 & \cdots① \\ g(2)=1 & \cdots② \end{cases}$
傾きが等しいから
$f'(2)=g'(2)$ …③

## ガイドなしでやってみよう！

### 13 関数の微分②

次の関数を微分せよ。

(1) $y=2x^3-3x^2+4x-5$

$\boldsymbol{y'=6x^2-6x+4}$ …答

(2) $y=(2x-3)^3$ ←展開する。

$y=8x^3-36x^2+54x-27$

$\boldsymbol{y'=24x^2-72x+54}$ …答

[別解] $y'=2\cdot3(2x-3)^2=\boldsymbol{6(2x-3)^2}$ ←微分の計算公式⑥を使う。

(3) $y=\dfrac{5}{3}x^3+\dfrac{3}{2}x^2+2x$

$\boldsymbol{y'=5x^2+3x+2}$ …答

### 14 微分と恒等式

すべての $x$ に対して，等式 $(2x-3)f'(x)=f(x)+3x^2-8x+3$ を満たす 2 次関数 $f(x)$ を求めよ。

$f(x)=ax^2+bx+c$ $(a\neq0)$ とおくと，$f'(x)=2ax+b$ である。

よって　$(2x-3)(2ax+b)=ax^2+bx+c+3x^2-8x+3$

$4ax^2+(2b-6a)x-3b=(a+3)x^2+(b-8)x+(c+3)$

これが $x$ についての恒等式だから，係数を比較して

$4a=a+3$ …①　　$2b-6a=b-8$ …②　　$-3b=c+3$ …③

①より　$a=1$　　②に代入して　$b=-2$　　③に代入して，$6=c+3$ より　$c=3$

したがって，求める 2 次関数は　$\boldsymbol{f(x)=x^2-2x+3}$ …答

### 15 接線

曲線 $y=f(x)=x^3-x^2$ について，次の問いに答えよ。

(1) 曲線上の点 (2，4) における接線の方程式を求めよ。また，この曲線と接線との接点以外の共有点の座標を求めよ。

$f'(x)=3x^2-2x$ より　$f'(2)=12-4=8$ ←接線の傾き。

したがって，接線の方程式は，$y-4=8(x-2)$ より　$\boldsymbol{y=8x-12}$ …答

曲線と接線の方程式から $y$ を消去して　$x^3-x^2=8x-12$

$x^3-x^2-8x+12=0$

$g(x)=x^3-x^2-8x+12$ とおくと，

$g(2)=8-4-16+12=0$ だから，因数定理により，

$g(x)$ は $x-2$ で割り切れる。

$$
\begin{array}{r|l}
 & x^2+x-6 \\
\hline
x-2 & x^3-x^2-8x+12 \\
 & x^3-2x^2 \\
\hline
 & x^2-8x \\
 & x^2-2x \\
\hline
 & -6x+12 \\
 & -6x+12 \\
\hline
 & 0
\end{array}
$$

よって　$g(x)=(x-2)(x^2+x-6)=(x-2)^2(x+3)$

$g(x)=0$ の解は　$x=2$（重解），$-3$

←点 (2，4) が接点だから重解 $x=2$ をもつ。

$f(-3)=-27-9=-36$ より，接点以外の共有点の座標は　$\boldsymbol{(-3,\ -36)}$ …答

(2) 傾きが1となる接線の方程式を求めよ。

接点の座標を $(t,\ t^3-t^2)$ とおく。$f'(x)=3x^2-2x$ であり，接線の傾きが1だから

$f'(t)=3t^2-2t=1$

よって　$3t^2-2t-1=0$　　$(t-1)(3t+1)=0$ を解いて　$t=1,\ -\dfrac{1}{3}$

$t=1$ のとき，接点の座標は $(1,\ 0)$ だから，接線の方程式は　$y=x-1$

また，$t=-\dfrac{1}{3}$ のとき，接点の座標は $\left(-\dfrac{1}{3},\ -\dfrac{4}{27}\right)$ だから，接線の方程式は

$y+\dfrac{4}{27}=x+\dfrac{1}{3}$

したがって，求める接線の方程式は　$\boldsymbol{y=x-1,\ y=x+\dfrac{5}{27}}$　…答

(3) 点 $(0,\ 3)$ を通る接線の方程式を求めよ。

接点の座標を $(t,\ t^3-t^2)$ とおくと，接線の傾きは $f'(t)=3t^2-2t$ より，接線の方程式は，$y-(t^3-t^2)=(3t^2-2t)(x-t)$ と表せる。

これが点 $(0,\ 3)$ を通るから　$3-(t^3-t^2)=(3t^2-2t)(0-t)$

よって　$2t^3-t^2+3=0$

$g(t)=2t^3-t^2+3$ とおくと，$g(-1)=0$ だから，$g(t)$ は $t+1$ で割り切れる。

$$\begin{array}{r|l} & 2t^2-3t+3 \\ \hline t+1 & 2t^3-t^2\quad\quad+3 \\ & 2t^3+2t^2 \\ \hline & -3t^2 \\ & -3t^2-3t \\ \hline & 3t+3 \\ & 3t+3 \\ \hline & 0 \end{array}$$

$g(t)=(t+1)(2t^2-3t+3)=0$ の実数解は　$t=-1$

つまり，接線は $t=-1$ のときの1本だけである。

接点 $(-1,\ -2)$，傾き $f'(-1)=5$ だから，接線の方程式は

$y+2=5(x+1)$ より　$\boldsymbol{y=5x+3}$　…答

## 16 共通接線②

2曲線のどちらにも接する直線。

2曲線 $y=x^3$ と $y=x^3+4$ の共通接線の方程式を求めよ。

曲線 $y=x^3$ 上の接点の座標を $(s,\ s^3)$ とおく。

$y'=3x^2$ より，接線の傾きは　$3s^2$

よって，接線の方程式は $y-s^3=3s^2(x-s)$ より　$y=3s^2x-2s^3$　…①

同様にして，曲線 $y=x^3+4$ 上の接点の座標を $(t,\ t^3+4)$ とおく。

$y'=3x^2$ より，接線の傾きは　$3t^2$

よって，接線の方程式は $y-(t^3+4)=3t^2(x-t)$ より

$y=3t^2x-2t^3+4$　…②

傾きと切片が等しい。

①，②が同じ直線だから　$3s^2=3t^2$　…③　　$-2s^3=-2t^3+4$　…④

③より　$s=\pm t$　　$s=t$ は④より不適だから　$s=-t$　…⑤

⑤を④に代入して，$-2(-t)^3=-2t^3+4$ より，$t^3=1$ で $t$ は実数だから　$t=1$

よって，$t=1,\ s=-1$ のとき共通接線は存在する。

したがって，求める共通接線の方程式は　$\boldsymbol{y=3x+2}$　…答

第5章 微分と積分

# 定期テスト対策問題

目標点　60点
制限時間　50分
点

**1** 次の極限値を求めよ。 ⊃ 1 4 （各6点　計12点）

(1) $\lim_{x\to -1}\frac{x^2+3x-4}{x^2+1}$

$=\frac{1-3-4}{1+1}$

$=-3$ …答

(2) $\lim_{x\to 3}\frac{x^3-27}{x-3}$

$=\lim_{x\to 3}\frac{(x-3)(x^2+3x+9)}{x-3}$

$=\lim_{x\to 3}(x^2+3x+9)$

$=9+9+9=\mathbf{27}$ …答

**2** 関数 $f(x)=x^2+2x$ について，$x=1$ から $x=3$ までの平均変化率 $H$ と $x=a$ における微分係数 $f'(a)$ が等しくなるように，定数 $a$ の値を定めよ。 ⊃ 2 6 （10点）

$H=\frac{f(3)-f(1)}{3-1}=\frac{(3^2+2\cdot 3)-(1^2+2\cdot 1)}{2}=\frac{12}{2}=6$

また　$f'(a)=\lim_{h\to 0}\frac{f(a+h)-f(a)}{h}=\lim_{h\to 0}\frac{\{(a+h)^2+2(a+h)\}-(a^2+2a)}{h}$

$=\lim_{h\to 0}\frac{(2a+2)h+h^2}{h}=\lim_{h\to 0}(2a+2+h)=2a+2$

$f'(a)=H$ だから，$2a+2=6$ より　$\boldsymbol{a=2}$ …答

**［参考］** 微分の公式を用いて，$f'(x)=2x+2$ より，$f'(a)=2a+2$ としてもよい。

**3** 次の関数を微分せよ。 ⊃ 9 13 （各6点　計24点）

(1) $f(x)=4x^2-3x+5$

$\boldsymbol{f'(x)=8x-3}$ …答

(2) $f(x)=x^3-5x^2+2x+3$

$\boldsymbol{f'(x)=3x^2-10x+2}$ …答

(3) $f(x)=(2x-1)(x+1)$

$f(x)=2x^2+x-1$ より

$\boldsymbol{f'(x)=4x+1}$ …答

(4) $f(x)=(3x-1)^3$

$f(x)=27x^3-27x^2+9x-1$ より

$\boldsymbol{f'(x)=81x^2-54x+9}$ …答

**［別解］** $f'(x)=3\cdot 3(3x-1)^2=\boldsymbol{9(3x-1)^2}$

**4** 関数 $f(x)=x^3+ax^2+bx+c$ が，$f(-1)=-3$，$f'(1)=-12$，$f'(3)=0$ を満たすとき，定数 $a$，$b$，$c$ の値を求めよ。 ⊃ 10 14 （各5点　計15点）

$f(x)=x^3+ax^2+bx+c$ より　$f'(x)=3x^2+2ax+b$

$f(-1)=-1+a-b+c=-3$ より　$a-b+c=-2$ …①

$f'(1)=3+2a+b=-12$ より　$2a+b=-15$ …②

$f'(3)=27+6a+b=0$ より　$6a+b=-27$ …③

③－②より　$4a=-12$　　$a=-3$

これを②に代入して　$-6+b=-15$　　$b=-9$

①より　$-3+9+c=-2$　　$c=-8$

よって　$\boldsymbol{a=-3,\ b=-9,\ c=-8}$ …答

**5** 曲線 $y=x^3-3x$ の接線で，次のような接線の方程式を求めよ。 ⮌ 11 15 （各 8 点　計 24 点）

(1) 曲線上の点 $(3,\ 18)$ における接線

$y'=3x^2-3$ だから，点 $(3,\ 18)$ における接線の傾きは　$3\cdot3^2-3=24$

よって，求める接線の方程式は　$y-18=24(x-3)$　　すなわち　$\boldsymbol{y=24x-54}$ …答

(2) 傾きが 9 の接線

接点の座標を $(t,\ t^3-3t)$ とおく。

$y'=3x^2-3$ だから，この点における接線の傾きは　$3t^2-3=3(t^2-1)$

よって，接線の方程式は $y-(t^3-3t)=3(t^2-1)(x-t)$ より

$y=3(t^2-1)x-2t^3$　…①

①の傾きが 9 のときだから，$3(t^2-1)=9$ より　$t^2=4$　　$t=\pm2$

よって，求める接線の方程式は，①より

$t=2$ のとき　　$\boldsymbol{y=9x-16}$

$t=-2$ のとき　$\boldsymbol{y=9x+16}$ …答

(3) 点 $(2,\ 2)$ を通る接線

①が点 $(2,\ 2)$ を通るから，$2=3(t^2-1)\cdot2-2t^3$ より

$t^3-3t^2+4=0$

$f(t)=t^3-3t^2+4$ とおくと，$f(-1)=0$ だから $f(t)$ は

$t+1$ で割り切れる。

$f(t)=(t+1)(t^2-4t+4)=(t+1)(t-2)^2$

$f(t)=0$ を満たす $t$ は　$t=-1,\ 2$

よって，求める接線の方程式は，①より

$t=-1$ のとき　$\boldsymbol{y=2}$

$t=2$ のとき　$\boldsymbol{y=9x-16}$ …答

$$
\begin{array}{r|l}
 & t^2-4t+4 \\
\hline
t+1 & t^3-3t^2\qquad+4 \\
 & t^3+t^2 \\
\hline
 & -4t^2 \\
 & -4t^2-4t \\
\hline
 & 4t+4 \\
 & 4t+4 \\
\hline
 & 0
\end{array}
$$

**6** 2 曲線 $y=f(x)=x^2+ax+2$，$y=g(x)=-x^3+bx^2+c$ が点 $(1,\ -2)$ で接しているとき，定数 $a$，$b$，$c$ の値を求めよ。 ⮌ 12 16 （各 5 点　計 15 点）

$f'(x)=2x+a$，$g'(x)=-3x^2+2bx$ である。

曲線 $y=f(x)$ が点 $(1,\ -2)$ を通るから，$f(1)=1+a+2=-2$ より　$a=-5$　…①

曲線 $y=g(x)$ が点 $(1,\ -2)$ を通るから，$g(1)=-1+b+c=-2$ より　$b+c=-1$　…②

点 $(1,\ -2)$ における接線の傾きが等しいから，$f'(1)=g'(1)$ より　$2+a=-3+2b$　…③

①を③に代入して　$2-5=-3+2b$　　$b=0$

これを②に代入して　$c=-1$

よって　$\boldsymbol{a=-5,\ b=0,\ c=-1}$ …答

第5章 微分と積分

# 3　導関数の応用(1)

## 48 関数の増減

**定義域と関数**

関数を扱うとき，定義域もセットにして考える。

**区間**　($a<b$ とする)

$a \leqq x \leqq b$, $a<x \leqq b$, $a \leqq x<b$, $a<x<b$, $a \leqq x$, $a<x$, $x \leqq b$, $x<b$

を区間という。また，すべての実数も区間として扱う。

**関数の増減**

- 区間 $I$ 内で，$x_1<x_2 \Longrightarrow f(x_1)<f(x_2)$ のとき，
  $f(x)$ は区間 $I$ で増加するという。
- 区間 $I$ 内で，$x_1<x_2 \Longrightarrow f(x_1)>f(x_2)$ のとき，
  $f(x)$ は区間 $I$ で減少するという。

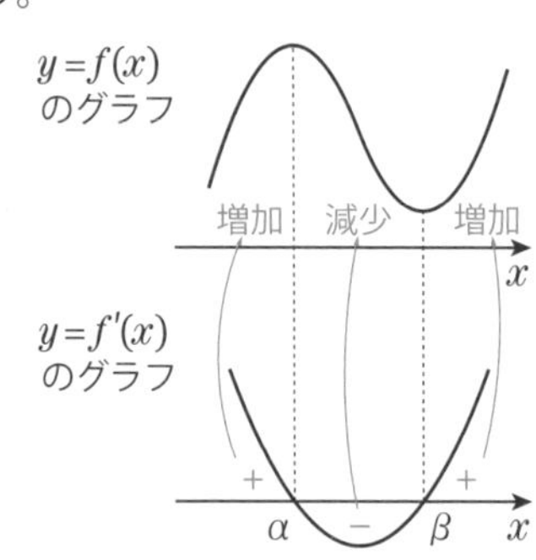


**導関数と関数の増減**

- 区間 $I$ 内で $f'(x)>0 \Longrightarrow f(x)$：増加
- 区間 $I$ 内で $f'(x)<0 \Longrightarrow f(x)$：減少

} 右の図参照

## 49 関数の極値

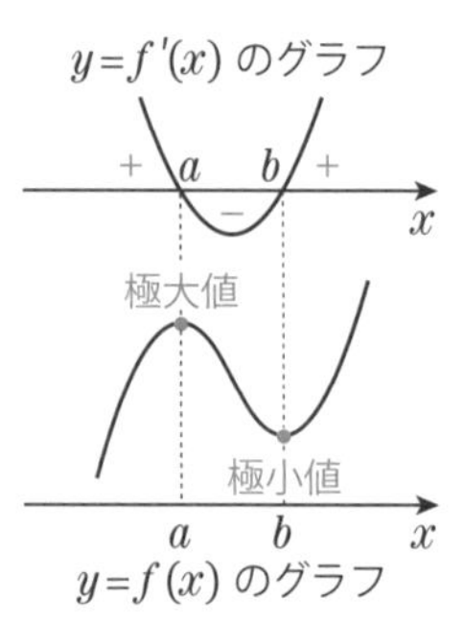


**極値の判定法**　関数 $f(x)$ において，$f'(a)=f'(b)=0$ であり

- $x=a$ の前後で $f'(x)$ が正から負に変化 $\Longleftrightarrow$ $f(x)$ は $x=a$ で極大，$f(a)$ が極大値
- $x=b$ の前後で $f'(x)$ が負から正に変化 $\Longleftrightarrow$ $f(x)$ は $x=b$ で極小，$f(b)$ が極小値

## 50 関数のグラフ

**3次関数のグラフの分類**

3次関数 $f(x)=ax^3+bx^2+cx+d$ のグラフは，$a$ の符号と $f'(x)=0$ の解によって，次の6つの場合に分類される。

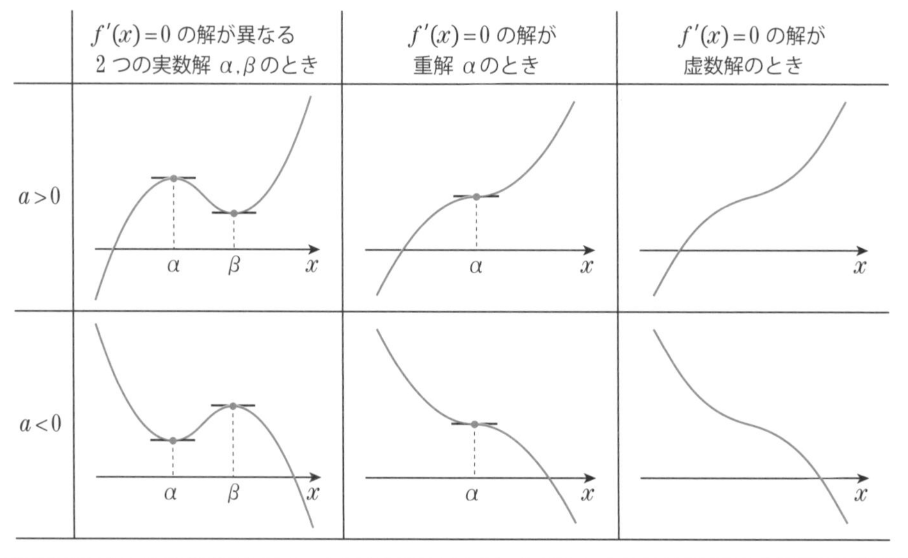

f′(x)=0 の解が異なる
2つの実数解 α, βのとき
f′(x)=0 の解が
重解 αのとき
f′(x)=0 の解が
虚数解のとき
a>0
α
β
x
α
x
x
a<0
α
β
x
α
x
x

## 17 減少関数 　48 関数の増減

関数 $f(x)=-x^3+ax^2+ax+3$ がすべての実数の範囲で減少するように，定数 $a$ の値の範囲を定めよ。

すべての実数 $x$ で $f'(x)\leqq 0$ となればよい。

$f'(x)=-3x^2+2ax+a$ であり，$x^2$ の係数が負だから，条件を満たすとき，$x$ の 2 次方程式

$-3x^2+2ax+a=0$ の判別式 $D\leqq 0$ となる。

$D=(2a)^2-4\cdot(-3)\cdot a\leqq 0$ より　$a(a+3)\leqq 0$

したがって　$\boldsymbol{-3\leqq a\leqq 0}$ …答

ガイド

**ヒラメキ**

$f'(x)$ が 2 次関数。

→判別式が常に負または 0

**なにをする？**

2 次関数のとる値が常に

$ax^2+bx+c\leqq 0$

のとき　$a<0$，$D\leqq 0$

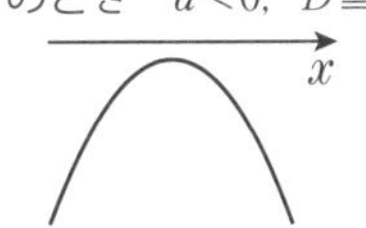


## 18 極値 　49 関数の極値

関数 $f(x)=x^3-3x^2-9x+3$ の増減を調べ，極値を求めよ。

$f'(x)=3x^2-6x-9=3(x^2-2x-3)$

$=3(x+1)(x-3)$

よって，増減表は次のようになる。

| $x$ | $\cdots$ | $-1$ | $\cdots$ | $3$ | $\cdots$ |
|---|---|---|---|---|---|
| $f'(x)$ | $+$ | $0$ | $-$ | $0$ | $+$ |
| $f(x)$ | ↗ | 極大 8 | ↘ | 極小 $-24$ | ↗ |

$f(-1)=-1-3+9+3=8$

$f(3)=27-27-27+3=-24$

したがって，

**極大値 8（$x=-1$），極小値 $-24$（$x=3$）** …答

**ヒラメキ**

増減・極値を調べる。

→増減表。

**なにをする？**

$f'(x)=(x-\alpha)(x-\beta)$ $(\alpha<\beta)$

より

| $x$ | $\cdots$ | $\alpha$ | $\cdots$ | $\beta$ | $\cdots$ |
|---|---|---|---|---|---|
| $f'(x)$ | $+$ | $0$ | $-$ | $0$ | $+$ |
| $f(x)$ | ↗ | 極大 | ↘ | 極小 | ↗ |

## 19 関数のグラフ① 　50 関数のグラフ

$y=(x-2)^2(x+3)$ のグラフをかけ。

展開すると $y=x^3-x^2-8x+12$ だから

$y'=3x^2-2x-8=(3x+4)(x-2)$

よって，増減表は次のようになる。

| $x$ | $\cdots$ | $-\frac{4}{3}$ | $\cdots$ | $2$ | $\cdots$ |
|---|---|---|---|---|---|
| $y'$ | $+$ | $0$ | $-$ | $0$ | $+$ |
| $y$ | ↗ | 極大 $\frac{500}{27}$ | ↘ | 極小 0 | ↗ |

$x=-\frac{4}{3}$ のとき　$y=\left(-\frac{4}{3}-2\right)^2\left(-\frac{4}{3}+3\right)=\frac{500}{27}$

$x=2$ のとき　$y=0$

**ヒラメキ**

グラフをかけ。

→増減表。

**なにをする？**

① $y'$ を計算。

② 増減表を作成。

③ 極値を計算し，グラフ上に点をとる。

④ 座標軸との共有点をとる。（とくに $y$ 軸との交点）

⑤ なめらかな曲線でかく。

# ガイドなしでやってみよう！

## 20 関数の増減

関数 $f(x)=\frac{1}{3}x^3-ax^2+(a+2)x-1$ について，次の問いに答えよ。

(1) $a=3$ のとき，関数 $f(x)$ が減少する区間を求めよ。

$a=3$ だから，$f(x)=\frac{1}{3}x^3-3x^2+5x-1$ より

$f'(x)=x^2-6x+5=(x-1)(x-5)$

$f(x)$ が減少するのは $f'(x)\leqq 0$ となる区間である。

$y=f'(x)$ のグラフは 

だから，$f(x)$ は区間 $\mathbf{1\leqq x\leqq 5}$ で減少する。

…答

(2) 関数 $f(x)$ がすべての実数の範囲で増加するように，定数 $a$ の値の範囲を定めよ。

$f'(x)=x^2-2ax+(a+2)$ であり，すべての実数 $x$ で $f'(x)\geqq 0$ となる条件は，
$f'(x)$ の $x^2$ の係数が正で，$x$ の 2 次方程式 $x^2-2ax+(a+2)=0$ の判別式 $D\leqq 0$ である。

よって　$D=(-2a)^2-4(a+2)=4(a^2-a-2)=4(a+1)(a-2)\leqq 0$

したがって　$\mathbf{-1\leqq a\leqq 2}$ …答

## 21 3次関数の決定

3 次関数 $f(x)$ が $x=0$ で極小値 $-6$，$x=3$ で極大値 21 をとるとき，関数 $f(x)$ を求めよ。

$f(x)=ax^3+bx^2+cx+d$ $(a\neq 0)$ とおくと　$f'(x)=3ax^2+2bx+c$

$x=0$ で極小値 $-6$ をとるから　$f'(0)=c=0$　　$f(0)=d=-6$

$x=3$ で極大値 21 をとるから

$f'(3)=27a+6b+c=0$　　$c=0$ より　$9a+2b=0$　…①

$f(3)=27a+9b+3c+d=21$　　$c=0$，$d=-6$ より　$27a+9b=27$

$3a+b=3$　…②

①，②を解いて　$a=-2$，$b=9$

よって　$f(x)=-2x^3+9x^2-6$

$f'(x)=-6x^2+18x=-6x(x-3)$

| $x$ | … | 0 | … | 3 | … |
|---|---|---|---|---|---|
| $f'(x)$ | − | 0 | + | 0 | − |
| $f(x)$ | ↘ | 極小<br>−6 | ↗ | 極大<br>21 | ↘ |

右の増減表より，この $f(x)$ は題意を満たしている。

したがって　$\mathbf{f(x)=-2x^3+9x^2-6}$ …答

## 22 関数のグラフ②

次の関数の増減を調べて，そのグラフをかけ。

(1) $y=x^3-3x^2-9x+11$

$y'=3x^2-6x-9=3(x^2-2x-3)=3(x-3)(x+1)$

$y'$ の符号は　　だから

増減表は次のようになる。

| $x$ | $\cdots$ | $-1$ | $\cdots$ | $3$ | $\cdots$ |
|---|---|---|---|---|---|
| $y'$ | $+$ | $0$ | $-$ | $0$ | $+$ |
| $y$ | ↗ | 極大<br>16 | ↘ | 極小<br>$-16$ | ↗ |

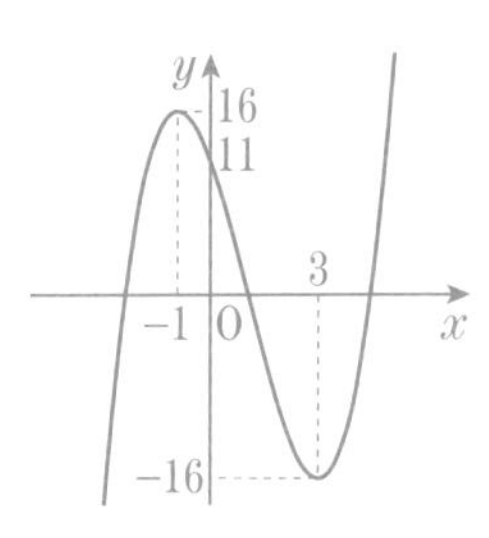


(2) $y=-2x^3+6x-1$

$y'=-6x^2+6=-6(x^2-1)=-6(x+1)(x-1)$

$y'$ の符号は　　だから

増減表は次のようになる。

| $x$ | $\cdots$ | $-1$ | $\cdots$ | $1$ | $\cdots$ |
|---|---|---|---|---|---|
| $y'$ | $-$ | $0$ | $+$ | $0$ | $-$ |
| $y$ | ↘ | 極小<br>$-5$ | ↗ | 極大<br>3 | ↘ |

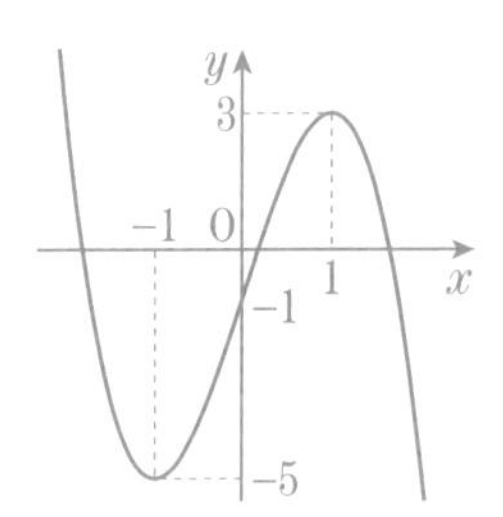


(3) $y=x^3+3x^2+3x+1$

$y'=3x^2+6x+3=3(x+1)^2\geqq 0$

より，常に増加する。

| $x$ | $\cdots$ | $-1$ | $\cdots$ |
|---|---|---|---|
| $y'$ | $+$ | $0$ | $+$ |
| $y$ | ↗ | $0$ | ↗ |

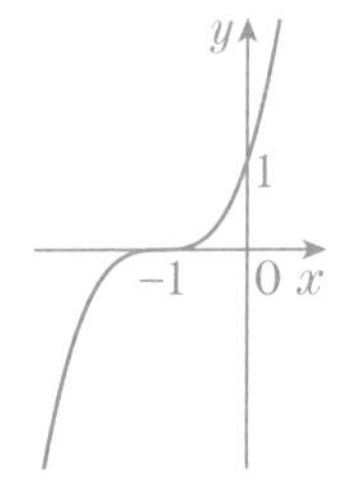


(4) $y=x^2(x-2)^2$ ← $x^2(x-2)^2=0$ を解くと $x=0$，$x=2$ はどちらも重解。よって，$x=0$ と $x=2$ で $x$ 軸に接する。

$y=x^2(x-2)^2=x^4-4x^3+4x^2$ より

$y'=4x^3-12x^2+8x=4x(x^2-3x+2)=4x(x-1)(x-2)$

$y'$ の符号は

| $x$ | $\cdots$ | $0$ | $\cdots$ | $1$ | $\cdots$ | $2$ | $\cdots$ |
|---|---|---|---|---|---|---|---|
| $y'$ | $-$ | $0$ | $+$ | $0$ | $-$ | $0$ | $+$ |
| $y$ | ↘ | 極小<br>0 | ↗ | 極大<br>1 | ↘ | 極小<br>0 | ↗ |

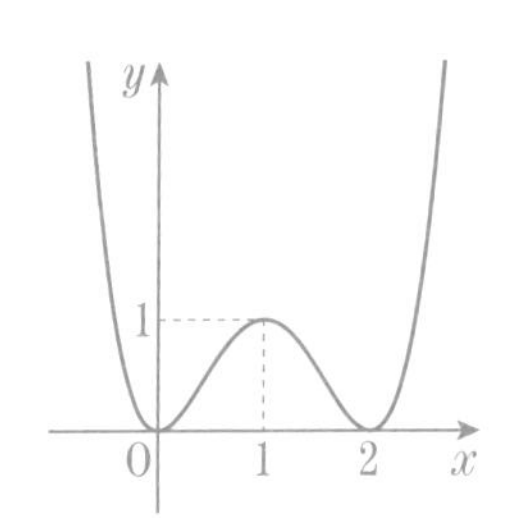

# 4 導関数の応用(2)

## 51 最大・最小

### 最大値・最小値の調べ方

区間 $a \leqq x \leqq b$ における関数 $f(x)$ の最大・最小を調べるには，区間内の極値と，区間の端点 $x=a$，$x=b$ における関数値 $f(a)$，$f(b)$ を比較すればよい。

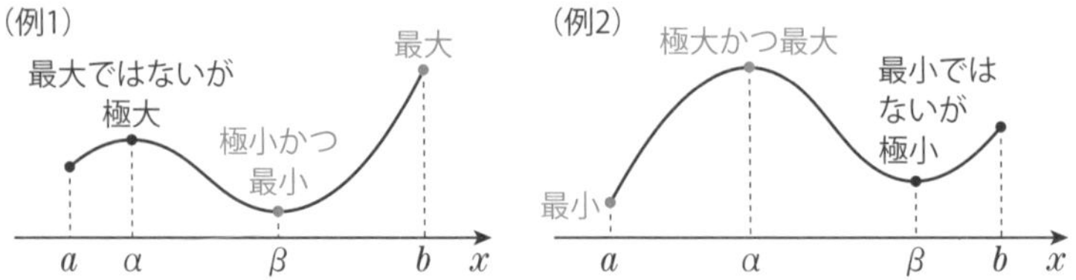


［注意］ 両端を含む区間では最大値，最小値は必ず存在する。それ以外の区間のときは，存在するとは限らない。例えば，$a<x<b$ の場合は，次のようにもなる。

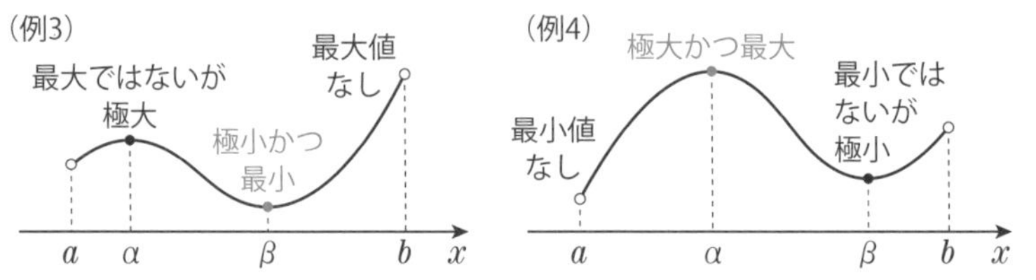


## 52 方程式への応用

### 方程式の実数解の個数(1)

方程式 $f(x)=0$ の実数解の個数は，関数 $y=f(x)$ のグラフと $x$ 軸 $(y=0)$ との共有点の個数に等しい。

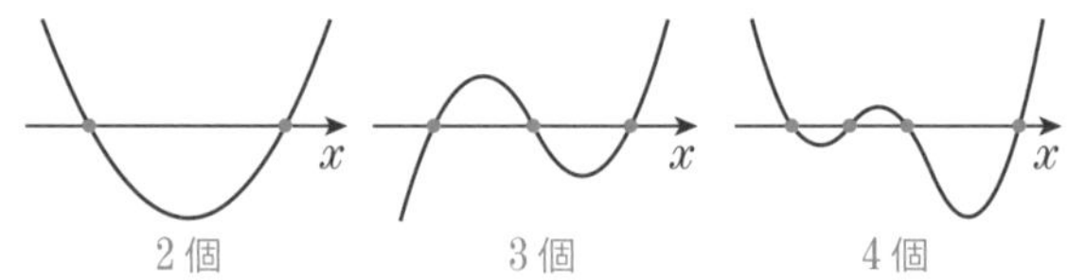


### 方程式の実数解の個数(2)

方程式 $f(x)=a$ の実数解の個数は，関数 $y=f(x)$ のグラフと直線 $y=a$ との共有点の個数に等しい。

## 53 不等式への応用

### 不等式とグラフ(1)

不等式 $f(x)>0$ の証明に，グラフを用いることができる。
関数 $y=f(x)$ のグラフをかいて，すべての実数の範囲で $y>0$ の範囲にあることを確認すればよい。

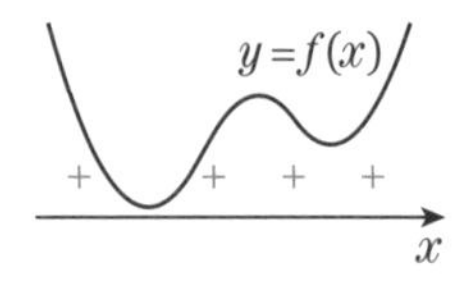


### 不等式とグラフ(2)

不等式 $f(x)>g(x)$ を証明するには，次のようにすればよい。
$F(x)=f(x)-g(x)$ とおいて，関数 $y=F(x)$ のグラフについて，上の「不等式とグラフ(1)」を適用すればよい。
つまり，関数 $y=F(x)$ のグラフが $y>0$ の範囲にあることを確認する。

## 23 最大・最小① 51 最大・最小

関数 $f(x)=-x^3+2x^2$ $(-1 \leqq x \leqq 2)$ の最大値，最小値を求めよ。

$f(x)=-x^3+2x^2$ より

$f'(x)=-3x^2+4x=-x(3x-4)$

$f'(x)$ の符号は $-\ 0\ +\ \frac{4}{3}\ -\ x$ だから，区間

$-1 \leqq x \leqq 2$ で増減表を作成すると

| $x$ | $-1$ | $\cdots$ | $0$ | $\cdots$ | $\frac{4}{3}$ | $\cdots$ | $2$ |
|---|---|---|---|---|---|---|---|
| $f'(x)$ | | $-$ | $0$ | $+$ | $0$ | $-$ | |
| $f(x)$ | $3$ | ↘ | 極小 $0$ | ↗ | 極大 $\frac{32}{27}$ | ↘ | $0$ |

$f(-1)=3$，$f(0)=0$，$f\left(\frac{4}{3}\right)=\frac{32}{27}$，$f(2)=0$

グラフより，

**最大値 3 $(x=-1)$，最小値 0 $(x=0,\ 2)$** …答

## 24 実数解の個数① 52 方程式への応用

方程式 $2x^3-6x^2+5=0$ の実数解の個数を調べよ。

$f(x)=2x^3-6x^2+5$ とおくと

$f'(x)=6x^2-12x=6x(x-2)$

増減表を作成すると

| $x$ | $\cdots$ | $0$ | $\cdots$ | $2$ | $\cdots$ |
|---|---|---|---|---|---|
| $f'(x)$ | $+$ | $0$ | $-$ | $0$ | $+$ |
| $f(x)$ | ↗ | 極大 $5$ | ↘ | 極小 $-3$ | ↗ |

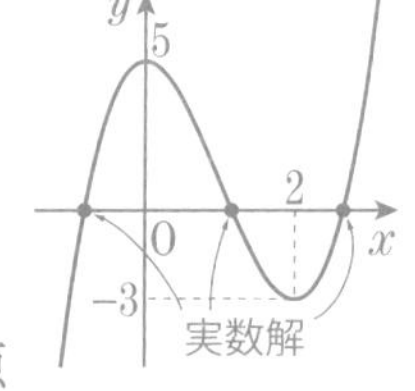


関数 $y=f(x)$ のグラフと $x$ 軸は3点で交わるから，実数解の個数は **3個** …答

## 25 導関数と不等式① 53 不等式への応用

$x \geqq 1$ のとき，不等式 $x^3 \geqq 3x-2$ を証明せよ。

[証明]　$f(x)=x^3-(3x-2)=x^3-3x+2$ とおく。

$f'(x)=3x^2-3=3(x+1)(x-1)$

$x \geqq 1$ で増減表を作成する。

| $x$ | $1$ | $\cdots$ |
|---|---|---|
| $f'(x)$ | $0$ | $+$ |
| $f(x)$ | $0$ | ↗ |

増減表より $x \geqq 1$ で

$f(x) \geqq f(1)=0$

よって，$x \geqq 1$ で　$x^3 \geqq 3x-2$

等号成立は $x=1$ のとき。　[証明終わり]

**ガイド**

**ヒラメキ**
最大値，最小値を求める。
→グラフをかいて，最高点，最下点を見つける。

**なにをする？**
- 増減を調べ，グラフをかく。
- グラフから次のものを調べる。
  最高点→最大
  最下点→最小
- 増減表で，極値と，区間の両端の値を比較して求めることもできる。

**ヒラメキ**
方程式の実数解。
→2つのグラフの共有点の $x$ 座標が実数解。

**なにをする？**
方程式 $f(x)=0$ の実数解の個数は，2つのグラフ
$y=f(x)$
$y=0$ ($x$ 軸)
の共有点の個数と一致する。

**ヒラメキ**
不等式 $f(x) \geqq 0$ の証明。
→(最小値)$\geqq 0$ を示す。

**なにをする？**
- 不等式 $p(x) \geqq q(x)$
  $\rightarrow f(x)=p(x)-q(x) \geqq 0$
- $f(x)$ の増減を調べる。
- 区間内の(最小値)$\geqq 0$ を示す。

## ガイドなしでやってみよう！

**26** **最大・最小②**

関数 $f(x)=2x^3-3x^2-12x+5$ $(-3\leqq x\leqq 3)$ の最大値，最小値を求めよ。

$f'(x)=6x^2-6x-12=6(x^2-x-2)=6(x-2)(x+1)$

$-3\leqq x\leqq 3$ で増減表を作成する。

| $x$ | $-3$ | $\cdots$ | $-1$ | $\cdots$ | $2$ | $\cdots$ | $3$ |
|---|---|---|---|---|---|---|---|
| $f'(x)$ | | $+$ | $0$ | $-$ | $0$ | $+$ | |
| $f(x)$ | $-40$ | ↗ | 極大 $12$ | ↘ | 極小 $-15$ | ↗ | $-4$ |

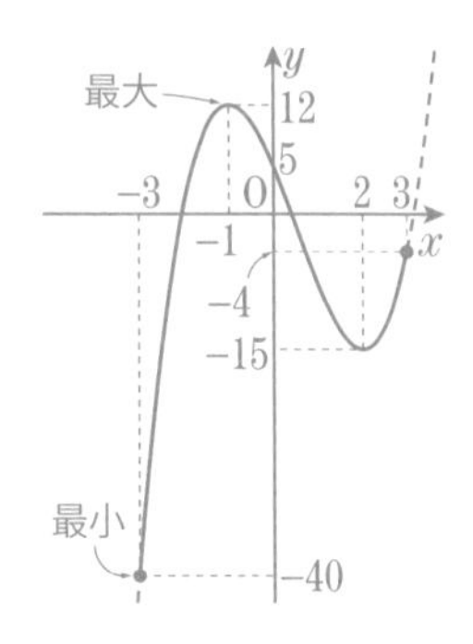


$f(-3)=-40$，$f(-1)=12$，$f(2)=-15$，$f(3)=-4$

グラフより

答 $\begin{cases}\textbf{最大値 } 12 \ (x=-1) \\ \textbf{最小値 } -40 \ (x=-3)\end{cases}$

**27** **最大・最小③**

関数 $f(x)=ax^3+3ax^2+b$ $(a>0)$ の $-3\leqq x\leqq 2$ における最大値が 15，最小値が $-5$ となるように，定数 $a$，$b$ の値を定めよ。

$f'(x)=3ax^2+6ax=3ax(x+2)$ $(a>0)$

$-3\leqq x\leqq 2$ で増減表を作成する。

| $x$ | $-3$ | $\cdots$ | $-2$ | $\cdots$ | $0$ | $\cdots$ | $2$ |
|---|---|---|---|---|---|---|---|
| $f'(x)$ | | $+$ | $0$ | $-$ | $0$ | $+$ | |
| $f(x)$ | $b$ | ↗ | 極大 $4a+b$ | ↘ | 極小 $b$ | ↗ | $20a+b$ |

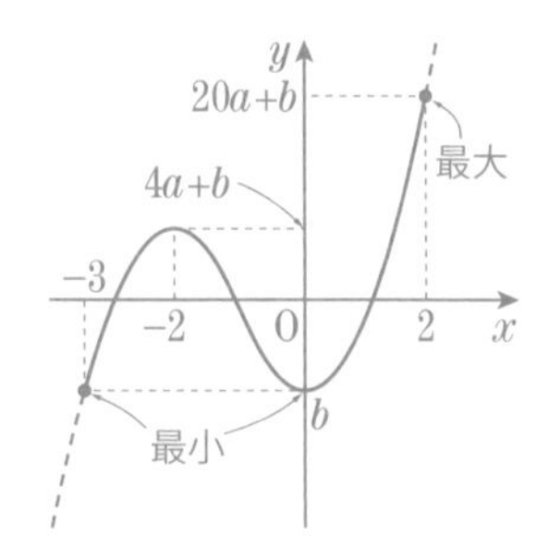


$f(-3)=b$，$f(-2)=4a+b$，$f(0)=b$，$f(2)=20a+b$

$f(2)-f(-2)=(20a+b)-(4a+b)=16a>0$ だから　$f(2)>f(-2)$

グラフより，最大値 $20a+b$ $(x=2)$ より　$20a+b=15$　…①

最小値 $b$ $(x=-3,\ 0)$ より　$b=-5$　…②

①，②を解いて　$\boldsymbol{a=1}$，$\boldsymbol{b=-5}$　…答

**28** **実数解の個数②**

方程式 $x^3+3x^2-2=0$ の実数解の個数を調べよ。

$f(x)=x^3+3x^2-2$ とおく。$f'(x)=3x^2+6x=3x(x+2)$ より，増減表を作成すると

| $x$ | $\cdots$ | $-2$ | $\cdots$ | $0$ | $\cdots$ |
|---|---|---|---|---|---|
| $f'(x)$ | $+$ | $0$ | $-$ | $0$ | $+$ |
| $f(x)$ | ↗ | $2$ | ↘ | $-2$ | ↗ |

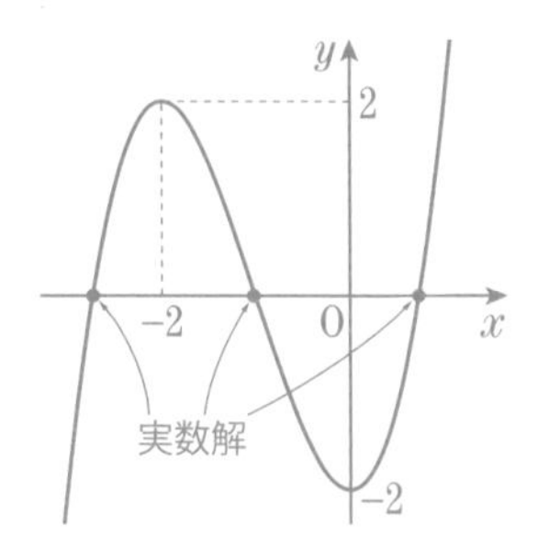


方程式 $f(x)=0$ の実数解の個数は，曲線 $y=f(x)$ と $x$ 軸との共有点の個数だから，**3 個**。…答

## 29 実数解の個数③

方程式 $x^3-3x^2-9x-a=0$ の解が次の条件を満たすように，定数 $a$ の値の範囲を定めよ。

(1) 異なる3つの実数解をもつ　　(2) 2つの負の解と1つの正の解をもつ

与えられた方程式は $x^3-3x^2-9x=a$ となるので，実数解の個数は曲線 $y=x^3-3x^2-9x$ …①と直線 $y=a$ …②の共有点の個数に等しい。

$f(x)=x^3-3x^2-9x$ とおくと　$f'(x)=3x^2-6x-9=3(x-3)(x+1)$

$f'(x)$ の符号は（$+$，$-1$，$-$，$3$，$+$）なので，増減表を作成すると

| $x$ | … | $-1$ | … | $3$ | … |
|---|---|---|---|---|---|
| $f'(x)$ | $+$ | $0$ | $-$ | $0$ | $+$ |
| $f(x)$ | ↗ | 極大<br>$5$ | ↘ | 極小<br>$-27$ | ↗ |

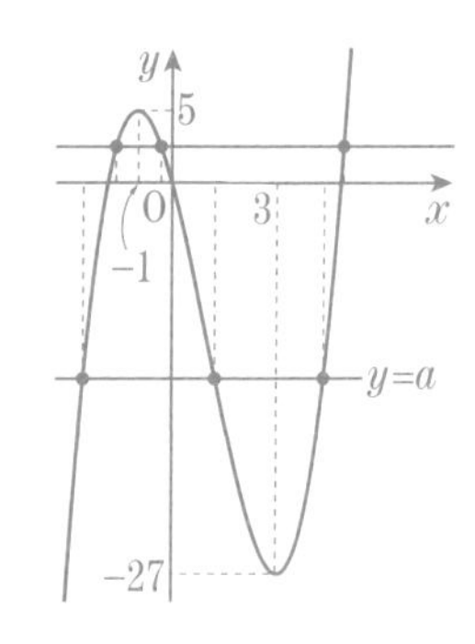


関数 $y=f(x)$ のグラフは，右の図。

(1) ①と②が3つの共有点をもつから

$-27<a<5$ …**答**

(2) ①と②が $x<0$ の範囲で2個，$x>0$ の範囲で1個の共有点をもつから　$0<a<5$ …**答**

## 30 導関数と不等式②

$x\geqq 0$ のとき，$2x^3+8\geqq 3ax^2$ が常に成り立つような定数 $a$ の値の範囲を求めよ。

$f(x)=2x^3-3ax^2+8$ とおく。 ← 最小値が0以上になるような $a$ の値の範囲を求める。

$f'(x)=6x^2-6ax=6x(x-a)$

$x\geqq 0$ の範囲で増減表を作成するが，$f'(x)=0$ の解が $x=0$，$a$ なので，$0$ と $a$ との大小で分けて考える。

(i) $a\leqq 0$ のとき，増減表と関数 $y=f(x)$ のグラフは右のようになる。

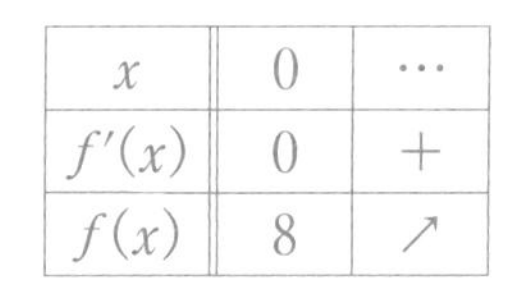

| $x$ | $0$ | … |
|---|---|---|
| $f'(x)$ | $0$ | $+$ |
| $f(x)$ | $8$ | ↗ |

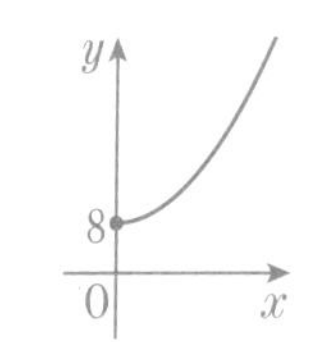


$x\geqq 0$ のときの最小値は8なので，$a\leqq 0$ のときは常に $f(x)>0$ となるから適する。

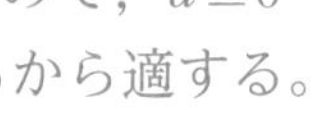

ゆえに　$a\leqq 0$ …①

(ii) $a>0$ のとき，増減表と関数 $y=f(x)$ のグラフは右のようになる。$x\geqq 0$ のときの最小値は $f(a)=-a^3+8$ なので，

| $x$ | $0$ | … | $a$ | … |
|---|---|---|---|---|
| $f'(x)$ | $0$ | $-$ | $0$ | $+$ |
| $f(x)$ | $8$ | ↘ | 極小 | ↗ |

$-a^3+8\geqq 0$ より　$a^3-8\leqq 0$　　$(a-2)(a^2+2a+4)\leqq 0$

$a^2+2a+4=(a+1)^2+3>0$ だから　$a-2\leqq 0$　　$a\leqq 2$

$a>0$ とあわせて　$0<a\leqq 2$ …②

①，②より　$\boldsymbol{a\leqq 2}$ …**答**

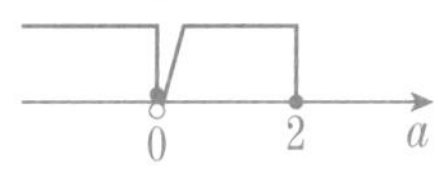




第5章 微分と積分

# 定期テスト対策問題

目標点　60点
制限時間　50分
点

**1** 関数 $f(x)=x^3+ax^2-ax+1$ が極値をもたないように，定数 $a$ の値の範囲を定めよ。
⮌ 17 20
（10点）

$f'(x)=3x^2+2ax-a$ で，$f'(x)$ の $x^2$ の係数が正であるから，すべての実数 $x$ で $f'(x)\geqq0$ となればよい。その条件は，$x$ の2次方程式 $3x^2+2ax-a=0$ の判別式 $D\leqq0$ であるから

$D=(2a)^2-4\cdot3\cdot(-a)=4a(a+3)\leqq0$　　よって　$\boldsymbol{-3\leqq a\leqq0}$ …答

**2** 3次関数 $f(x)=2x^3+ax^2+bx+c$ が，$x=-1$ で極大値7，$x=2$ で極小値をとるとき，$f(x)$ を求めよ。また，極小値を求めよ。 ⮌ 21
（各10点　計20点）

$f'(x)=6x^2+2ax+b$ であり，$x=-1$ で極大値7をとるから，

$f(-1)=-2+a-b+c=7$ より　$a-b+c=9$　…①

$f'(-1)=6-2a+b=0$ より　$-2a+b=-6$　…②

$x=2$ で極小値をとるから，$f'(2)=24+4a+b=0$ より　$4a+b=-24$　…③

③－②より　$6a=-18$　　$a=-3$　　これを②に代入して　$6+b=-6$　　$b=-12$

①より　$-3+12+c=9$　　$c=0$

よって，$f(x)=2x^3-3x^2-12x$ となり

$f'(x)=6x^2-6x-12=6(x+1)(x-2)$

右の増減表より，この $f(x)$ は題意を満たしている。

したがって　$\boldsymbol{f(x)=2x^3-3x^2-12x}$ …答

極小値は　$f(2)=16-12-24=\boldsymbol{-20}$ …答

| $x$ | … | $-1$ | … | $2$ | … |
|---|---|---|---|---|---|
| $f'(x)$ | $+$ | $0$ | $-$ | $0$ | $+$ |
| $f(x)$ | ↗ | 極大 7 | ↘ | 極小 $-20$ | ↗ |

**3** 次の関数のグラフをかけ。 ⮌ 19 22
（各10点　計20点）

(1) $y=-x^3+3x^2-1$

$y'=-3x^2+6x=-3x(x-2)$

増減表は次のようになる。

| $x$ | … | $0$ | … | $2$ | … |
|---|---|---|---|---|---|
| $y'$ | $-$ | $0$ | $+$ | $0$ | $-$ |
| $y$ | ↘ | 極小 $-1$ | ↗ | 極大 3 | ↘ |

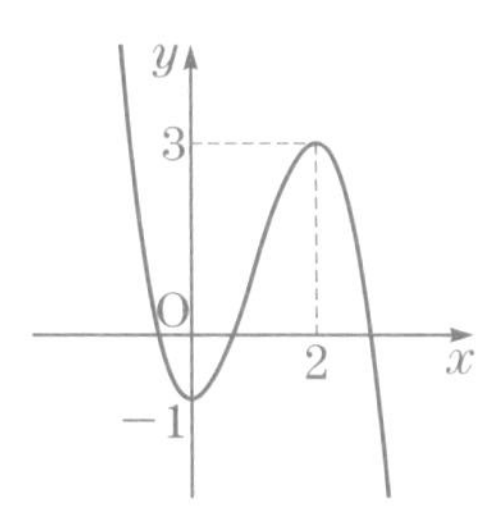


(2) $y=\dfrac{1}{4}x^4-x^3$

$y'=x^3-3x^2=x^2(x-3)$

$x^2\geqq0$ なので，増減表は次のようになる。

| $x$ | … | $0$ | … | $3$ | … |
|---|---|---|---|---|---|
| $y'$ | $-$ | $0$ | $-$ | $0$ | $+$ |
| $y$ | ↘ | $0$ | ↘ | 極小 $-\dfrac{27}{4}$ | ↗ |

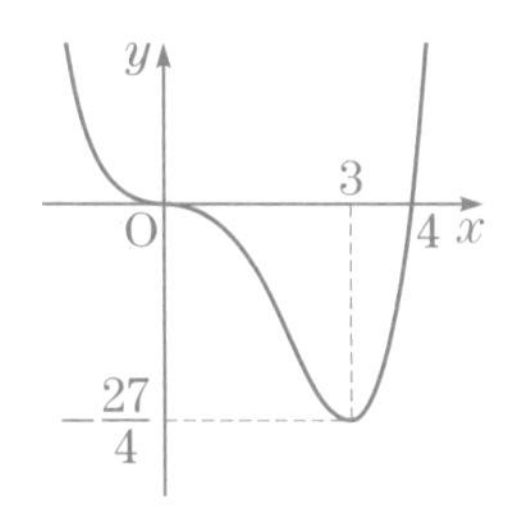

**4** 関数 $f(x)=4x^3+3x^2-6x$ について，次の問いに答えよ。

⊃ 18 19 22 23 24 25 26 27 29 30　（(1)極値，グラフ，(2)，(3)，(4)各 10 点　計 50 点）

(1) 関数 $f(x)$ の増減を調べて極値を求め，$y=f(x)$ のグラフをかけ。

$f'(x)=12x^2+6x-6=6(2x^2+x-1)=6(x+1)(2x-1)$

増減表を作成する。

| $x$ | $\cdots$ | $-1$ | $\cdots$ | $\frac{1}{2}$ | $\cdots$ |
|---|---|---|---|---|---|
| $f'(x)$ | $+$ | $0$ | $-$ | $0$ | $+$ |
| $f(x)$ | ↗ | 極大 $5$ | ↘ | 極小 $-\frac{7}{4}$ | ↗ |

$f(-1)=5$,

$f\left(\frac{1}{2}\right)=-\frac{7}{4}$

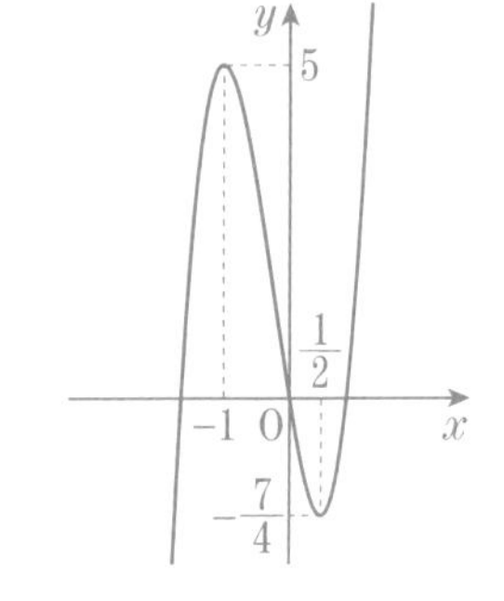


**極大値 5 $(x=-1)$，極小値 $-\frac{7}{4}$ $\left(x=\frac{1}{2}\right)$** …答

(2) $-2\leqq x\leqq 1$ のとき，関数 $f(x)$ の最大値，最小値を求めよ。

(1)で求めたグラフを活用して，極値と区間の両端の値を比較する。

$f(-2)=-8$，$f(-1)=5$，$f\left(\frac{1}{2}\right)=-\frac{7}{4}$，$f(1)=1$

したがって　**最大値 5 $(x=-1)$，最小値 $-8$ $(x=-2)$** 

(3) 方程式 $4x^3+3x^2-6x-a=0$ の異なる実数解の個数を調べよ。

与えられた方程式は $4x^3+3x^2-6x=a$ となるので，実数解の個数は曲線 $y=f(x)$ と直線 $y=a$ の共有点の個数に等しい。(1)で求めたグラフを活用して

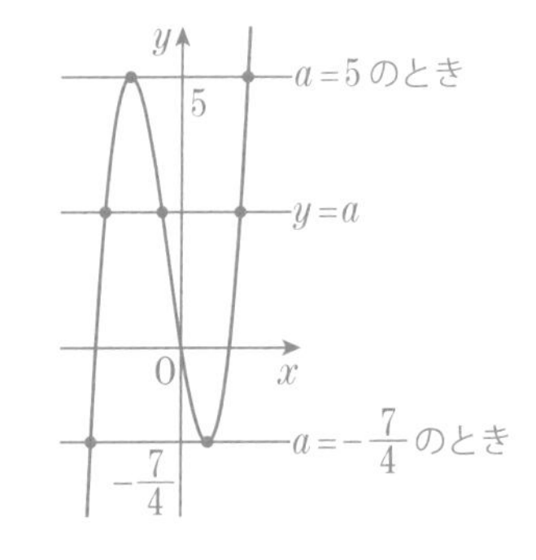


**$a<-\frac{7}{4}$，$5<a$ のとき，実数解 1 個**
**$a=-\frac{7}{4}$，5 のとき，　実数解 2 個**
**$-\frac{7}{4}<a<5$ のとき，　実数解 3 個**
…答

(4) $x\geqq 0$ のとき，不等式 $4x^3+3x^2-6x-a\geqq 0$ が常に成り立つように，定数 $a$ の値の範囲を定めよ。

与えられた不等式は $4x^3+3x^2-6x\geqq a$ となるので，
関数 $y=f(x)$ $(x\geqq 0)$ のグラフが，$x\geqq 0$ において直線 $y=a$ より常に上にあるか接するように，$a$ の値の範囲を定めればよい。

すなわち（$f(x)$ の最小値）$\geqq a$ となるときだから　**$a\leqq -\frac{7}{4}$** …答

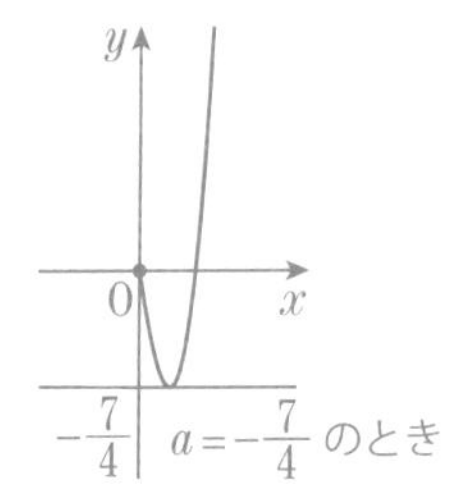

# 5 積分(1)

## 54 不定積分

**不定積分**　微分すると $f(x)$ となる関数を，$f(x)$ の不定積分という。すなわち，$F'(x)=f(x)$ のとき，$F(x)$ を $f(x)$ の不定積分という。
また，$F(x)$ を $f(x)$ の原始関数とも呼ぶ。
$F(x)$ が $f(x)$ の不定積分であるとき，$F(x)+C$（$C$ は定数）も不定積分となる。

**不定積分の記号**　$f(x)$ の不定積分を $\int f(x)\,dx$ で表す。

> $F'(x)=f(x) \iff \int f(x)\,dx=F(x)+C$（$C$ は定数）
> $x$：積分変数，$f(x)$：被積分関数，$C$：積分定数

この章では，とくに断りがなければ，$C$ は積分定数を表すものとする。

**不定積分の公式**　（$n$ は 0 以上の整数，$k$ は定数）

① $\int x^n\,dx=\frac{1}{n+1}x^{n+1}+C$　　② $\int kf(x)\,dx=k\int f(x)\,dx$

③ $\int \{f(x)\pm g(x)\}\,dx=\int f(x)\,dx\pm\int g(x)\,dx$　（複号同順）

## 55 $(ax+b)^n$ の不定積分

**$(ax+b)^n$ の不定積分**　$\int (ax+b)^n\,dx=\frac{1}{a(n+1)}(ax+b)^{n+1}+C$

## 56 定積分

**定積分**　関数 $f(x)$ の不定積分（の 1 つ）を $F(x)$ とするとき，

$$\int_a^b f(x)\,dx=\Big[F(x)\Big]_a^b=F(b)-F(a)$$

を関数 $f(x)$ の $a$ から $b$ までの定積分といい，$a$ を下端，$b$ を上端という。

**定積分の性質**

① $\int_a^b f(x)\,dx=\int_a^b f(t)\,dt$　（定積分では，どのような積分変数でも結果は同じ）

② $\int_a^b kf(x)\,dx=k\int_a^b f(x)\,dx$　（$k$ は，$x$ に対して定数）

③ $\int_a^b \{f(x)\pm g(x)\}\,dx=\int_a^b f(x)\,dx\pm\int_a^b g(x)\,dx$　（複号同順）

④ $\int_a^a f(x)\,dx=0$　　⑤ $\int_a^b f(x)\,dx=-\int_b^a f(x)\,dx$

⑥ $\int_a^c f(x)\,dx+\int_c^b f(x)\,dx=\int_a^b f(x)\,dx$

⑦ $\int_{-a}^a x^n\,dx=\begin{cases}0 & (n=1,\ 3,\ 5,\ \cdots)\ （奇数）\\ 2\int_0^a x^n\,dx & (n=0,\ 2,\ 4,\ \cdots)\ （偶数）\end{cases}$

## 57 定積分の応用

**定積分の等式**　$\int_\alpha^\beta (x-\alpha)(x-\beta)\,dx=-\frac{1}{6}(\beta-\alpha)^3$

**微分と積分の関係**　$\frac{d}{dx}\int_a^x f(t)\,dt=f(x)$　（ただし，$a$ は定数）

## 31 不定積分の計算① 54 不定積分

次の不定積分を求めよ。

(1) $\int(3x^2-2x+1)\,dx$

$=3\cdot\frac{1}{3}x^3-2\cdot\frac{1}{2}x^2+x+C=\boldsymbol{x^3-x^2+x+C}$ …答

(2) $\int(x-2)(x-1)\,dx$

$=\int(x^2-3x+2)\,dx=\boldsymbol{\frac{1}{3}x^3-\frac{3}{2}x^2+2x+C}$ …答

## 32 公式の利用 55 $(ax+b)^n$ の不定積分

$\int(2x+1)^2\,dx$ を求めよ。

$\int(2x+1)^2\,dx=\frac{1}{2\cdot3}(2x+1)^3+C$

$=\boldsymbol{\frac{1}{6}(2x+1)^3+C}$ …答

## 33 定積分の計算① 56 定積分

次の定積分を求めよ。

(1) $\int_{-1}^{3}(x^2-x)\,dx$

$=\left[\frac{1}{3}x^3-\frac{1}{2}x^2\right]_{-1}^{3}$

$=\left(\frac{1}{3}\cdot3^3-\frac{1}{2}\cdot3^2\right)-\left\{\frac{1}{3}(-1)^3-\frac{1}{2}(-1)^2\right\}$

$=9-\frac{9}{2}+\frac{1}{3}+\frac{1}{2}=\boldsymbol{\frac{16}{3}}$ …答

(2) $\int_{-2}^{2}(3x^2-5x-1)\,dx$

$=2\int_0^2(3x^2-1)\,dx=2\left[x^3-x\right]_0^2$

$=2\{(8-2)-0\}=\boldsymbol{12}$ …答

## 34 関数の決定① 57 定積分の応用

等式 $\int_a^x f(t)\,dt=x^2-3x+2$ を満たす関数 $f(x)$ を求めよ。また，定数 $a$ の値を求めよ。

等式の両辺を $x$ で微分して　$\boldsymbol{f(x)=2x-3}$ …答

$\int_a^a f(t)\,dt=0$ より，等式の両辺に $x=a$ を代入して

$0=a^2-3a+2$　　$(a-1)(a-2)=0$

よって　$\boldsymbol{a=1,\ 2}$ …答

ガイド

**ヒラメキ**
不定積分を求めよ。
$\to\int x^n\,dx=\frac{1}{n+1}x^{n+1}+C$

**なにをする？**
(2)は，展開してから積分する。

**なにをする？**
$\int(ax+b)^n\,dx$
$=\frac{1}{a(n+1)}(ax+b)^{n+1}+C$

**ヒラメキ**
$F'(x)=f(x)$
$\to\int_a^b f(x)\,dx=\left[F(x)\right]_a^b$
$=F(b)-F(a)$

**なにをする？**
(2)では，区間に注目する。

$\int_{-a}^{a}x^n\,dx=\begin{cases}0 & (n:\text{奇数})\\ 2\int_0^a x^n\,dx & (n:\text{偶数})\end{cases}$

**ヒラメキ**
等式→両辺を $x$ で微分する。
$\frac{d}{dx}\int_a^x f(t)\,dt=f(x)$

**なにをする？**
(左辺)$=0$ となるように，$x=a$ を代入する。
$\int_a^a f(t)\,dt=0$

第5章 微分と積分

## ガイドなしでやってみよう！

### 35 不定積分の計算②

次の不定積分を求めよ。

(1) $\int(x^2-4x+5)\,dx$

$=\frac{1}{3}x^3-4\cdot\frac{1}{2}x^2+5x+C$

$=\boldsymbol{\frac{x^3}{3}-2x^2+5x+C}$ …答

(2) $\int(2x+1)(3x-1)\,dx$

$=\int(6x^2+x-1)\,dx$

$=6\cdot\frac{1}{3}x^3+\frac{1}{2}x^2-x+C$

$=\boldsymbol{2x^3+\frac{1}{2}x^2-x+C}$ …答

### 36 関数の決定②

次の問いに答えよ。

(1) $f'(x)=6x^2-4x+1$，$f(2)=0$ を満たす関数 $f(x)$ を求めよ。

$f(x)=\int f'(x)\,dx=\int(6x^2-4x+1)\,dx=2x^3-2x^2+x+C$

$f(2)=16-8+2+C=0$ より　$C=-10$

したがって　$\boldsymbol{f(x)=2x^3-2x^2+x-10}$ …答

(2) 点 $(x,\ y)$ における接線の傾きが $x^2-2x$ で表される曲線のうち，点 $(3,\ 2)$ を通るものを求めよ。

点 $(x,\ y)$ における接線の傾きが $x^2-2x$ であるから

$y'=x^2-2x$ ←― $y'$ は接線の傾き。

よって　$y=\int(x^2-2x)\,dx=\frac{1}{3}x^3-x^2+C$

点 $(3,\ 2)$ を通るから，$2=\frac{1}{3}\cdot3^3-3^2+C$ より　$C=2$

したがって　$\boldsymbol{y=\frac{1}{3}x^3-x^2+2}$ …答

### 37 不定積分の計算③

次の不定積分を求めよ。

(1) $\int(1-4x)^2\,dx$

$=\frac{1}{-4\cdot3}(1-4x)^3+C$

$=\boldsymbol{-\frac{1}{12}(1-4x)^3+C}$ …答

(2) $\int x(x-1)^2\,dx$

（ヒント：$x(x-1)^2=(x-1+1)(x-1)^2=(x-1)^3+(x-1)^2$）

$\int x(x-1)^2\,dx=\int\{(x-1)^3+(x-1)^2\}\,dx$

$=\int(x-1)^3\,dx+\int(x-1)^2\,dx$

$=\boldsymbol{\frac{1}{4}(x-1)^4+\frac{1}{3}(x-1)^3+C}$ …答

## 38 定積分の計算②

次の定積分を求めよ。

(1) $\int_{-1}^{3}(x^2+2x-3)\,dx$

$=\left[\frac{1}{3}x^3+x^2-3x\right]_{-1}^{3}$

$=\left(\frac{1}{3}\cdot3^3+3^2-3\cdot3\right)$

$\quad-\left\{\frac{1}{3}(-1)^3+(-1)^2-3(-1)\right\}$

$=9+9-9+\frac{1}{3}-1-3$

$=\boldsymbol{\frac{16}{3}}$ …答

(2) $\int_{0}^{1}(1-2y)^2\,dy$ ← 積分変数は $y$

$=\left[\frac{1}{-2\cdot3}(1-2y)^3\right]_{0}^{1}$

$=-\frac{1}{6}\{(-1)^3-1^3\}$

$=\frac{2}{6}=\boldsymbol{\frac{1}{3}}$ …答

[別解] $\int_{0}^{1}(4y^2-4y+1)\,dy$

$=\left[\frac{4}{3}y^3-2y^2+y\right]_{0}^{1}$

$=\frac{4}{3}-2+1=\boldsymbol{\frac{1}{3}}$

(3) $\int_{1}^{2}(x^2-2tx+3t^2)\,dt$ ← 積分変数は $t$ なので $x$ は定数と考える。

$=\left[x^2t-xt^2+t^3\right]_{1}^{2}$

$=(2x^2-4x+8)-(x^2-x+1)$

$=\boldsymbol{x^2-3x+7}$ …答

(4) $\int_{-1}^{3}(2x^2-x)\,dx-2\int_{-1}^{3}(x^2+3x)\,dx$ ← 区間が同じなのでまとめて計算する。

$=\int_{-1}^{3}\{(2x^2-x)-2(x^2+3x)\}\,dx$

$=\int_{-1}^{3}(-7x)\,dx=\left[-\frac{7}{2}x^2\right]_{-1}^{3}$

$=-\frac{7}{2}\{3^2-(-1)^2\}=\boldsymbol{-28}$ …答

## 39 関数の決定③

次の等式を満たす関数 $f(x)$ を求めよ。(1)では $a$ の値も求めよ。

(1) $\int_{1}^{x}f(t)\,dt=x^3-x^2+x-a$

等式の両辺を $x$ で微分すると　$\boldsymbol{f(x)=3x^2-2x+1}$ …答

また，$\int_{1}^{1}f(t)\,dt=0$ だから，等式の両辺に $x=1$ を代入すると，← (左辺)=0 になる値を代入。

$1-1+1-a=0$ より　$\boldsymbol{a=1}$ …答

(2) $f(x)=2x-\int_{1}^{2}f(t)\,dt$

$\int_{1}^{2}f(t)\,dt=k$ とおくと　$f(x)=2x-k$ ← $\int_{1}^{2}f(t)\,dt$ は定数だから。

$k=\int_{1}^{2}f(t)\,dt=\int_{1}^{2}(2t-k)\,dt=\left[t^2-kt\right]_{1}^{2}=(4-2k)-(1-k)=3-k$

よって，$k=3-k$ を解いて　$k=\frac{3}{2}$

したがって　$\boldsymbol{f(x)=2x-\frac{3}{2}}$ …答

第5章 微分と積分

# 6 積分(2)

## 58 定積分と面積

### 定積分と面積

区間 $a \leqq x \leqq b$ において $f(x) \geqq 0$ であるとき，右の図の色の部分の面積 $S$ は

$$S=\int_a^b f(x)\,dx$$

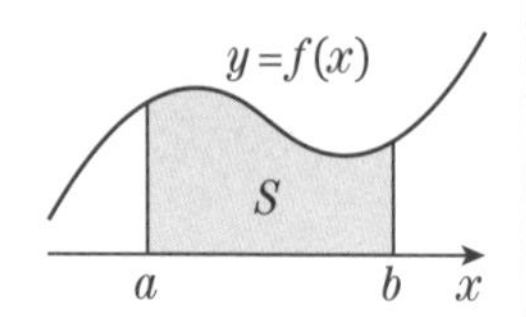


### 2曲線の間の面積

区間 $a \leqq x \leqq b$ において $f(x) \geqq g(x)$ であるとき，2曲線 $y=f(x)$，$y=g(x)$ と2直線 $x=a$，$x=b$ で囲まれた部分の面積 $S$ は

$$S=\int_a^b \{f(x)-g(x)\}\,dx$$

⟵ $S=\int_{左}^{右}$(上－下)$dx$ となっている。

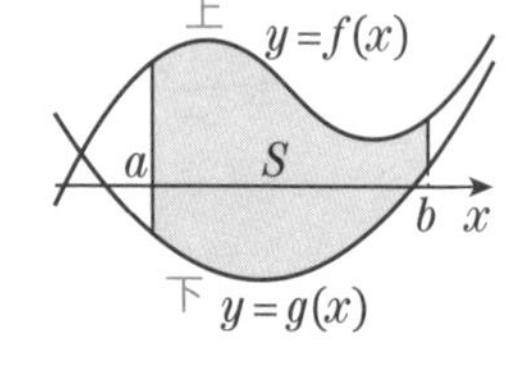


図形が2つ以上の部分に分かれたときは，
それぞれの部分の面積を計算してから加えればよい。
例えば，右の図のようなときは

$$S=\int_a^b \{f(x)-g(x)\}\,dx+\int_b^c \{g(x)-f(x)\}\,dx$$

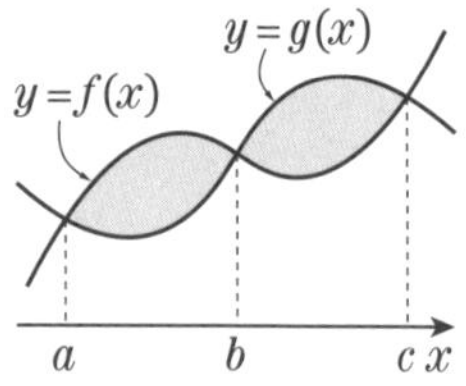

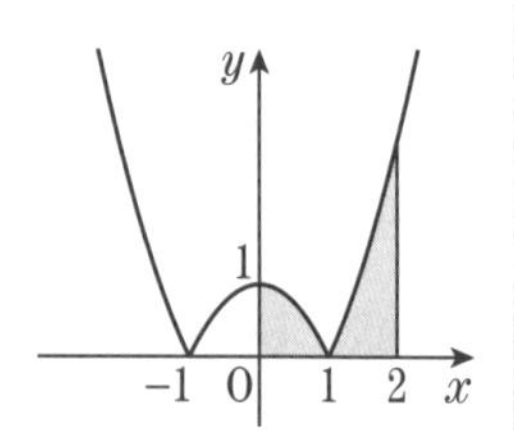


## 59 面積の応用

### 絶対値を含む関数の定積分

例えば

$$|x^2-1|=\begin{cases} x^2-1 & (x \leqq -1,\ 1 \leqq x) \\ -x^2+1 & (-1<x<1) \end{cases}$$

であるから，関数 $y=|x^2-1|$ のグラフを考えれば，定積分 $\int_0^2 |x^2-1|\,dx$ は右の図の色の部分の面積を表すことがわかる。よって，次のように計算できる。

$$\begin{aligned}\int_0^2 |x^2-1|\,dx&=\int_0^1(-x^2+1)\,dx+\int_1^2(x^2-1)\,dx\\&=\left[-\frac{x^3}{3}+x\right]_0^1+\left[\frac{x^3}{3}-x\right]_1^2\\&=-\frac{1}{3}+1+\left(\frac{8}{3}-2\right)-\left(\frac{1}{3}-1\right)=2\end{aligned}$$

### 放物線と直線で囲まれた図形の面積

$a>0$ のとき，右の図の色の部分の面積 $S$ は
$\int_\alpha^\beta \{-a(x-\alpha)(x-\beta)\}\,dx$ で表されるので，

$$\int_\alpha^\beta (x-\alpha)(x-\beta)\,dx=-\frac{1}{6}(\beta-\alpha)^3$$

を使って計算することができる。

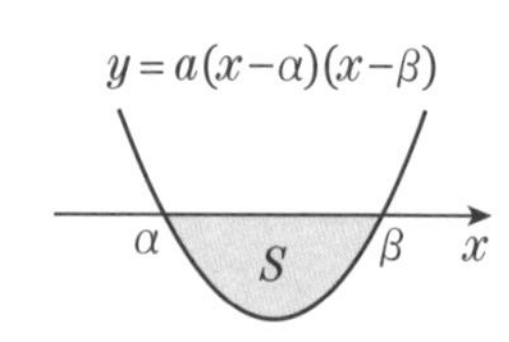

**40** 面積① **58** 定積分と面積

次の曲線と直線で囲まれた図形の面積を求めよ。

(1) 放物線 $y=x^2-2x+4$, $x$ 軸, 2 直線 $x=1$, $x=2$

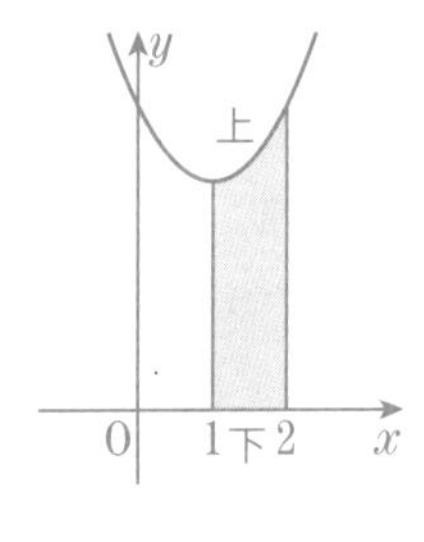


$$S=\int_1^2(x^2-2x+4)\,dx$$
$$=\left[\frac{1}{3}x^3-x^2+4x\right]_1^2$$
$$=\left(\frac{8}{3}-4+8\right)-\left(\frac{1}{3}-1+4\right)$$
$$=\frac{7}{3}+1=\mathbf{\frac{10}{3}}$$ …答

(2) 放物線 $y=(x-2)^2$, $x$ 軸, $y$ 軸

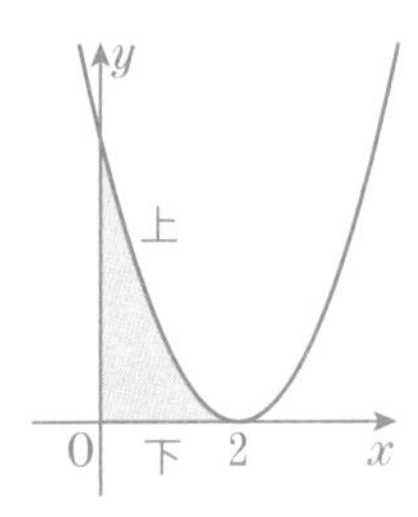


$$S=\int_0^2(x-2)^2\,dx$$
$$=\left[\frac{1}{1\cdot3}(x-2)^3\right]_0^2$$
$$=\frac{1}{3}\{0-(-2)^3\}=\mathbf{\frac{8}{3}}$$ …答

ガイド

ヒラメキ

面積を求めよ。

→図をかき，区間と関数のグラフの上下関係を把握する。

なにをする？

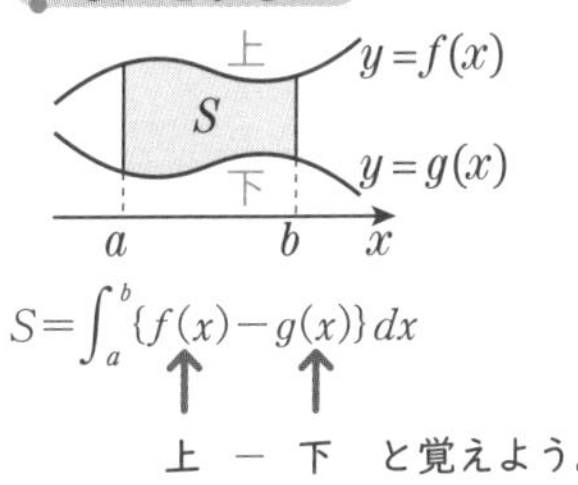


$$S=\int_a^b\{f(x)-g(x)\}\,dx$$

上 − 下 と覚えよう。

(2) 定積分でもまとめて計算する。

$$\int_p^q(ax+b)^n\,dx$$
$$=\left[\frac{1}{a(n+1)}(ax+b)^{n+1}\right]_p^q$$

**41** 面積② **59** 面積の応用

放物線 $y=2x^2-3x-2$ と直線 $y=x+1$ で囲まれた図形の面積を求めよ。

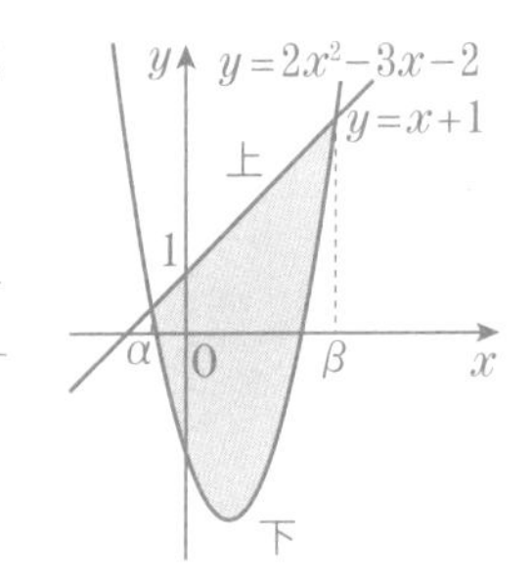


放物線と直線の交点の $x$ 座標は

$2x^2-3x-2=x+1$ より,

$2x^2-4x-3=0$ を解いて

$$x=\frac{-(-4)\pm\sqrt{(-4)^2-4\cdot2\cdot(-3)}}{2\cdot2}$$
$$=\frac{4\pm2\sqrt{10}}{4}=\frac{2\pm\sqrt{10}}{2}$$

$\alpha=\dfrac{2-\sqrt{10}}{2}$, $\beta=\dfrac{2+\sqrt{10}}{2}$ とおくと，求める面積 $S$ は

$$S=\int_\alpha^\beta\{(x+1)-(2x^2-3x-2)\}\,dx$$
$$=\int_\alpha^\beta(-2x^2+4x+3)\,dx=-2\int_\alpha^\beta(x-\alpha)(x-\beta)\,dx$$
$$=-2\cdot\left(-\frac{1}{6}\right)(\beta-\alpha)^3=\frac{1}{3}\left(\frac{2+\sqrt{10}}{2}-\frac{2-\sqrt{10}}{2}\right)^3$$
$$=\frac{1}{3}\cdot(\sqrt{10})^3=\mathbf{\frac{10\sqrt{10}}{3}}$$ …答

ヒラメキ

放物線と直線で囲まれた図形の面積を求めよ。

$$\to\int_\alpha^\beta(x-\alpha)(x-\beta)\,dx$$
$$=-\frac{1}{6}(\beta-\alpha)^3$$

をうまく使おう。

ただし　$\alpha<\beta$

なにをする？

交点の $x$ 座標を求めるのに，連立方程式の解を求める。

次の解の公式も確認しておこう。2 次方程式 $ax^2+bx+c=0$ の解は

$$x=\frac{-b\pm\sqrt{b^2-4ac}}{2a}$$

# ガイドなしでやってみよう！

**42** **面積③**

次の曲線と直線で囲まれた図形の面積 $S$ を求めよ。

(1) 放物線 $y=x^2$ $(1\leqq x\leqq 2)$，$x$ 軸，2 直線 $x=1$，$x=2$

右の図より

$$S=\int_1^2 x^2\,dx=\left[\frac{1}{3}x^3\right]_1^2=\frac{8}{3}-\frac{1}{3}=\boldsymbol{\frac{7}{3}}$$ …答

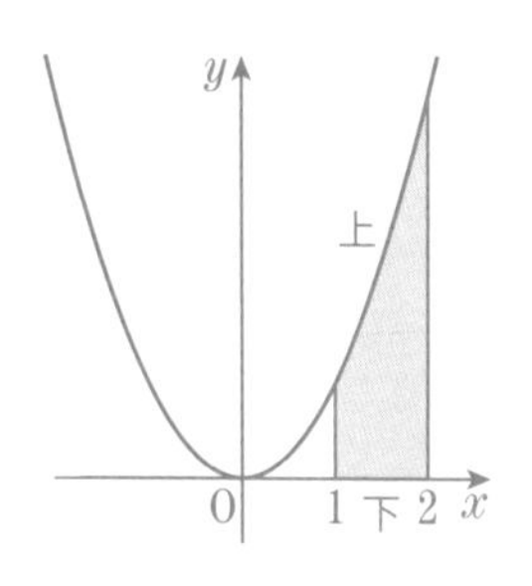


(2) 放物線 $y=x^2-2x-3$，$x$ 軸

放物線と $x$ 軸との交点の $x$ 座標は，

$x^2-2x-3=0$ より　$(x-3)(x+1)=0$

よって　$x=-1,\ 3$

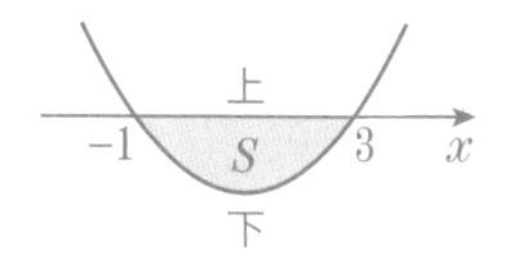


$$S=\int_{-1}^{3}\{0-(x^2-2x-3)\}\,dx=\int_{-1}^{3}(-x^2+2x+3)\,dx=\left[-\frac{1}{3}x^3+x^2+3x\right]_{-1}^{3}$$

$$=\left(-\frac{1}{3}\cdot 3^3+3^2+3\cdot 3\right)-\left\{-\frac{1}{3}(-1)^3+(-1)^2+3(-1)\right\}=9-\frac{1}{3}+2=\boldsymbol{\frac{32}{3}}$$ …答

**[別解]**　$S=-\int_{-1}^{3}(x-3)(x+1)\,dx$ だから　$S=-\left(-\frac{1}{6}\right)\{3-(-1)\}^3=\frac{64}{6}=\boldsymbol{\frac{32}{3}}$

(3) 放物線 $y=x^2-x$，$x$ 軸，直線 $x=2$

右の図の色の部分の面積の和だから

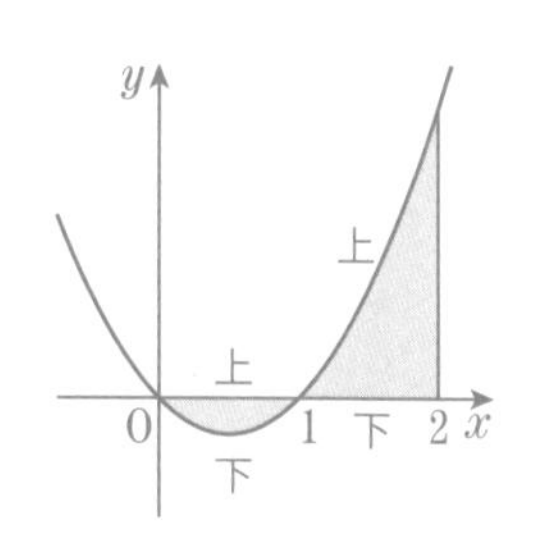


$$S=\int_0^1\{0-(x^2-x)\}\,dx+\int_1^2(x^2-x)\,dx$$

$$=-\left[\frac{1}{3}x^3-\frac{1}{2}x^2\right]_0^1+\left[\frac{1}{3}x^3-\frac{1}{2}x^2\right]_1^2$$

$$=-\left(\frac{1}{3}-\frac{1}{2}\right)+0+\left(\frac{8}{3}-2\right)-\left(\frac{1}{3}-\frac{1}{2}\right)$$

$$=\frac{8-1-1}{3}+\frac{1+1}{2}-2=\boldsymbol{1}$$ …答

(4) 曲線 $y=x(x+1)(x-2)$，$x$ 軸

この曲線と $x$ 軸は右の図のように，$x=-1,\ 0,\ 2$ で交わっているので

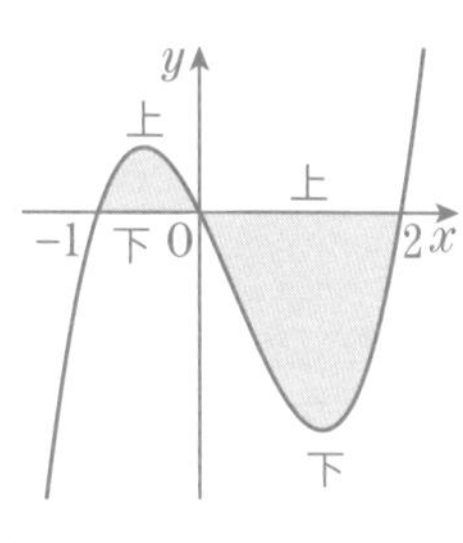


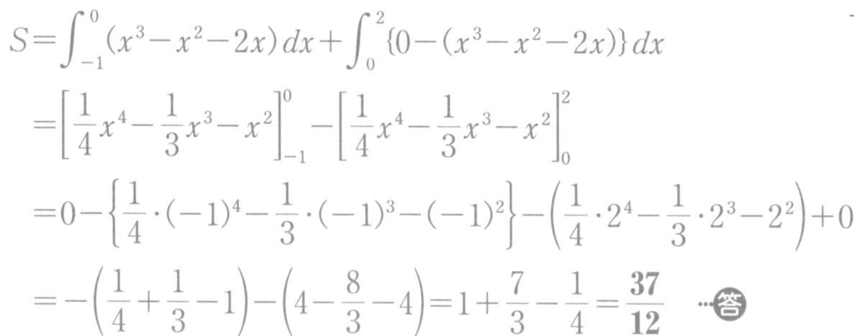

$$S=\int_{-1}^{0}(x^3-x^2-2x)\,dx+\int_0^2\{0-(x^3-x^2-2x)\}\,dx$$

$$=\left[\frac{1}{4}x^4-\frac{1}{3}x^3-x^2\right]_{-1}^{0}-\left[\frac{1}{4}x^4-\frac{1}{3}x^3-x^2\right]_0^2$$

$$=0-\left\{\frac{1}{4}\cdot(-1)^4-\frac{1}{3}\cdot(-1)^3-(-1)^2\right\}-\left(\frac{1}{4}\cdot 2^4-\frac{1}{3}\cdot 2^3-2^2\right)+0$$

$$=-\left(\frac{1}{4}+\frac{1}{3}-1\right)-\left(4-\frac{8}{3}-4\right)=1+\frac{7}{3}-\frac{1}{4}=\boldsymbol{\frac{37}{12}}$$ …答

## 43 定積分の応用

次の定積分を計算せよ。

(1) $\displaystyle\int_1^3 |x^2-4|\,dx$

区間 $1 \leqq x \leqq 3$ では　$|x^2-4|=\begin{cases} -x^2+4 & (1 \leqq x \leqq 2) \\ x^2-4 & (2 \leqq x \leqq 3) \end{cases}$

$$\int_1^3 |x^2-4|\,dx=\int_1^2 (-x^2+4)\,dx+\int_2^3 (x^2-4)\,dx$$

$$=\left[-\frac{1}{3}x^3+4x\right]_1^2+\left[\frac{1}{3}x^3-4x\right]_2^3$$

$$=\left(-\frac{8}{3}+8\right)-\left(-\frac{1}{3}+4\right)+\left(\frac{27}{3}-12\right)-\left(\frac{8}{3}-8\right)$$

$$=\frac{-8+1+27-8}{3}=\frac{12}{3}=\mathbf{4}$$ …答

y＝−x²＋4　y＝x²−4　−2　0　1　2　3　x　y

(2) $x^2-3x-1=0$ の解を $\alpha$, $\beta$ $(\alpha<\beta)$ とするとき　$\displaystyle\int_\alpha^\beta (x^2-3x-1)\,dx$

$x^2-3x-1=0$ の解は, $x=\dfrac{3\pm\sqrt{9+4}}{2}=\dfrac{3\pm\sqrt{13}}{2}$ なので　$\alpha=\dfrac{3-\sqrt{13}}{2}$, $\beta=\dfrac{3+\sqrt{13}}{2}$

$$\int_\alpha^\beta (x^2-3x-1)\,dx=\int_\alpha^\beta (x-\alpha)(x-\beta)\,dx=-\frac{1}{6}(\beta-\alpha)^3$$

$$=-\frac{1}{6}\left(\frac{3+\sqrt{13}}{2}-\frac{3-\sqrt{13}}{2}\right)^3=-\frac{(\sqrt{13})^3}{6}=-\frac{\mathbf{13\sqrt{13}}}{\mathbf{6}}$$ …答

## 44 放物線と接線で囲まれた図形の面積

放物線 $y=x^2$ 上の 2 点 A$(-1,\ 1)$, B$(2,\ 4)$ における接線について, この 2 本の接線と放物線 $y=x^2$ で囲まれた図形の面積 $S$ を求めよ。

$y=x^2$ より $y'=2x$ であるから, 放物線 $y=x^2$ 上の点 $(t,\ t^2)$ における接線の傾きは $2t$ である。よって, 接線の方程式は,

$y-t^2=2t(x-t)$ より　$y=2tx-t^2$　…①

点 A における接線の方程式は, ①に $t=-1$ を代入して

$y=-2x-1$　…②

点 B における接線の方程式は, ①に $t=2$ を代入して

$y=4x-4$　　…③

B　A　上　上　$\frac{1}{2}$　−1　0　2　x　y　下　下　C

②, ③の交点を C とするとき, その $x$ 座標は

$4x-4=-2x-1$ を解いて　$x=\dfrac{1}{2}$

したがって, 求める面積 $S$ は

$$S=\int_{-1}^{\frac{1}{2}}\{x^2-(-2x-1)\}\,dx+\int_{\frac{1}{2}}^2\{x^2-(4x-4)\}\,dx=\int_{-1}^{\frac{1}{2}}(x+1)^2\,dx+\int_{\frac{1}{2}}^2(x-2)^2\,dx$$

$$=\left[\frac{1}{3}(x+1)^3\right]_{-1}^{\frac{1}{2}}+\left[\frac{1}{3}(x-2)^3\right]_{\frac{1}{2}}^2=\left\{\frac{1}{3}\left(\frac{3}{2}\right)^3-0\right\}+\left\{0-\frac{1}{3}\left(-\frac{3}{2}\right)^3\right\}=\frac{9}{8}+\frac{9}{8}=\frac{\mathbf{9}}{\mathbf{4}}$$ …答

# 定期テスト対策問題

目標点　60点
制限時間　50分

点

**1** 次の不定積分を求めよ。 ⊃ 31 32 35 37 （各6点　計12点）

(1) $\int(x-1)(3x+2)\,dx$

$=\int(3x^2-x-2)\,dx$

$=\boldsymbol{x^3-\frac{1}{2}x^2-2x+C}$ …答

(2) $\int(3x-2)^2\,dx$

$=\int(9x^2-12x+4)\,dx$

$=\boldsymbol{3x^3-6x^2+4x+C}$ …答

［別解］ $\frac{1}{3\cdot3}(3x-2)^3+C=\boldsymbol{\frac{1}{9}(3x-2)^3+C}$

**2** 点 $(x,\ y)$ における接線の傾きが $3x^2-4x$ で表される曲線のうち，点 $(1,\ 3)$ を通るものの方程式を求めよ。 ⊃ 36 （6点）

$y'=3x^2-4x$ だから　$y=\int(3x^2-4x)\,dx=x^3-2x^2+C$

点 $(1,\ 3)$ を通るから，$1-2+C=3$ より　$C=4$

したがって，求める曲線の方程式は　$\boldsymbol{y=x^3-2x^2+4}$ …答

**3** 次の定積分を求めよ。 ⊃ 33 38 （各6点　計12点）

(1) $\int_1^2(3y+1)(2y-3)\,dy$

$=\int_1^2(6y^2-7y-3)\,dy$

$=\left[2y^3-\frac{7}{2}y^2-3y\right]_1^2$

$=(16-14-6)-\left(2-\frac{7}{2}-3\right)$

$=-4+1+\frac{7}{2}=\boldsymbol{\frac{1}{2}}$ …答

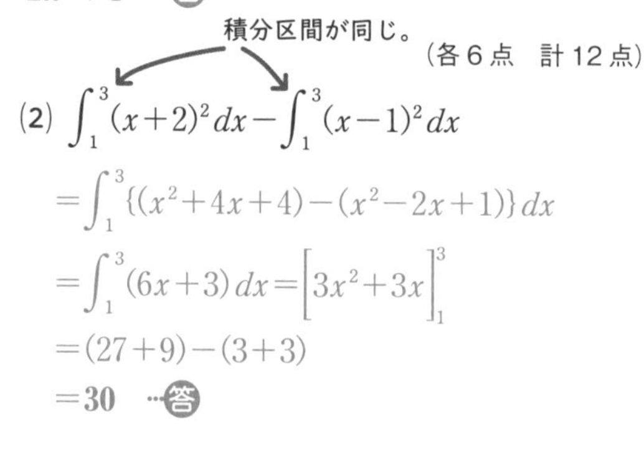


(2) $\int_1^3(x+2)^2\,dx-\int_1^3(x-1)^2\,dx$

$=\int_1^3\{(x^2+4x+4)-(x^2-2x+1)\}\,dx$

$=\int_1^3(6x+3)\,dx=\left[3x^2+3x\right]_1^3$

$=(27+9)-(3+3)$

$=\boldsymbol{30}$ …答

**4** 次の等式を満たす関数 $f(x)$ および定数 $a$ の値を求めよ。 ⊃ 34 39 （各5点　計20点）

(1) $\int_a^x f(t)\,dt=2x^2-x$　…①

①の両辺を $x$ で微分して

$\boldsymbol{f(x)=4x-1}$ …答

①の両辺に $x=a$ を代入して， ← (左辺)=0 になる値を代入。

$0=2a^2-a$ より　$\boldsymbol{a=0,\ \frac{1}{2}}$ …答

(2) $\int_1^x f(t)\,dt=2x^3-3x+a$　…②

②の両辺を $x$ で微分して

$\boldsymbol{f(x)=6x^2-3}$ …答

②の両辺に $x=1$ を代入して ← (左辺)=0 になる値を代入。

$0=2-3+a$ より　$\boldsymbol{a=1}$ …答

**5** 次の等式を満たす関数 $f(x)$ を求めよ。 ⊃ 39 （8点）

$f(x)=3x^2-4x+\int_{-1}^1 f(t)\,dt$

$\int_{-1}^1 f(t)\,dt$ は定数だから $\int_{-1}^1 f(t)\,dt=a$ とおくと　$f(x)=3x^2-4x+a$

よって　$a=\int_{-1}^1 f(t)\,dt=\int_{-1}^1(3t^2-4t+a)\,dt=2\int_0^1(3t^2+a)\,dt$

$=2\left[t^3+at\right]_0^1=2(1+a)=2+2a$

$a=2+2a$ を解いて　$a=-2$　　したがって　$\boldsymbol{f(x)=3x^2-4x-2}$ …答

**6** 関数 $f(x)=\int_0^x (3t+1)(t-1)\,dt$ の極値を求め，グラフをかけ。 ⮌ 34 39

（極値，グラフ各８点　計16点）

$f'(x)=(3x+1)(x-1)$

$f(x)=\int_0^x (3t^2-2t-1)\,dt$

$=\left[t^3-t^2-t\right]_0^x$

$=x^3-x^2-x$

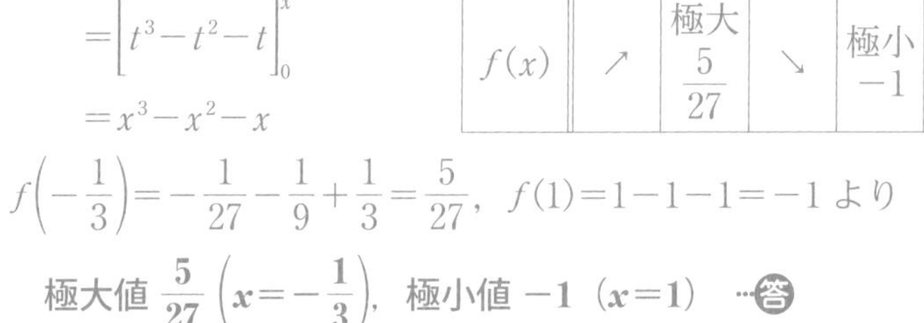

| $x$ | $\cdots$ | $-\frac{1}{3}$ | $\cdots$ | $1$ | $\cdots$ |
|---|---|---|---|---|---|
| $f'(x)$ | $+$ | $0$ | $-$ | $0$ | $+$ |
| $f(x)$ | ↗ | 極大 $\frac{5}{27}$ | ↘ | 極小 $-1$ | ↗ |

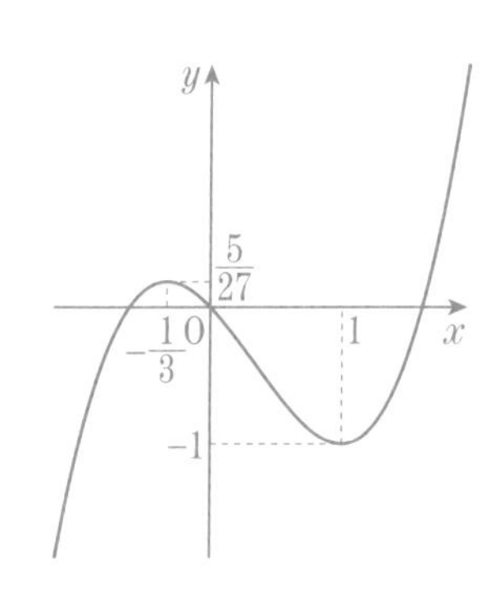


$f\left(-\frac{1}{3}\right)=-\frac{1}{27}-\frac{1}{9}+\frac{1}{3}=\frac{5}{27}$，$f(1)=1-1-1=-1$ より

**極大値 $\frac{5}{27}$ $\left(x=-\frac{1}{3}\right)$，極小値 $-1$ （$x=1$）** …答

**7** 次の曲線と直線で囲まれた図形の面積 $S$ を求めよ。 ⮌ 40 42 43　（各８点　計16点）

(1) 曲線 $y=|x(x-1)|$，$x$ 軸，直線 $x=2$

右の図の色の部分の面積になる。

$S=\int_0^2 |x(x-1)|\,dx=\int_0^1 (-x^2+x)\,dx+\int_1^2 (x^2-x)\,dx$

$=\left[-\frac{x^3}{3}+\frac{x^2}{2}\right]_0^1+\left[\frac{x^3}{3}-\frac{x^2}{2}\right]_1^2$

$=\left\{\left(-\frac{1}{3}+\frac{1}{2}\right)-0\right\}+\left\{\left(\frac{8}{3}-2\right)-\left(\frac{1}{3}-\frac{1}{2}\right)\right\}=\frac{1}{6}+\frac{2}{3}+\frac{1}{6}=\mathbf{1}$ …答

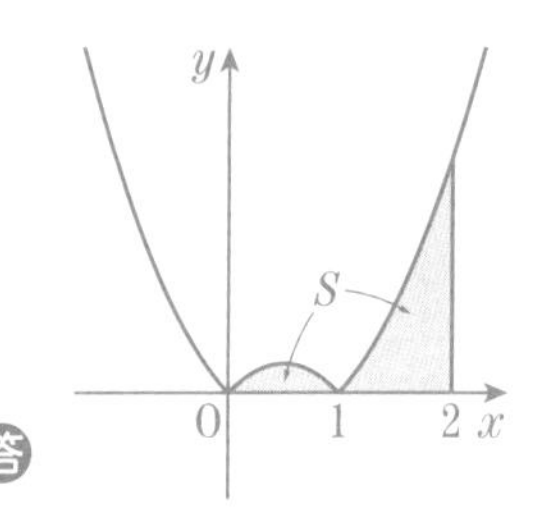


(2) 放物線 $y=2x^2-3x-2$，$x$ 軸

$y=(2x+1)(x-2)$ より，右の図の色の部分の面積になる。

$S=\int_{-\frac{1}{2}}^2 \{0-(2x^2-3x-2)\}\,dx=-2\int_{-\frac{1}{2}}^2 \left(x+\frac{1}{2}\right)(x-2)\,dx$

$=-2\cdot\left(-\frac{1}{6}\right)\left(2+\frac{1}{2}\right)^3=\frac{1}{3}\cdot\left(\frac{5}{2}\right)^3=\mathbf{\frac{125}{24}}$ …答

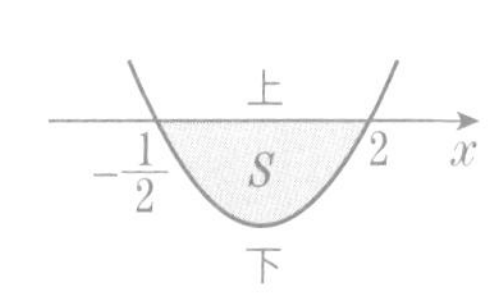


**8** 2つの放物線 $y=x^2-4$ と $y=-x^2+2x$ で囲まれた図形の面積 $S$ を求めよ。 ⮌ 41 44

（10点）

2曲線の交点の $x$ 座標は $x^2-4=-x^2+2x$ より　$x^2-x-2=0$

$(x-2)(x+1)=0$ だから　$x=-1,\ 2$

グラフは右の図のようになるので

$S=\int_{-1}^2 \{(-x^2+2x)-(x^2-4)\}\,dx=\int_{-1}^2 (-2x^2+2x+4)\,dx$

$=\left[\frac{-2}{3}x^3+x^2+4x\right]_{-1}^2=\left(-\frac{16}{3}+4+8\right)-\left(\frac{2}{3}+1-4\right)$

$=-\frac{18}{3}+15=\mathbf{9}$ …答

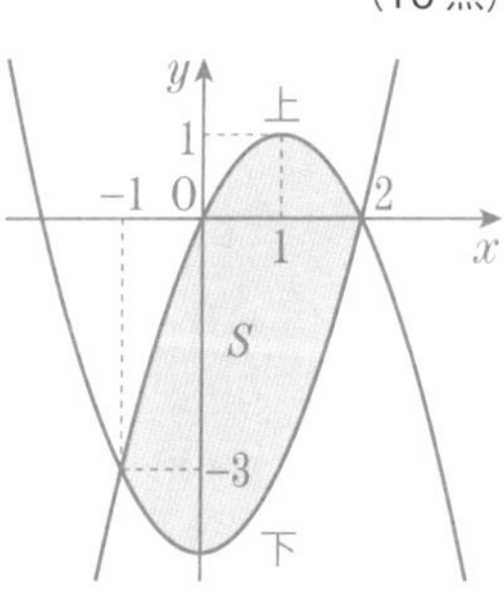


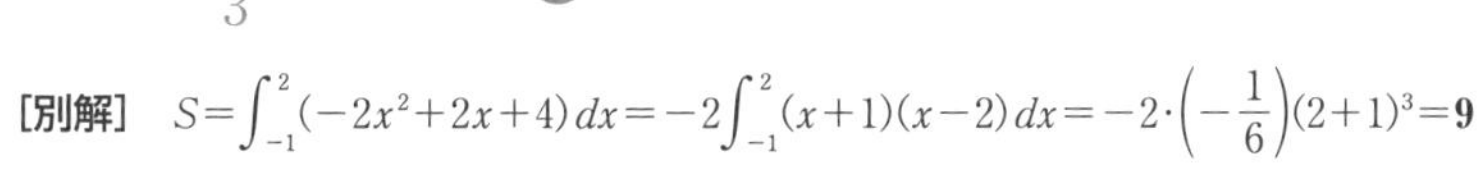

**[別解]**　$S=\int_{-1}^2 (-2x^2+2x+4)\,dx=-2\int_{-1}^2 (x+1)(x-2)\,dx=-2\cdot\left(-\frac{1}{6}\right)(2+1)^3=\mathbf{9}$

## 常用対数表(1)

| 数 | 0 | 1 | 2 | 3 | 4 | 5 | 6 | 7 | 8 | 9 |
|---|---|---|---|---|---|---|---|---|---|---|
| 1.0 | .0000 | .0043 | .0086 | .0128 | .0170 | .0212 | .0253 | .0294 | .0334 | .0374 |
| 1.1 | .0414 | .0453 | .0492 | .0531 | .0569 | .0607 | .0645 | .0682 | .0719 | .0755 |
| 1.2 | .0792 | .0828 | .0864 | .0899 | .0934 | .0969 | .1004 | .1038 | .1072 | .1106 |
| 1.3 | .1139 | .1173 | .1206 | .1239 | .1271 | .1303 | .1335 | .1367 | .1399 | .1430 |
| 1.4 | .1461 | .1492 | .1523 | .1553 | .1584 | .1614 | .1644 | .1673 | .1703 | .1732 |
| 1.5 | .1761 | .1790 | .1818 | .1847 | .1875 | .1903 | .1931 | .1959 | .1987 | .2014 |
| 1.6 | .2041 | .2068 | .2095 | .2122 | .2148 | .2175 | .2201 | .2227 | .2253 | .2279 |
| 1.7 | .2304 | .2330 | .2355 | .2380 | .2405 | .2430 | .2455 | .2480 | .2504 | .2529 |
| 1.8 | .2553 | .2577 | .2601 | .2625 | .2648 | .2672 | .2695 | .2718 | .2742 | .2765 |
| 1.9 | .2788 | .2810 | .2833 | .2856 | .2878 | .2900 | .2923 | .2945 | .2967 | .2989 |
| 2.0 | .3010 | .3032 | .3054 | .3075 | .3096 | .3118 | .3139 | .3160 | .3181 | .3201 |
| 2.1 | .3222 | .3243 | .3263 | .3284 | .3304 | .3324 | .3345 | .3365 | .3385 | .3404 |
| 2.2 | .3424 | .3444 | .3464 | .3483 | .3502 | .3522 | .3541 | .3560 | .3579 | .3598 |
| 2.3 | .3617 | .3636 | .3655 | .3674 | .3692 | .3711 | .3729 | .3747 | .3766 | .3784 |
| 2.4 | .3802 | .3820 | .3838 | .3856 | .3874 | .3892 | .3909 | .3927 | .3945 | .3962 |
| 2.5 | .3979 | .3997 | .4014 | .4031 | .4048 | .4065 | .4082 | .4099 | .4116 | .4133 |
| 2.6 | .4150 | .4166 | .4183 | .4200 | .4216 | .4232 | .4249 | .4265 | .4281 | .4298 |
| 2.7 | .4314 | .4330 | .4346 | .4362 | .4378 | .4393 | .4409 | .4425 | .4440 | .4456 |
| 2.8 | .4472 | .4487 | .4502 | .4518 | .4533 | .4548 | .4564 | .4579 | .4594 | .4609 |
| 2.9 | .4624 | .4639 | .4654 | .4669 | .4683 | .4698 | .4713 | .4728 | .4742 | .4757 |
| 3.0 | .4771 | .4786 | .4800 | .4814 | .4829 | .4843 | .4857 | .4871 | .4886 | .4900 |
| 3.1 | .4914 | .4928 | .4942 | .4955 | .4969 | .4983 | .4997 | .5011 | .5024 | .5038 |
| 3.2 | .5051 | .5065 | .5079 | .5092 | .5105 | .5119 | .5132 | .5145 | .5159 | .5172 |
| 3.3 | .5185 | .5198 | .5211 | .5224 | .5237 | .5250 | .5263 | .5276 | .5289 | .5302 |
| 3.4 | .5315 | .5328 | .5340 | .5353 | .5366 | .5378 | .5391 | .5403 | .5416 | .5428 |
| 3.5 | .5441 | .5453 | .5465 | .5478 | .5490 | .5502 | .5514 | .5527 | .5539 | .5551 |
| 3.6 | .5563 | .5575 | .5587 | .5599 | .5611 | .5623 | .5635 | .5647 | .5658 | .5670 |
| 3.7 | .5682 | .5694 | .5705 | .5717 | .5729 | .5740 | .5752 | .5763 | .5775 | .5786 |
| 3.8 | .5798 | .5809 | .5821 | .5832 | .5843 | .5855 | .5866 | .5877 | .5888 | .5899 |
| 3.9 | .5911 | .5922 | .5933 | .5944 | .5955 | .5966 | .5977 | .5988 | .5999 | .6010 |
| 4.0 | .6021 | .6031 | .6042 | .6053 | .6064 | .6075 | .6085 | .6096 | .6107 | .6117 |
| 4.1 | .6128 | .6138 | .6149 | .6160 | .6170 | .6180 | .6191 | .6201 | .6212 | .6222 |
| 4.2 | .6232 | .6243 | .6253 | .6263 | .6274 | .6284 | .6294 | .6304 | .6314 | .6325 |
| 4.3 | .6335 | .6345 | .6355 | .6365 | .6375 | .6385 | .6395 | .6405 | .6415 | .6425 |
| 4.4 | .6435 | .6444 | .6454 | .6464 | .6474 | .6484 | .6493 | .6503 | .6513 | .6522 |
| 4.5 | .6532 | .6542 | .6551 | .6561 | .6571 | .6580 | .6590 | .6599 | .6609 | .6618 |
| 4.6 | .6628 | .6637 | .6646 | .6656 | .6665 | .6675 | .6684 | .6693 | .6702 | .6712 |
| 4.7 | .6721 | .6730 | .6739 | .6749 | .6758 | .6767 | .6776 | .6785 | .6794 | .6803 |
| 4.8 | .6812 | .6821 | .6830 | .6839 | .6848 | .6857 | .6866 | .6875 | .6884 | .6893 |
| 4.9 | .6902 | .6911 | .6920 | .6928 | .6937 | .6946 | .6955 | .6964 | .6972 | .6981 |
| 5.0 | .6990 | .6998 | .7007 | .7016 | .7024 | .7033 | .7042 | .7050 | .7059 | .7067 |
| 5.1 | .7076 | .7084 | .7093 | .7101 | .7110 | .7118 | .7126 | .7135 | .7143 | .7152 |
| 5.2 | .7160 | .7168 | .7177 | .7185 | .7193 | .7202 | .7210 | .7218 | .7226 | .7235 |
| 5.3 | .7243 | .7251 | .7259 | .7267 | .7275 | .7284 | .7292 | .7300 | .7308 | .7316 |
| 5.4 | .7324 | .7332 | .7340 | .7348 | .7356 | .7364 | .7372 | .7380 | .7388 | .7396 |

## 常用対数表(2)

| 数 | 0 | 1 | 2 | 3 | 4 | 5 | 6 | 7 | 8 | 9 |
|---|---|---|---|---|---|---|---|---|---|---|
| 5.5 | .7404 | .7412 | .7419 | .7427 | .7435 | .7443 | .7451 | .7459 | .7466 | .7474 |
| 5.6 | .7482 | .7490 | .7497 | .7505 | .7513 | .7520 | .7528 | .7536 | .7543 | .7551 |
| 5.7 | .7559 | .7566 | .7574 | .7582 | .7589 | .7597 | .7604 | .7612 | .7619 | .7627 |
| 5.8 | .7634 | .7642 | .7649 | .7657 | .7664 | .7672 | .7679 | .7686 | .7694 | .7701 |
| 5.9 | .7709 | .7716 | .7723 | .7731 | .7738 | .7745 | .7752 | .7760 | .7767 | .7774 |
| 6.0 | .7782 | .7789 | .7796 | .7803 | .7810 | .7818 | .7825 | .7832 | .7839 | .7846 |
| 6.1 | .7853 | .7860 | .7868 | .7875 | .7882 | .7889 | .7896 | .7903 | .7910 | .7917 |
| 6.2 | .7924 | .7931 | .7938 | .7945 | .7952 | .7959 | .7966 | .7973 | .7980 | .7987 |
| 6.3 | .7993 | .8000 | .8007 | .8014 | .8021 | .8028 | .8035 | .8041 | .8048 | .8055 |
| 6.4 | .8062 | .8069 | .8075 | .8082 | .8089 | .8096 | .8102 | .8109 | .8116 | .8122 |
| 6.5 | .8129 | .8136 | .8142 | .8149 | .8156 | .8162 | .8169 | .8176 | .8182 | .8189 |
| 6.6 | .8195 | .8202 | .8209 | .8215 | .8222 | .8228 | .8235 | .8241 | .8248 | .8254 |
| 6.7 | .8261 | .8267 | .8274 | .8280 | .8287 | .8293 | .8299 | .8306 | .8312 | .8319 |
| 6.8 | .8325 | .8331 | .8338 | .8344 | .8351 | .8357 | .8363 | .8370 | .8376 | .8382 |
| 6.9 | .8388 | .8395 | .8401 | .8407 | .8414 | .8420 | .8426 | .8432 | .8439 | .8445 |
| 7.0 | .8451 | .8457 | .8463 | .8470 | .8476 | .8482 | .8488 | .8494 | .8500 | .8506 |
| 7.1 | .8513 | .8519 | .8525 | .8531 | .8537 | .8543 | .8549 | .8555 | .8561 | .8567 |
| 7.2 | .8573 | .8579 | .8585 | .8591 | .8597 | .8603 | .8609 | .8615 | .8621 | .8627 |
| 7.3 | .8633 | .8639 | .8645 | .8651 | .8657 | .8663 | .8669 | .8675 | .8681 | .8686 |
| 7.4 | .8692 | .8698 | .8704 | .8710 | .8716 | .8722 | .8727 | .8733 | .8739 | .8745 |
| 7.5 | .8751 | .8756 | .8762 | .8768 | .8774 | .8779 | .8785 | .8791 | .8797 | .8802 |
| 7.6 | .8808 | .8814 | .8820 | .8825 | .8831 | .8837 | .8842 | .8848 | .8854 | .8859 |
| 7.7 | .8865 | .8871 | .8876 | .8882 | .8887 | .8893 | .8899 | .8904 | .8910 | .8915 |
| 7.8 | .8921 | .8927 | .8932 | .8938 | .8943 | .8949 | .8954 | .8960 | .8965 | .8971 |
| 7.9 | .8976 | .8982 | .8987 | .8993 | .8998 | .9004 | .9009 | .9015 | .9020 | .9025 |
| 8.0 | .9031 | .9036 | .9042 | .9047 | .9053 | .9058 | .9063 | .9069 | .9074 | .9079 |
| 8.1 | .9085 | .9090 | .9096 | .9101 | .9106 | .9112 | .9117 | .9122 | .9128 | .9133 |
| 8.2 | .9138 | .9143 | .9149 | .9154 | .9159 | .9165 | .9170 | .9175 | .9180 | .9186 |
| 8.3 | .9191 | .9196 | .9201 | .9206 | .9212 | .9217 | .9222 | .9227 | .9232 | .9238 |
| 8.4 | .9243 | .9248 | .9253 | .9258 | .9263 | .9269 | .9274 | .9279 | .9284 | .9289 |
| 8.5 | .9294 | .9299 | .9304 | .9309 | .9315 | .9320 | .9325 | .9330 | .9335 | .9340 |
| 8.6 | .9345 | .9350 | .9355 | .9360 | .9365 | .9370 | .9375 | .9380 | .9385 | .9390 |
| 8.7 | .9395 | .9400 | .9405 | .9410 | .9415 | .9420 | .9425 | .9430 | .9435 | .9440 |
| 8.8 | .9445 | .9450 | .9455 | .9460 | .9465 | .9469 | .9474 | .9479 | .9484 | .9489 |
| 8.9 | .9494 | .9499 | .9504 | .9509 | .9513 | .9518 | .9523 | .9528 | .9533 | .9538 |
| 9.0 | .9542 | .9547 | .9552 | .9557 | .9562 | .9566 | .9571 | .9576 | .9581 | .9586 |
| 9.1 | .9590 | .9595 | .9600 | .9605 | .9609 | .9614 | .9619 | .9624 | .9628 | .9633 |
| 9.2 | .9638 | .9643 | .9647 | .9652 | .9657 | .9661 | .9666 | .9671 | .9675 | .9680 |
| 9.3 | .9685 | .9689 | .9694 | .9699 | .9703 | .9708 | .9713 | .9717 | .9722 | .9727 |
| 9.4 | .9731 | .9736 | .9741 | .9745 | .9750 | .9754 | .9759 | .9763 | .9768 | .9773 |
| 9.5 | .9777 | .9782 | .9786 | .9791 | .9795 | .9800 | .9805 | .9809 | .9814 | .9818 |
| 9.6 | .9823 | .9827 | .9832 | .9836 | .9841 | .9845 | .9850 | .9854 | .9859 | .9863 |
| 9.7 | .9868 | .9872 | .9877 | .9881 | .9886 | .9890 | .9894 | .9899 | .9903 | .9908 |
| 9.8 | .9912 | .9917 | .9921 | .9926 | .9930 | .9934 | .9939 | .9943 | .9948 | .9952 |
| 9.9 | .9956 | .9961 | .9965 | .9969 | .9974 | .9978 | .9983 | .9987 | .9991 | .9996 |